■高等学校应用型本科"十三五"规划教材(计算机类)

人工智能及其应用

李征宇　　王晓丽　　刘占波　　编著

U0285386

HEUP 哈尔滨工程大学出版社

内 容 简 介

本书较为全面系统地介绍了人工智能领域的基础理论、基本方法和应用技术,同时列举了国内外一些经典的应用实例。全书共9章:第1章阐述人工智能研究的发展和应用领域;第2章讨论基本的搜索原理;第3章介绍常用的知识表示及处理方法;第4章和第5章主要说明基于逻辑的推理以及不确定推理各类理论及方法;第6章陈述构建专家系统的相关内容;第7章展示机器学习中的各类方法;第8章探讨自然语言理解、机器翻译、语音识别和机器视觉等机器感知的内容;第9章提出机器人路径规划与避障研究的新解决方案。

本书内容丰富,叙述清晰,示例典型,重点描述基本概念、方法和应用,同时也兼顾领域的研究发展趋势。

本书可作为高等院校计算机及有关专业本科生教材或教学辅导用书,也可供相关领域的科研与工程技术人员参考使用。

图书在版编目(CIP)数据

人工智能及其应用/李征宇,王晓丽,刘占波编著.—哈尔滨:
哈尔滨工程大学出版社,2017.8(2021.7 重印)
ISBN 978 - 7 - 5661 - 1516 - 4

Ⅰ.①人… Ⅱ.①李… ②王… ③刘… Ⅲ.①人工智能 - 研究 Ⅳ.①TP18

中国版本图书馆 CIP 数据核字(2017)第 185692 号

选题策划 刘凯元
责任编辑 张忠远 马毓聪
封面设计 博鑫设计

出版发行 哈尔滨工程大学出版社
社　　址 哈尔滨市南岗区南通大街 145 号
邮政编码 150001
发行电话 0451 - 82519328
传　　真 0451 - 82519699
经　　销 新华书店
印　　刷 北京中石油彩色印刷有限责任公司
开　　本 787 mm × 1 092 mm 1/16
印　　张 12.75
字　　数 350 千字
版　　次 2017 年 8 月第 1 版
印　　次 2021 年 7 月第 2 次印刷
定　　价 30.00 元
http://www.hrbeupress.com
E-mail:heupress@ hrbeu.edu.cn

前　言

人工智能作为一门前沿交叉学科,尽管其形成和发展已有多年的历史且其间取得过不少令人鼓舞的成就,但距离真正实现人类智能的目标依然任重道远,故时至今日,它依旧备受关注,仍是一个非常具有吸引力的研究领域。

为了提高学生的综合素质,培养学生的创新能力以适应网络经济时代的需求,国内外众多高校在本科和研究生课程中,设置了人工智能及相关课程,以便学生掌握人工智能的基本原理和应用技术。

本书在编者的教学和科研的基础上,借鉴吸收了国内外多种人工智能教材参考书各自的长处以及研究成果编写而成。本书在编写的过程中努力做到以下几点:安排上力求条理清晰,循序渐进;表述上追求行文流畅,通俗易懂;书写上务求简明扼要,主次分明;讲解上侧重案例探讨和归纳总结。

于娟编写了本书的第1章和第2章;王晓丽编写了本书的第3章;苏奎编写了本书的第4章和第9章;刘占波编写了本书的第5章和第7章第4~6节;苏丽蓉编写了本书的第6章和第7章第1~3节;孙平编写了本书的第7章第7节;李征宇编写了本书的第8章。

由于编者水平所限,加之时间仓促,教材中难免有不妥之处,敬请专家、同行和读者批评指正,以便不断完善。

编著者

2017年1月

目　　录

第1章　绪论 ……………………………………………………………………… 1

1.1　人工智能的概念 ……………………………………………………………… 1

1.2　人工智能的发展和主要学派 ………………………………………………… 4

1.3　人工智能的应用领域 ………………………………………………………… 11

第2章　基本搜索原理 …………………………………………………………… 18

2.1　问题及其求解过程的形式表示 ……………………………………………… 18

2.2　状态空间的搜索策略 ………………………………………………………… 21

2.3　与/或树的搜索策略 ………………………………………………………… 27

2.4　博弈对策 ……………………………………………………………………… 29

第3章　知识表示及处理方法 …………………………………………………… 31

3.1　相关概念 ……………………………………………………………………… 31

3.2　产生式表示法 ………………………………………………………………… 35

3.3　语义网络表示法 ……………………………………………………………… 42

3.4　框架表示法和过程表示法 …………………………………………………… 53

3.5　面向对象表示法 ……………………………………………………………… 58

第4章　基于逻辑的推理 ………………………………………………………… 64

4.1　一阶谓词逻辑基础 …………………………………………………………… 64

4.2　自然演绎推理 ………………………………………………………………… 67

4.3　消解反演推理 ………………………………………………………………… 69

4.4　规则演绎 ……………………………………………………………………… 72

第5章　不确定性推理 …………………………………………………………… 75

5.1　相关概念 ……………………………………………………………………… 75

5.2　概率贝叶斯方法 ……………………………………………………………… 82

5.3　非单调推理 …………………………………………………………………… 92

第6章　专家系统 ………………………………………………………………… 98

6.1　相关概念 ……………………………………………………………………… 98

6.2　专家系统的结构 ……………………………………………………………… 103

6.3　知识获取 ……………………………………………………………………… 109

6.4　专家系统的建造与评价 ……………………………………………………… 111

6.5　专家系统的开发工具与开发环境 …………………………………………… 119

6.6　新型专家系统介绍 ……………………………………………… 119

第7章　机器学习 ………………………………………………… 122

7.1　相关概念 ………………………………………………………… 122

7.2　机械学习 ………………………………………………………… 125

7.3　归纳学习 ………………………………………………………… 127

7.4　类比学习 ………………………………………………………… 130

7.5　解释学习 ………………………………………………………… 132

7.6　加强学习 ………………………………………………………… 135

7.7　基于范例的学习 ………………………………………………… 139

第8章　机器感知 ………………………………………………… 144

8.1　自然语言理解 …………………………………………………… 144

8.2　机器翻译 ………………………………………………………… 152

8.3　语音识别 ………………………………………………………… 154

8.4　机器视觉 ………………………………………………………… 157

第9章　机器人路径规划与避障研究 …………………………… 175

9.1　A*算法在移动机器人路径规划中的应用 …………………… 175

9.2　机器人避障研究 ………………………………………………… 184

参考文献 …………………………………………………………… 194

第1章 绪 论

1.1 人工智能的概念

1956 年夏季,麦卡锡(J. McCarthy)、明斯基(M. L. Minsky)、香农(C. E. Shannon)等一群美国年轻的学者与朋友相约于达特茅斯大学(Dartmouth College)聚会。他们共同提出并讨论了"人工智能"(artificial intelligence, AI)这一话题,吹响了向人工智能这一新兴领域进军的号角。

伴随着计算机及信息科学的长足发展与进步,人工智能这一新兴研究领域吸引了众多的青年学者前赴后继地艰辛奋斗,迄今已经取得了许多世人瞩目的成就:诸如计算机战胜人类,成为国际象棋世界冠军;能够进行情绪表现的玩具机器人;能够进行简单检测与判断操作的智能家用电器;各种具有复杂功能的智能飞行器等。人们把人工智能同宇航空间技术、原子能技术一起誉为 20 世纪对人类影响最为深远的三大前沿科学技术成就。与前三次工业革命(动力工业革命、能源工业革命、电子工业革命)的目标不同,人工智能宣称的目标不只在于实现人的肢体功能、体力工具的替代与延伸,更重要的是实现人的大脑功能和智慧能力的替代与延伸。

1.1.1 智能

1. 智能的概念与表现特性

智能,顾名思义,就是智慧与能力。一般认为,智能是指自然界中某个个体或群体,在客观活动中,表现出的有目的地认识世界并运用知识改造世界的一种综合能力。其中,尤其是人类智能,集中体现了人的聪明才智及其群体协调管理的高级智慧力量,并具有许多美妙的特性,诸如感知、学习、思维、记忆、联想、推理、决策、语言理解、图文表达、艺术欣赏、知识运用、规划创造等。虽然迄今为止揭示的宇宙变迁与星体运动形成的规律暗示我们:人类尚不一定是宇宙世界中唯一聪明的高级智慧生物,要揭示高级智能作用的本质,有待于对活体大脑进行更深层次的研究。

2. 对智能的不同的认识观点

事实上,智能现象本质是人类尚未探索明白的四大奥秘(宇宙起源、物质形态、生命活动、智能发生)之一。尽管如此,人类在对脑科学和智能认识的研究中,逐渐形成了许多不同的研究观点。其中,最著名并具代表性的理论有三种,即思维理论、知识阈值理论、"进化"理论。思维理论又称认知科学,它认为智能的核心是思维,一切智慧及其知识均源于活体大脑的思维。因此,通过研究思维规律与思维方法,有望揭示智能的本质。知识阈值理论强调知识对智能的重要影响和作用,认为知识集聚到某种满意程度时,将会触发智慧大门的开启。知识阈值理论把智能定义为在巨大搜索空间中迅速找到一个满意解的能力。这一理论曾经深刻地影响了人工智能的发展进程：专家系统、知识工程等就是在该理论的影响下而发展起来的。"进化"理论强调智能可以由逐步进化的步骤来实现。这里的"进化"一词，实际上是借用了一百多年前英国著名科学家达尔文（Z. R. Darwin）提出的"物种进化，适者生存"的进化概念。中国学者涂序彦等人把进化论思想推广到智能科学研究领域，提出了智能可以逐步成长，亦可以逐渐进化的新思想理论。该理论恰巧与美国麻省理工学院（Massachusetts Institute of Technology, MIT）布鲁克（R. A. Brooks）教授提出的行为论观点有许多异曲同工之妙。布鲁克认为：智能行为可以在"没有表达"和"没有推理"的情况下发生；智能可以在低层次信息境遇（situated-ness）交互方式下，依感知经验"激励—响应"模式来浮现（emergence）出来。例如，生物体的智能行为可以由生物躯体局部感知或感官反应信息直接驱动来实现。"进化"理论和行为论的观点都是最近十来年才被提出来的，又与传统看法完全不同，因而引起了人工智能界的广泛关注与兴趣。

3. 智能原理与智能层次结构

以人类智能为例，智能活动与人的神经系统自适应调节工作密切相关。神经系统通过分布在身体各部分的感受器获取内、外界环境变化信息，经过各个层次级别的神经中枢进行分析综合，发出各种相应的处理信号，进行决策或达到智能控制躯体行为的目的。

一般来说，人类智能生理机构由中枢神经系统和周围神经系统两大部分组成，每一部分都有十分复杂的细微结构。人脑是中枢神经系统的主要部分，能够实现诸如学习、思维、知觉等复杂的高级智能。

根据现代脑科学和神经生理学的研究成果，把神经系统生理结构同智能发生的认识层次相联系，人们可以发现一个有趣的事实：智能现象实际可以由分布于全身的神经系统的任何部位产生，并且某个部位神经系统产生智能行为的反应速度与智能效能水平呈相反趋势。也就是说低级智能动作反应快，高级智能产生要慢一些。总体来说，可将智能行为特性比照其发生的区域情况进行分析，从而建立起一个具有高、中、低三层结构的智能特性模型：高层智能由大脑皮层来组织启动，主要完成诸如思维、记忆、联想、推理等高级智能活动；中层智能由丘脑来组织实现，负责对神经冲动进行转换、调度和处理，主要完成诸如感知、表达、语言、艺术、知觉等智能；低层智能由小脑、脊髓、周围神经系统来组织，主要完成条件反射、紧急自助、动作反应、感觉传导等智能。同时，允许不同层次的智能先后发生，相互协同。每个智能层次还可细分为对应的特性群区域或更小的层次，例如，思维特性可分为感知思维、抽象思维、形象思维、顿悟思维及灵感思维等，视觉感知视野可分为色觉感、形体感、运动感等神经细胞特性感知区。

依据智能的层次结构分析，比照前述的三种智能认识理论，我们不妨这样设想：思维理论和知识阈值理论主要对应了高层智能活动，而"进化"理论分别对应了三个智能层次的发展过程。例如，"进化"理论可以有下述两种工作选择方式：其一，让各个智能层次都竞相参与进化作用，实行优胜劣汰；其二，先快速实现低级智能层次，后演化到中级智能层次，再推进到高级智能层次。后者描述了一个由低向高、逐级进化的智能协同发展的过程模型。

1.1.2 人工智能

1. 人工智能的概念及其学科特性

人工智能,顾名思义,即用人工制造的方法,实现智能机器或在机器上实现智能。从学科的角度去认识,所谓人工智能是一门研究构造智能机器或实现机器智能的学科,是研究模拟、延伸和扩展人类智能的科学。从学科地位和发展水平来看,人工智能是当代科学技术的前沿学科,也是一门新思想、新理论、新技术、新成就不断涌现的新兴学科。人工智能的研究,是在计算机科学、信息论、控制论、心理学、生理学、数学、物理学、化学、生物学、医学、哲学、语言学、社会学等多学科的基础上发展起来的,因此它又是一门综合性极强的边缘学科。

2. 人工智能测试与图灵实验

计算机或者机器是否具有智能?这个问题很早就引起了人们的关注。

为此,现代人工智能科学家、英国天才数学家图录(A. M. Turing)于 1950 年在论文《Computer Machinery and Intelligence》中提出了著名的"图灵测试"标准:测试的参加者由某一位测试主持人和某两位被测试者组成,其中一位被测试者是人,另一位被测试者则是机器。要求被测试者回答测试主持人的问题时,都尽可能表现自己是"人"而不是"机器"。测试者和被测试者可以对话,但彼此都看不到对方。如果测试主持人无论如何都分辨不出被测试者究竟是人还是机器,则认为该机器具有了人的智能。

尽管也有人对这个测试标准提出了某些异义,认为图灵测试没有反映思维过程,也没有明确被测试的人的自身智力智商水平,仅仅只是强调了测试结果的比较等。然而,该测试标准的提出,对人工智能科学的进步与发展所产生的影响是十分深远的。

3. 人工智能的研究目标

从长远来看,人工智能研究的远期目标就是要设计并制造一种智能机器系统。其目的在于使该系统能代替人,去完成诸如感知、学习、联想、推理等活动;使人类生活得更美好,让机器能够去理解并解决各种复杂困难的问题,代替人去巧妙地完成各种具有思维劳动的任务,成为人类最聪明、最忠实的助手和朋友。此外,有人认为:从长远来看,人工智能既然能够设计智能系统,就应能够充分理解并解释人类的各种智能现象和行为。

在目前阶段,人工智能研究的近期现实目标是:要最大限度地发挥计算机的灵巧性,使电脑能模拟人脑,在机器上实现各种智能。例如,让计算机能够看、听、读、说、写;使计算机还能想、学、模仿、执行命令甚至出谋献策及创新等。也就是说,当前人工智能应该发展并解决智能模拟的理论和技术。

事实上,人工智能研究的远期目标与近期目标是相辅相成的。远期目标为近期目标确立了方向,而近期目标的研究亦在为实现远期目标的实现准备着理论和技术的基本条件。随着人工智能的不断发展与进步,近期目标势将不断地调整和改变,最终完全实现远期目标。

1.1.3 人工智能的基本研究内容

结合人工智能的远期目标,可以认为人工智能目前的基本研究内容应包括以下几个方面：

1.机器感知

所谓机器感知就是使机器(计算机)具有类似于人的感知能力,包括视觉、听觉、触觉、力感、味觉、嗅觉、知觉等,其中以机器视觉与机器听觉为主。机器视觉是让机器能够识别并理解文字、图像、景物等;机器听觉则是让机器能识别并理解人类语言表达及语声、音响等。从而形成了人工智能的两个专门的研究领域,即模式识别与自然语言理解技术分支。

2.机器思维

所谓机器思维是指对通过感知得来的外部信息及机器内部的各种工作信息进行有目的的处理。正如人的智能是来自大脑的思维活动一样,机器智能也主要是通过机器思维实现的。因此,机器思维是人工智能研究中最重要且最关键的部分。为了使机器能模拟人类的思维活动,尤其需要开展以下几方面的研究工作:

(1)知识的表示,特别是各种不精确、不完全知识的表示;

(2)知识的推理,特别是各种不精确推理、归纳推理、非单调推理、定性推理,还包括各种启发式搜索推理及控制策略的研究;

(3)神经网络、人脑的结构及其工作原理。

3.机器学习

人类具有获取新知识、学习新技巧,并在实践中不断完善、改进的能力,机器学习就是要使计算机具有这种能力,使它能自动地获取知识,能直接向书本学习,能通过与人谈话学习,能通过对环境的观察学习,并在实践中实现自我完善,克服人们在学习中存在的局限性,例如容易忘记、效率低以及注意力分散等。

4.机器行为

与人的行为能力相对应,机器行为主要是指计算机的表达能力,即"说""写""画"的能力。对于智能机器人,它还应具有人的四肢功能,即能走路、能取物、能操作等。

5.人工智能系统构成

为了实现人工智能的近期目标及远期目标,需要建立智能系统及智能机器,为此还需要对模型、系统分析与构造技术、建造工具及语言等进行研究。

1.2 人工智能的发展和主要学派

1.2.1 人工智能的发展历史

回顾人工智能的发展历史,可归结为孕育、形成和发展三个阶段。

1.孕育(1956 年之前)

自古以来,人们就一直试图用各种机器来代替人进行部分脑力劳动,以提高人们征服自然的能力。其中,对人工智能的产生、发展有重大影响的主要研究成果如下:

(1)早在公元前,伟大的哲学家亚里士多德(Aristotle)就在他的著名著作《工具论》中提出了形式逻辑的一些主要定律,他提出的三段论至今仍是演绎推理的基本依据。

(2)英国哲学家培根(F. Bacon)曾系统地提出了归纳法,还提出了"知识就是力量"的警句。这对于人类思维过程的研究,以及自 20 世纪 70 年代人工智能转向以知识为中心的研究都产生了重要影响。

(3)德国数学家和哲学家莱布尼茨(G. W. Leibniz)提出了万能符号和推理计算的思想,他认为可以建立一种通用的符号语言并在此符号语言的基础上进行推理的演算。这一思想不仅为数理逻辑的产生和发展奠定了基础,也是现代机器思维设计思想的萌芽。

(4)英国逻辑学家布尔(G. Boole)致力于使"思维规律"形式化和实现机械化,并创立了布尔代数。他在《思维法则》一书中首次用符号语言描述了思维活动的基本推理法则。

(5)英国数学家图灵在 1936 年提出了一种理想计算机的数学模型,即图灵机,为后来电子数字计算机的问世奠定了理论基础。

(6)美国神经生理学家麦卡洛克(W. McCulloch)与匹兹(W. Pitts)在 1943 年建成了第一个神经网络模型(M - P 模型),开创了微观人工智能的研究工作,为后来人工神经网络的研究奠定了基础。

(7)美国数学家莫克利(J. W. Mauchly)和埃克特(J. P. Eckert)在 1946 年研制出了世界上第一台电子计算机 ENIAC,这项划时代的研究成果为人工智能的研究奠定了物质基础。

由上面的发展过程可以看出,人工智能的产生和发展绝不是偶然的,它是科学技术发展的必然产物。

2. 形成(1956—1969 年)

1956 年夏季,由当时麻省理工学院的年轻的数学助教、现任斯坦福大学教授麦卡锡(J. McCarthy)联合他的三位朋友,哈佛大学年轻的数学家和神经学家、现任麻省理工学院教授明斯基(M. L. Minsky),IBM 公司信息研究中心负责人罗切斯特(N. Lochester),贝尔实验室信息部数学研究员香农(C. E. Shanno)共同发起,邀请 IBM 公司的莫尔(T. Moore)和塞缪尔(A. L. Samuel),麻省理工学院的塞尔弗里奇(O. Selfridge)和索罗莫夫(R. Solomonff)以及兰德(RAND)公司和卡耐基梅隆大学的纽厄尔(A. Newell)、西蒙(H. A. Simon)等 10 名年轻学者在美国达特茅斯(Dartmouth)大学召开了一次为时两个月的学术研讨会,讨论关于机器智能的问题。会上经麦卡锡提议正式采用了"人工智能"这一术语,麦卡锡因而被称为"人工智能之父"。这是一次具有历史意义的重要会议,它标志着人工智能作为一门新兴学科正式诞生了。此后,美国形成了多个人工智能研究组织,如纽厄尔和西蒙的 Carnegie RAND 协作组,明斯基和麦卡锡的 MIT 研究组,塞缪尔的 IBM 工程研究组等。

自这次会议之后的十多年间,人工智能的研究在机器学习、定理证明、模式识别、问题求解、专家系统及人工智能语言等方面都取得了许多引人瞩目的成就,例如:

(1)在机器学习方面,1957 年,Rosenblatt 成功研制了感知机。这是一种将神经元用于识别的系统,它的学习功能广泛地引起了科学家们的兴趣,推动了连接机制的研究,但人们很快发现了感知机的局限性。

(2)在定理证明方面,美籍华人数理逻辑学家王浩于 1958 年在 IBM - 704 机器上用 3 ~ 5分钟证明了《数学原理》中有关命题演算的全部定理(220 条),并且还证明了谓词演算中 150 条定理的 85% ;1965 年,鲁宾孙(I. A. Robinson)提出了归结原理,为定理的机器证明做出了突破性的贡献。

(3)在模式识别方面,1959 年,塞尔弗里奇推出了一个模式识别程序;1965 年,罗伯特(Roberts)编制出了可分辨积木构造的程序。

(4)在问题求解方面,1960 年,纽厄尔等人通过心理学试验总结出了人们求解问题的思维规律,编制了通用问题求解程序 GPS,可用来求解 11 种不同类型的问题。

(5)在专家系统方面,美国斯坦福大学的费根鲍姆(E. A. Feigenbaum)领导的研究小组自 1965 年开始对专家系统 DENDRAL 进行研究,1968 年完成并投入使用。该专家系统能根据质谱仪的实验,通过分析推理决定化合物的分子结构,其分析能力已接近于甚至超过有关化学专家的水平,在美、英等国得到了实际应用。该专家系统的研制成功不仅为人们提供了一个实用的专家系统,对知识表示、存储、获取、推理及利用等技术来说也是一次非常有益的探索,为以后专家系统的建造树立了榜样,对人工智能的发展产生了深刻的影响,其意义远远超过了系统本身在实用上所创造的价值。

(6)在人工智能语言方面,1960 年,麦卡锡研制出了人工智能语言 LISP,成为建造智能系统的重要工具。

1969 年成立的国际人工智能联合会议(International Joint Conferences On Artificial Intelligence,IJCAI)是人工智能发展史上一个重要的里程碑,它标志着人工智能这门新兴学科已经得到了世界的肯定和公认。1970 年创刊的国际性的人工智能杂志《Artificial Intelligence》对推动人工智能的发展、促进研究者们的交流起到了重要的作用。

3. 发展(1970 年以后)

进入 20 世纪 70 年代,许多国家都开展了对人工智能的研究,涌现出了大量的研究成果。例如:1972 年,法国马赛大学的柯麦瑞尔(A. Comerauer)提出并实现了逻辑程序设计语言 PROLOG;斯坦福大学的肖特里菲(E. H. Shortliffe)等人从 1972 年开始研制用于诊断和治疗感染性疾病的专家系统 MYCIN。

但是,和其他新兴学科的发展一样,人工智能的发展道路也不是平坦的。例如,机器翻译的研究没有像人们最初想象的那么容易。当时人们总以为只需要一部双向词典及一些词法知识就可以实现两种语言文字间的互译,后来发现机器翻译远非这么简单。实际上,由机器翻译出来的文字有时会出现十分荒谬的错误。例如:当把英语"Out of sight, out of mind."翻译成俄语时变成了"又瞎又疯。";当把"心有余而力不足。"的英语句子"The spirit is willing but the flesh is weak."翻译成俄语,然后再翻译回来时竟变成了"The wine is good but the meat is spoiled.",即"酒是好的,但肉变质了。";当把"光阴似箭。"的英语句子"Time flies like an arrow."翻译成日语,然后再翻译回来的时候,竟变成了"苍蝇喜欢箭。"。由于机器翻译出现的这些问题,英国、美国当时中断了对大部分机器翻译项目的资助。在其他方面,如问题求解、神经网络、机器学习等,也都遇到了困难,使人工智能的研究一时陷入了困境。

人工智能研究的先驱者们认真反思,总结了前一段研究的经验和教训。1977 年,费根鲍姆在第五届国际人工智能联合会议上提出了"知识工程"的概念,对以知识为基础的智能系统的研究与建造起到了重要的作用。大多数人接受了费根鲍姆关于以知识为中心展开人工智能研究的观点。从此,人工智能的研究又迎来了蓬勃发展的以知识为中心的新时期。

这个时期中,专家系统的研究在多个领域中取得了重大突破,各种不同功能、不同类型的专家系统如雨后春笋般地建立起来,产生了巨大的经济效益及社会效益。例如,地矿勘探专家系统 PROSPECTOR 拥有 15 种矿藏知识,能根据岩石标本及地质勘探数据对矿藏资源进行估计和预测,能对矿床分布、储藏量、品位及开采价值等进行推断,制订合理的开采方案,应用该系统成功地找到了超亿美元的钼矿。专家系统 MYCIN 能识别 51 种病菌,能正确地处理 23 种抗生素,可协助医生诊断、治疗细菌感染性血液病,为患者提供最佳处方,该系统成功地处理了数百病例,并通过了严格的测试,显示出了较高的医疗水平。美国 DEC 公司的专家系统 XCON 能根据用户要求确定计算机的配置,由专家做这项工作一般需要 3 小时,而该系统只需要 0.5 分钟,速度提高了 300 多倍。DEC 公司还建立了另外一些专家系统,由此产生的净收益每年超过 4 000 万美元。信用卡认证辅助决策专家系统 American Express 能够防止不应有的损失,据说每年可节省约 2 700 万美元。

专家系统的成功,使人们越来越清楚地认识到知识是智能的基础,对人工智能的研究必须以知识为中心来进行。由于对知识的表示、利用及获取等的研究取得了较大的进展,特别是对不确定性知识的表示与推理取得了突破,建立了主观 Bayes 理论、确定性理论、证据理论等,人工智能中模式识别、自然语言理解等领域的发展得到了支持,解决了许多理论及技术上的问题。

人工智能在博弈中的成功应用举世瞩目。人们对博弈的研究一直抱有极大的兴趣,早在 1956 年人工智能刚刚作为一门学科问世时,塞缪尔就研制出了跳棋程序。这个程序能从棋谱中学习,也能在下棋实践中提高棋艺,1959 年它击败了塞缪尔本人,1962 年又击败了一个州冠军。1991 年 8 月,在悉尼举行的第 12 届国际人工智能联合会议上,IBM 公司研制的 Deep Thought 2 计算机系统与澳大利亚象棋冠军约翰森进行了两场人机对抗赛,结果以 1∶1 平局告终。

1996 年 2 月 10 日至 17 日,为了纪念世界上第一台电子计算机诞生 50 周年,美国 IBM 公司出巨资邀请国际象棋棋王卡斯帕罗夫(Kasparov)与 IBM 公司的深蓝计算机系统进行了六局"人机大战"。这场比赛被人们称为"人脑与电脑的世界决战",参赛的双方分别代表了人脑和电脑的世界最高水平。当时的深蓝是一台运算速度达每秒 1 亿次的超级计算机。第一盘,深蓝就给了卡斯帕罗夫一个下马威,赢了这位世界冠军,给世界棋坛以极大的震动。但卡斯帕罗夫总结经验,稳扎稳打,在剩下的五盘中赢三盘,平两盘,最后以总比分 4∶2 获胜。一年后,即 1997 年 5 月 3 日至 11 日,深蓝再次挑战卡斯帕罗夫。这时,深蓝是一台拥有 32 个处理器和强大并行计算能力的 RS/6000 SP/2 的超级计算机,运算速度达每秒 2 亿次。计算机里存储了百余年来世界顶尖棋手的棋局。5 月 3 日棋王卡斯帕罗夫首战击败深蓝,5 月 4 日深蓝扳回一盘,之后双方平三局。双方的决胜局于 5 月 11 日拉开了帷幕,卡斯帕罗夫在这盘比赛中仅仅走了 19 步便放弃了抵抗,比赛用时只有 1 小时多一点。这样,深蓝最终以 3.5∶2.5 的总比分赢得了这场世人瞩目的"人机大战"的胜利。深蓝的胜利表明了人工智能所达到的成就。尽管它的棋路还远非真正地对人类思维方式的模拟,但它已经向世人说明,电脑能够以人类远远不能企及的速度和准确性,完成属于人类思维的大量任务。深蓝精湛的残局战略使观战的国际象棋专家们大为惊讶。卡斯帕罗夫也表示:"这场比赛中有许多新的发现,其中之一就是计算机有时也可以走出人性化的棋步。在一定程度上,我不得不赞扬这台机器,因为它对盘势因素有着深刻的理解,我认为这是一项杰出的科学成就。"

我国自 1978 年开始也把"智能模拟"作为国家科学技术发展规划的主要研究课题之一,并在 1981 年成立了中国人工智能学会(China Association of Artificial Intelligence, CAAI),目前在专家系统、模式识别、机器人学及汉语的机器理解等方面都取得了很多研究成果。

1.2.2 人工智能的主要学派

在人工智能科学的研究与发展中,形成了诸多学派。其中,主要有三大流派,它们是:

(1)功能派

功能派是最早发展起来的传统主流学派,又称逻辑学派或宏观功能派,采用功能模拟的观点,使用的是"黑盒"研究方法。

(2)结构派

结构派也是最早发展起来的传统学派之一,又称生物学派或微观结构派。与功能派不同,它采用的是结构模拟的观点,使用的是"白盒"研究方法。

(3)行为派

行为派又被称作实用技术学派。与传统学派完全不同,它采用实用行为模拟的观点,使用"能工巧匠"式的制造方法,是一种按照"激励—响应"的工作模式来建立实用工程装置的研究方法。也有人认为这是一种实现 agent 模型的技术方法。

功能派涉及众多学科技术,包括逻辑学、心理学、数学、物理学、工具学、语言学、计算机、数理逻辑等学科;结构派涉及的学科有生物学、微结构学、医学、仿生学、神经生理学等;行为派涉及的学科有行为学、工程学、机械学、电子学等。

赞成 AI 的,表达了进化论、创新论、科学技术改造世界的观点;而从伦理道德、神学论等观点出发,又派生出 AI 的反对派,体现了神学论、创生论、"上帝"说等方面的观点。

从认识上应该看到,正是不同学科的学者云集,异途同索,各自进行人工智能的探索研究,从而形成了诸多学派。各个学派学术观点有所不同,研究思路各有侧重,对人工智能的理解定义也不完全一致,百家争鸣,百花齐放,这一切共同形成了人工智能科学生动活泼的研究氛围。

1. 功能派及其研究方法

(1)主要观点

计算机的智能可以用硬件,尤其可以用软件来实现。任何智能系统的功能及其控制均可用程序命令来完成。程序命令就是一种语言文字符号,因此,一切智能实际上都可以用语言、文字及符号来表示并完成,故功能派又被称为符号派。

通常,程序命令都是用逻辑思想或按逻辑规律进行设计编写的,计算机按照逻辑程序运行,这样就有了按逻辑进行识别判断的能力。因此,这样一种智能实现思路又被称为逻辑功能派。

(2)重要事件与技术发展

20 世纪 50 年代,Samuel 创制了具有学习功能的跳棋程序;Newell、Show、Simon 等人共同创制了 LT(logic theoretical)程序。

20 世纪 60 年代,Newel、Show、Simon 等人提出了 GPS(general problem solver)程序,据说可解决 11 类不同领域的问题;各种形式化语言被提出,例如 1960 年 J. McCanhy 提出了 Lisp 语言。

20 世纪 70 年代,Feigenbaum 提出了专家系统 ES,重新举起了 Bacon 的"知识就是力量"的旗帜。

20 世纪 80 年代,日本提出了 KIPS(knowledge lnformation processing system)研究计划。

20 世纪 90 年代的人机博弈。

21 世纪之初的现代演绎战争等。

随后智能软件工程、智能计算机等技术的发展,大多采用了以符号化及其处理为核心的研究方法,也就是 AI 的主流思想方法。

(3)主要特征

符号逻辑所表现的合理性和必然性反映在如下方面:逻辑型推理,符合人类心理特点;形式化表达,易建模建库(知识库无须输入大量的细节知识,简化了问题求解的设计过程),设计方便易行;模块化思路处理,易于扩充修改;结合界面可视化设计,易于理解;启发式思维,便于设计实现;工作过程透明,便于解释、跟踪,用户心理易于接受。

(4)存在的局限性及可能的解决途径

形式化方法对于非逻辑的推理过程、经验式模糊推理、形象思维推理往往难以用符号系统表示。符号形式化方法的有效性取决于符号概念的精确性。当把有关信息转换成符号化的推理机制时,将会丢失一些重要的信息。对于带有噪声的信息以及不完整的信息往往也难以进行恰当的表达和处理。

可能的解决途径:可采用互联技术的方法,即结构派采用的技术思路,则具有很好的互补作用。

2. 网络互联(network connection)技术及其研究方法

(1)主要观点

网络互联是结构派的一种实现方式。网络互联技术学派认为:人类的智能归根结底是用大脑中的神经元活动来实现的,神经元是一种具有记忆、联想、协调工作的智能网络。因此,可以在结构上采用生物神经元及其连接机制来模仿生成其全部的智能活动。显然,这是一种"白盒法"的微结构模拟智能活动的研究思路。

结构派认为大脑是一切智能活动的物质基础,因而从生物神经元模型着手,设法弄清楚大脑的结构以及它进行信息处理的过程与机理,就有望从物质结构本质上揭示人类智能的奥秘。

但是,由于人脑有多达 $10^{11} \sim 10^{12}$ 个神经元,每个神经元又与 $10^3 \sim 10^4$ 个其他神经元互相联系,构成了一个多层次立体结构的复杂互联的网络,加上这种结构的特性是基于生命活动而存在的,因此客观上完成这种模拟是不可能的,这就造成该研究长期处于停滞不前的状态。加上,计算机技术和集成记忆单元的局限性,一直到 20 世纪 80 年代后,在功能模拟研究暂趋于平稳冷静状态时,结构派才又随着微处理器集成化发展而活跃起来。

(2)重要成果与发展历程

1943 年,神经元模型首次被提出。20 世纪 80 年代中后期,各种 ANN(artificial neural network,人工神经网络)模型如雨后春笋,脱颖而出。20 世纪 90 年代前后,世界上掀起 ANN 研究热潮,论文研究成果成千上万。神经网络计算机被提出,由多达数百个微处理器互联而成。

(3)主要特点

这种方法通过对 I/O 信息状态(抑制,兴奋)模式进行分析处理,可以从训练样本中自动获取知识,逐步适应环境的变化。它采用分布式表示信息,一个概念不是对应于一个节点,而是对应于一种分布模式,因此可实现联想机制。其次,噪声信息可在分布式表达中得到近似体现,加以处理,就能得到比较满意而合理的结果。总结起来,其主要特点如下:

①循序渐进训练,符合人类学习发展过程规律,适于机器学习训练,特色明显;

②形象性思维,直观明了;

③分布式表示信息,便于实现联想;

④对局部畸变不敏感,模糊识别能力强,抗干扰性好;

⑤状态变迁机制便于实现变异、交叉、繁殖功能,进而实现并发展进化计算、遗传算法等;

⑥调整分布参数与连接的加权值可模拟各种控制过程,便于实现进化规划和策略,便于实现数值优化、系统预测和经验寻优过程。

(4)存在的局限性及可能的解决途径

局限性:难以用因果分析关系解释其活动过程。而这恰恰是符号化逻辑处理的优势,二者互补,可否取得更大成果有待探索研究。

发展与展望:随着进化计算(EC)理论的开拓和生物医学工程技术的进步,尤其是克隆技术的发展,其前景十分诱人。

3. 行为派及其研究方法

(1)主要观点

以美国麻省理工学院人工智能实验室年轻教授布鲁克斯(R. A. Brooks)为首的研究组,分别于 1991 年、1992 年提出了"没有表达的智能"和"没有推理的智能"研究观点。采用典型装置实现局部,这是 Brooks 根据自己对人造机器动物的实践研究中的体验提出的一种近于生物系统的智能模型。Brooks 认为,智能是某种复杂系统所浮现(emergence)出来的性质,智能又可理解为由很多部件之间的交互并与境遇相联系才具体化的行为特性。

Brooks 指出:具体的生物体有直接来自周围客观世界的经验,它们的作用是世界动态行为中的一部分,其感官具有反馈作用,故这种作用可用人造动物体的具体化(embodiment)构成的行为来模拟。Brooks 认为,智能行为可以仅仅由系统总的行为以及行为与环境的交联作用来体现,它可以在没有明显的可操作的内部的情况下产生,可以在没有明显的推理系统出现的情况下形成。

目前这种观点尚在发展完善中。它与人们传统的看法完全不同,因而引起了人工智能界广泛的兴趣和关注。

Brooks 等行为派倾向性认为,要造出一个功能完善、思考周密的智能机器人,难度太高、周期太长,不如先快速造出具有一定感受功能的智能机器虫,先实现本能或局部智能;然后在初步可见成果基础上逐步扩充完善。

事实上,人们可以把这种研究方法进而理解为:先实现局部的智能主体 agent,然后将其组合成为高级的智能主体系统,即从局部实现到全局集成的研究。

(2)主要成果

20 世纪 90 年代初,Brooks 等人实现了多腿脚协调行走并可上下楼梯的机器蝗虫。

近年来,日本 Sony 不断地推出升级版的"AIBO"机器人;日本欧姆龙推出了"Tama"机器人,采用模糊推理决策行动算法,用以指导人们使用 ATM;美国 Tiger 电子公司推出"Fabee"、美国微软推出"ActiMates"等玩具类机器人;还有日本松下的"宠物机器人",可用于帮助独身老人在发生紧急情况时(如发生急病)同外界进行联系。

(3)主要特点

①"激励—响应"模式很实用。

②代表性典型装置实现适应性强,难度较低,易于物理实现。

③行为模拟的"小前提"思想,即采用层次式处理手法,"满足→实现→功",再进行第二层次……依次推进装置完善、成功。

④直觉式感知模拟,便于实现经验式智能。

(4)存在的局限性及可能的解决途径

局限性:缺乏系统理论指导,必须加强规划决策指导与体系结构分析。

解决途径:融合功能派和结构派的技术观点,更有利于走向全面。

1.3　人工智能的应用领域

1.3.1　人工智能的基本技术

人工智能既是综合性极强的边缘学科,又是兼容并蓄的基础科学,其理论体系不断丰富完善,前沿攻关及实验课题层出不穷。

早期学者们认为,在人工智能基础理论和基本系统中,至少应包括以下四个方面的基本技术:

(1)机器学习和知识获取技术,主要有信息变换技术,知识信息的理解技术,知识的条理化、规则化技术,机器的感知与成长技术等;

(2)知识表示与处理技术,包括知识模型的建立与描述技术、表示技术及各种知识模型处理技术方法等;

(3)知识推理和搜索技术,尤其包括演绎推理计算和智能搜索技术;

(4)AI 系统构成技术,包括 AI 语言,硬件系统及智能应用系统等方面的构成技术等。

人工智能的三大学派和四大技术构成了 AI 体系的基础与骨架。

1.3.2　人工智能的应用领域

如同大多数学科中都存在着几个不同的研究领域,每个领域都有其特有的研究课题、研究方法和术语一样,人工智能也存在许多不同的研究领域。

1.问题求解

人工智能的第一大成就是能够求解难题的下棋(如国际象棋)程序。在下棋程序中应用的某些技术,如向前看几步并把困难的问题分成一些比较容易的子问题,发展成为了搜索和问题归约这样的人工智能基本技术。今天的计算机程序能够下锦标赛水平的各种方盘棋、十五子棋和国际象棋。还有问题求解程序把各种数学公式符号汇编在一起,其性能达到了很高的水平,并正在为许多科学家和工程师所应用。有些程序甚至还能够用经验来改善其性能。

2.逻辑推理与定理证明

逻辑推理是人工智能研究中历史最悠久的领域之一。其中,特别重要的是要找到一些方法,只把注意力集中在一个大型数据库中的有关事实上,留意可信的证明,并在出现新信息时适时修正这些证明。为数字猜想寻找一个证明或反证,确实称得上是一项智能任务,不仅需要有根据假设进行演绎的能力,而且需要某些直觉技巧。

1976 年 7 月,美国的阿佩尔(K. Appel)等人合作解决了"四色定理"难题。他们用 3 台大型计算机,花去 1200 小时 CPU 时间,并对中间结果进行人为反复修改 500 多处。四色定理的成功证明曾轰动当时的国际计算机界。

3. 自然语言处理

自然语言处理(natural language processing,NLP)也是人工智能的早期研究领域之一,已经编写出能够从内部数据库回答用英语提出的问题的程序,这些程序通过阅读文本材料和建立内部数据库,能够把句子从一种语言翻译为另一种语言、执行用英语给出的指令和获取知识等,有些程序甚至能够在一定程度上翻译从话筒输入的口头指令(而不是通过键盘输入计算机的指令)。目前语言处理研究的主要内容是:在翻译句子时,以主题和对话情况为基础,注意大量的一般常识和期望作用的重要性。

人工智能在语言翻译与语音理解程序方面已经取得的成就,已逐渐成为人类自然语言处理的新概念。

4. 自动程序设计

也许程序设计并不是人类知识的一个十分重要的方面,但是它本身却是人工智能的一个重要研究领域。这个领域的工作叫作自动程序设计,目前已经能够以各种不同的目的描述(例如输入/输出对高级语言描述甚至英语描述算法)来编写计算机程序。这方面的进展局限于少数几个完全现成的例子。对自动程序设计的研究不仅可以促进半自动软件开发系统的发展,还可以使通过修正自身数码进行学习(即修正它们的性能)的人工智能系统得到发展。自动编制一份程序来获得某种指定结果的任务同证明一份给定程序将获得某种指定结果的任务是紧密相关的,后者叫作程序验证。许多自动程序设计系统将产生一份输出程序的验证作为额外收获。

5. 专家系统

一般来说,专家系统是一个智能计算机程序系统,其内部具有大量专家水平的某个领域的知识与经验,能够利用人类专家的知识和解决问题的方法来解决该领域的问题。也就是说,专家系统是一个具有大量专门知识与经验的程序系统,它应用人工智能技术,根据某个领域一个或多个人类专家提供的知识和经验进行推理和判断,模拟人类专家的决策过程,以解决那些需要专家决定的复杂问题。

当前的研究涉及有关专家系统设计的各种问题。这些系统是在某个领域的专家(他可能无法明确表达他的全部知识)与系统设计者之间经过反复交换意见之后建立起来的。在已经建立的专家咨询系统中,有能够诊断疾病的(包括中医诊断智能机)、能够估计潜在石油储量的、研究复杂有机化合物结构的以及能够提供使用其他计算机系统的参考意见的等。发展专家系统的关键是表达和运用专家知识,即来自人类专家的已被证明对解决有关领域内的典型问题是有用的事实和过程。专家系统与传统的计算机程序最本质的不同之处在于专家系统所要解决的问题一般没有算法解,并且经常要在不完全、不精确或不确定的信息基础上给出结论。专家系统被称为 21 世纪知识管理与决策的技术。

6. 机器学习

学习能力无疑是人工智能研究领域最突出和最重要的一个方面。人工智能在这方面的研究近年来取得了一些进展。学习是人类智能的主要标志和获得知识的基本手段。机器学习(自动获取新的事实及新的推理算法)是使计算机具有智能的根本途径。正如香克(R. Shank)所说:"一台计算机若不会学习,就不能被称为具有智能。"此外,研究机器学习还有助于发现人类学习的机理和揭示人脑的奥秘。因此,这是一个始终得到重视,理论正在创立,方法日臻完善但远未达到理想境地的研究领域。

7. 人工神经网络

由于冯·诺依曼(Van Neumann)体系结构的局限性,数字计算机存在一些尚无法解决的问题,人们一直在寻找新的信息处理机制,神经网络计算就是其中之一。

研究结果已经证明,用神经网络处理直觉和形象思维信息具有比传统处理方式好得多的效果。神经网络的发展有着非常广阔的学科背景。神经生理学家、心理学家与计算机科学家的共同研究得出的结论是:人脑是一个功能特别强大、结构异常复杂的信息处理系统,其基础是神经元及其互联关系。因此,对人脑神经元和人工神经网络的研究,可能创造出新一代人工智能机——神经计算机。

对神经网络的研究经历了一条十分曲折的道路。20世纪80年代初以来,对神经网络的研究再次出现高潮,霍普菲尔德提出用硬件实现神经网络、鲁梅尔哈特(Rumelhart)等提出多层网络中的反向传播(BP)算法就是两个重要标志。

8. 机器人学

人工智能研究中日益受到重视的另一个分支是机器人学,其中包括对操作机器人装置程序的研究。这个领域所研究的问题包括机器人手臂的最佳移动及实现机器人目标的动作序列的规划方法等。

机器人和机器人学的研究促进了许多人工智能思想的发展。它所产生的一些技术可用来模拟世界的状态,用来描述从一种世界状态转变为另一种世界状态的过程。它对于怎样产生动作序列的规划以及怎样监督这些规划的执行有较好的理解。复杂的机器人控制问题迫使我们发展一些方法,先在抽象和忽略细节的高层进行规划,然后再逐步在细节越来越重要的低层进行规划。在本书中,我们经常应用一些机器人问题求解的例子来说明一些重要的思想。智能机器人的研究和应用体现出广泛的学科交叉,涉及众多的课题,得到了越来越普遍的应用。

9. 模式识别

计算机硬件的迅速发展和计算机应用领域的不断开拓,亟须计算机更有效地感知诸如声音、文字、图像、温度、震动等信息资料。模式识别在这种情况下得到了迅速发展。

"模式"(pattern)一词的本意是指完美无缺的、供模仿的一些标本。模式识别就是指识别出给定物体所模仿的标本。人工智能所研究的模式识别是指用计算机代替人类或帮助人类感知模式,是对人类感知外界功能的模拟,研究的是计算机模式识别系统,也就是使一个计算机系统具有模拟人类通过感官接受外界信息、识别和理解周围环境的感知能力。

模式识别是一个不断发展的新学科,它的理论基础和研究范围也在不断发展。随着生物医学对人类大脑的初步认识,模拟人脑构造的计算机实验即人工神经网络方法早在20世纪50年代末和60年代初就已经开始。至今,在模式识别领域,神经网络方法已经成功地用于手写字符的识别、汽车牌照的识别、指纹识别、语音识别等方面。目前模式识别学科正处于大发展的阶段,随着应用范围的不断扩大,基于人工神经网络的模式识别技术将有更大的发展。

10. 机器视觉

机器视觉或计算机视觉已从模式识别的一个研究领域发展为一门独立的学科。在视觉方面,人们已经给计算机系统装上电视输入装置以便能够"看见"周围的东西。视觉是一种感知问题,在人工智能中研究的感知过程通常包含一组操作。例如,可见的景物由传感器编码,并被表示为一个灰度数值的矩阵。这些灰度数值由检测器加以处理。检测器搜索主要图像的成分,如线段、简单曲线和角度等。这些成分又被处理,以便根据景物的表面和形状来推断有关景物的三维特性信息。例如带有视觉的月球自主车和带有视觉的越野自主车。

机器视觉的前沿研究领域包括实时并行处理、主动式定性视觉、动态和时变视觉、三维景物的建模与识别、实时图像压缩传输和复原、多光谱和彩色图像的处理与解释等。

11. 智能控制

人工智能的发展促进了自动控制向智能控制发展。智能控制是一类不需要(或需要尽可能少的)人干预就能够独立地驱动智能机器实现其目标的自动控制。或者说,智能控制是驱动智能机器自主地实现其目标的过程。

随着人工智能和计算机技术的发展,已可能把自动控制和人工智能以及系统科学的某些分支结合起来,建立一种适用于复杂系统的控制理论和技术。智能控制正是在这种条件下产生的。它是自动控制的最新发展阶段,也是用计算机模拟人类智能的一个重要研究领域。1965 年,傅京孙首先提出把人工智能的启发式推理规则用于学习控制系统。十多年后,建立实用智能控制系统的技术逐渐成熟。1971 年,傅京孙提出把人工智能与自动控制结合起来的思想。1977 年,美国的萨里迪斯提出把人工智能、控制论和运筹学结合起来的思想。1986 年,中国的蔡自兴提出把人工智能、控制论、信息论和运筹学结合起来的思想。按照这些结构理论已经研究出一些智能控制的理论和技术,用来构造用于不同领域的智能控制系统。

智能控制的核心在高层控制,即组织级控制。其任务在于对实际环境或过程进行组织,即决策和规划,以实现广义问题求解。已经提出的用以构造智能控制系统的理论和技术有分级递阶控制理论、分级控制器设计的熵方法、智能逐级增高而精度逐级降低原理、专家控制系统、学习控制系统和基于神经网络的控制系统等。智能控制有很多研究领域,它们的研究课题既具有独立性,又相互关联。

12. 智能检索

随着科学技术的迅速发展,出现了"知识爆炸"的情况。对国内外种类繁多和数量巨大的科技文献的检索远非人力和传统检索系统所能胜任。研究智能检索系统已成为科技持续快速发展的重要保证。数据库系统是储存某学科大量事实的计算机软件系统,它们可以回答用户提出的有关该学科的各种问题。

数据库系统的设计也是计算机科学的一个活跃的分支。为了有效地表示、存储和检索大量事实,已经发展出了许多技术。当人们想用数据库中的事实进行推理并从中检索答案时,这个课题就显得很有意义。

13. 智能调度与指挥

确定最佳调度或组合的问题是又一类人们感兴趣的问题。一个经典的问题就是推销员旅行问题。这个问题要求为推销员寻找一条最短的旅行路线。推销员从某个城市出发,访问每个城市一次,且只许一次,然后回到出发的城市。大多数这类问题能够从可能的组合或序列中选取一个答案,不过组合或序列的范围很大。试图求解这类问题的程序产生了一种组合爆炸的可能性。这时,即使是大型计算机的容量也会被用光。在这些问题中有几个(包括推销员旅行问题)是属于被计算理论家称为 NP 完全性的一类问题。他们根据理论上的最佳方法计算出所耗时间(或所走步数)的最坏情况来排列不同问题的难度。

智能组合调度与指挥方法已被应用于汽车运输调度、列车的编组与指挥、空中交通管制以及军事指挥等系统。

14. 分布式人工智能与 agent

分布式人工智能(distributed AI,DAI)是分布式计算与人工智能结合的结果。DAI 系统以鲁棒性作为控制系统质量的标准,并具有互操作性,即不同的异构系统在快速变化的环境中具有交换信息和协同工作的能力。

分布式人工智能的研究目标是要创建一种能够描述自然系统和社会系统的精确概念模型。DAI 中的智能并非独立存在的概念,只能在团体协作中实现,因而其主要研究问题是各 agent 间的合作与对话,包括分布式问题求解和多 agent 系统(multi-agent system,MAS)两个领域。其中,分布式问题求解把一个具体的求解问题划分为多个相互合作和知识共享的模块或结点。多 agent 系统则研究各 agent 间智能行为的协调,包括规划、知识、技术和动作的协调。这两个研究领域都要研究知识、资源和控制的划分问题,但分布式问题求解往往含有一个全局的概念模型、问题和成功标准,而 MAS 则含有多个局部的概念模型、问题和成功标准。MAS 更能体现人类的社会智能,具有更大的灵活性和适应性,更适合开放和动态的世界环境,因而备受重视,已成为人工智能以至计算机科学和控制科学与工程的研究热点。当前,agent 和 MAS 的研究包括 agent 和 MAS 理论、体系结构、语言、合作与协调、通信和交互技术、MAS 学习和应用等。MAS 已在自动驾驶、机器人导航、机场管理、电力管理和信息检索等方面获得应用。

15. 计算智能与进化计算

计算智能(computational intelligence)涉及神经计算、模糊计算、进化计算等研究领域。在此仅对进化计算加以介绍。

进化计算(evolutionary computation)是指一类以达尔文进化论为依据来设计、控制和优化人工系统的技术和方法的总称,它包括遗传算法(genetic algorithms)、进化策略(evolutionary strategies)和进化规划(evolutionary programming)。它们遵循相同的指导思想,但彼此存在一定差别。同时,进化计算的研究关注学科的交叉和广泛的应用背景,因而引入了许多新的方法和特征,彼此间难于分类,统称为进化计算方法。目前,进化计算被广泛运用于复杂系统的自适应控制和复杂优化问题等研究领域,如并行计算、机器学习、电路设计、神经网络、基于 agent 的仿真、元胞自动机等。

达尔文进化论是一种鲁棒的搜索和优化机制,对计算机科学,特别是对人工智能的发展产生了很大的影响。大多数生物体通过自然选择和有性生殖进行进化。自然选择决定了群体中哪些个体能够生存和繁殖,有性生殖保证了后代基因中的混合和重组。自然选择的原则是适者生存,即"物竞天择,优胜劣汰"。

自然进化的这些特征早在 20 世纪 60 年代就引起了美国的霍兰(Holland)的极大兴趣,他和他的学生们从事如何建立机器学习的研究。霍兰注意到学习不仅可以通过单个生物体的适应实现,而且可以通过一个种群的多代进化适应发生。受达尔文进化论思想的影响,他逐渐认识到,在机器学习中想要获得一个好的学习算法,仅靠单个策略的建立和改进是不够的,还要依赖于一个包含许多候选策略的群体的繁殖。他还认识到,生物的自然遗传现象与人工自适应系统行为的相似性,因此他提出在研究和设计人工自主系统时可以模仿生物自然遗传的基本方法。20 世纪 70 年代初,霍兰提出了"模式理论",并于 1975 年出版了《自然系统与人工系统的自适应》,系统地阐述了遗传算法的基本原理,奠定了遗传算法研究的理论基础。

16. 数据挖掘与知识发现

知识获取是知识信息处理的关键问题之一。20 世纪 80 年代,人们在知识发现方面取得了一定的进展。已有一些试验系统利用样本,通过归纳学习或者与神经计算结合起来进行知识获取。数据挖掘与知识发现是 20 世纪 90 年代初期新崛起的一个活跃的研究领域,在数据库基础上实现的知识发现系统,通过综合运用统计学、粗糙集、模糊数学、机器学习和专家系统等多种学习手段和方法,从大量的数据中提炼出抽象的知识,从而揭示出蕴涵在这些数据背后的客观世界的内在联系和本质规律,实现知识的自动获取。这是一个富有挑战性并具有广阔应用前景的研究课题。

从数据库获取知识,即从数据中挖掘并发现知识,首先要解决被发现知识的表达问题。最好的表达方式是自然语言,因为它是人类的思维和交流语言。知识表示的最根本问题就是如何形成用自然语言表达的概念。概念比数据更确切、直接和易于理解。自然语言的功能就是用最基本的概念描述复杂的概念,用各种方法对概念进行组合,以表示所认知的事件,即知识。

机器知识的发现始于 1974 年,并在此后十年中获得了一些进展。这些进展往往与专家系统的知识获取研究有关。到 20 世纪 80 年代末,数据挖掘取得了突破。越来越多的研究者加入到数据挖掘与知识发现的研究行列。现在,数据挖掘与知识发现已成为人工智能研究的又一热点。

17. 人工生命

人工生命(Artificial Life, ALife)的概念是由美国圣菲研究所非线性研究组的兰顿(Langton)于 1987 年提出的,旨在用计算机和精密机械等人工媒介生成或构造出能够表现自然生命系统行为特征的仿真系统或模型系统。自然生命系统行为具有自组织、自复制、自修复等特征以及形成这些特征的混沌动力学、进化和环境适应。

人工生命所研究的人造系统能够演示具有自然生命系统特征的行为,在"生命之所能"(life as it could be)的广阔范围内深入研究"生命之所知"(life as we know it)的实质。只有从"生命之所能"的广泛内容来考察生命,才能真正理解生物的本质。人工生命与生命的形式化基础有关。生物学从问题的顶层开始,对器官、组织、细胞、细胞膜直到分子进行逐级研究,以探索生命的奥秘和机理;人工生命则从问题的底层开始,把器官作为简单机构的宏观群体来考察,自底向上进行综合,把简单的由规则支配的对象构成更大的集合,并在交互作用中研究非线性系统的类似生命的全局动力学特性。

人工生命的理论和方法有别于传统人工智能和神经网络的理论和方法。人工生命把生命现象所体现的自适应机理通过计算机进行仿真,对相关非线性对象进行更真实的动态描述和动态特征研究。

18. 系统与语言工具

人工智能对计算机界的某些最大贡献已经以派生的形式表现出来。计算机系统的一些概念,如分时系统、编目处理系统和交互调试系统等,已经在人工智能研究中得到发展。几种知识表达语言(把编码知识和推理方法作为数据结构和过程计算机的语言)已在20世纪70年代后期开发出来,以探索各种建立推理程序的思想。威诺格拉德(Terry Winograd)在1979年发表的文章《在程序设计语言之外》讨论了他的某些关于计算的设想;其中部分思想是在他的人工智能研究中产生的。20世纪80年代以来,计算机系统,如分布式系统、并行处理系统、多机协作系统和各种计算机网络等,都有了发展。在人工智能程序设计语言方面,除了继续开发和改进通用和专用的编程语言新版本和新语种外,还研究出了一些面向目标的编程语言和专用开发工具。关系数据库研究所取得的进展,无疑为人工智能程序设计提供了新的有效工具。

第2章　基本搜索原理

2.1　问题及其求解过程的形式表示

虽然人工智能有多个应用领域,而且每个应用领域又各有自己的规律和特点,但从它们求解具体问题的过程来看,都可抽象为一个"问题求解"的过程。问题求解过程实际上是一个搜索过程。为了进行搜索,首先必须考虑问题及其求解过程的形式表示,其形式表示是否适当,将直接影响到搜索求解的效率。

2.1.1　状态空间表示法

状态空间表示法是表示问题及其求解过程的一种形式表示方法。状态空间表示法用状态和算符来表示问题。其中,状态用以描述问题求解过程不同时刻的状态;算符表示对状态的操作,算符每使用一次就使问题由一种状态变换为另一种状态。当到达目标状态时,由初始状态到目标状态所用的算符的序列就是问题的一个解。

1. 状态

状态是描述问题求解过程中任一时刻状况的数据结构,可用一组变量的有序集表示:

$$S_{ki} = (S_{k1}, S_{k2}, \cdots, S_{kn}) \quad (i = 1, 2, \cdots, n)$$

当给每一个分量以确定的值时,就得到了一个具体的状态。

2. 算符

引起状态中某些分量发生变化,从而使问题由一个状态变为另一个状态的操作被称为算符。在产生式系统中,一条产生式规则就是一个算符。

3. 状态空间

由问题的全部状态及一切可用算符所构成的集合被称为问题的状态空间,一般用一个三元组表示(S, F, G)。其中,S是问题的所有初始状态构成的集合,F是算符的集合,G是目标状态的集合。状态空间的图示形式被称为状态空间图,其中节点表示状态、有向边(弧)表示算符。

状态空间表示法有以下特点:

(1)用状态空间表示法表示问题时,首先必须定义状态的描述形式,通过使用这种描述形式可把问题的一切状态都表示出来;其次,还要定义一组算符,通过使用算符可把问题由一种状态转变为另一种状态。

(2)问题的求解过程是一个不断把算符作用于状态的过程。如果在使用某个算符后得到的新状态是目标状态,就得到了问题的一个解。这个解是从初始状态到目标状态所用的算符构成的序列。

（3）算符的一次使用,就使问题由一种状态转变为另一种状态。可能有多个算符序列都可使问题从初始状态转变到目标状态,这就得到了多个解。其中,有的解使用算符较少,有的解使用的算符较多,我们把使用算符最少的解称为最优解。这只是依据解中使用的算符个数来评价解的优劣,更一般地说是使用算符时所付出的代价,只有总代价最小的解才是最优解。

（4）对任何一个状态,可使用的算符可能不止一个,因而由一个状态所生成的后继状态就可能有多个。当对这些后继状态使用算符时,首先应对哪一个后继状态进行操作,取决于问题求解采用的搜索策略。搜索策略将影响问题搜索求解过程的效率。

2.1.2 与/或树表示法

与/或树是用于表示问题及其求解过程的又一种形式的表示方法,也被称为问题归约的方法。它把初始问题通过一系列变换最终变为一个子问题集合,而这些子问题的解可以直接得到,从而解答了初始问题。

与/或树(and/or trees)是树的图形表达的一种推广,是与/或图的一种特例。问题的状态可以借用树及其根、枝、叶等名称来表示。此外,也可按照祖先及其后代诸如子、孙等层次或辈分关系来定义。其中,根节点是唯一的,辈分最高;叶是端节点,辈分最低;枝、干及其分支介于根与叶之间。

把一个难于直接求解的复杂问题分解为若干个比较简单的子问题,各个子问题的全部解决等价为该问题的解决;而对于困难的子问题的求解,同样依照这种方法进行处理。这样就形成了一种与结构的关系树,称之为与树,并把相关节点及其边用一弧线连接,称之为与关系表示,如图 2-1 所示的 S_{22} 节点及其子节点所形成的分枝树的结构关系。

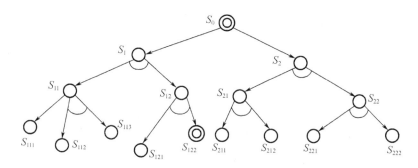

图 2-1 与/或树及其表示

使用类似的思想方法,我们可以引出或树的概念。也就是说,把一个难于直接求解的问题分解为若干个与之等价而又更简单的子问题,每个子问题的解决等价为该问题的解决,就形成了一种或结构的关系树,称之为或树。或关系树的表达可以不必特别加以标识。

如果问题状态空间既有或结构又有与结构,就得到了与/或混合树,简称与/或树,如图 2-1 所示。若把前面所研究的搜索策略再应用于与/或树,自然也就形成了与/或树全部的搜索策略。

与/或搜索树及其解树的关系如下：

（1）与/或搜索树和解树

对根节点搜索求解的过程所形成的部分与/或树，被称为与/或搜索树。能导致根节点可解的那些解节点及全部有关枝组成的一棵与/或树的子树，被称为该树的解树。一棵与/或树的解树可以有存在、不存在或存在多个等情形，而与/或树节点又分为可解节点和不可解节点两类。

（2）与/或搜索树及解树的标记过程

为了求解与/或树问题，必须对与/或树进行解树的搜索与寻找，通常采用对与/或树和节点边搜索边标注的方法。在标注过程中，可以约定：可解节点用"●"表示，不可解节点用"○"或在"○"中加"×"来表示。其中，可解的端节点又称终止节点，可加标注 t 来表示。这样，逐个节点分析标记，直到最后达到标记根节点的可解性的目的。

显而易见，与/或树上的一个节点是否为可解节点是由它的子节点确定的。其规则为：

①对于一个"与"节点，只有当其子节点全部为可解节点时，它才为可解节点；如果子节点中有任何一个节点为不可解节点，它就是不可解节点。

②对于一个"或"节点，只要子节点中有一个为可解节点，它就是可解节点；只有全部子节点都是不可解节点时，此"或"节点才是不可解节点。

这种由可解的子节点来确定父节点、祖节点等为可解节点的回溯向上过程被称为可解标记过程；而由不可解的子节点来确定其父节点、祖父节点等为不可解节点的回溯向上过程被称为不可解标记过程。可解标记过程和不可解标记过程都是有序地自下而上来进行的，即由子节点的可解性来确定父节点的可解性。

一般来说，在与/或树的搜索中，可以反复使用可解标记和不可解标记这两个过程，直到初始节点（即原始问题 P）被确定为可解的或不可解的时候为止。与/或树及解树的标记方法及示例如图 2-2 所示。如果根节点可解，则称该树 T 对应的问题 P 有解，如图 2-2(a)所示；否则称 P 无解，如图 2-2(b)所示。

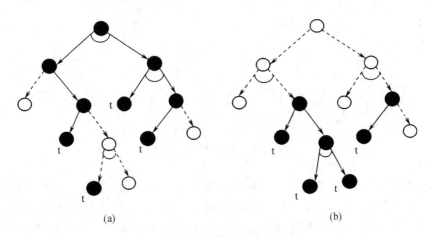

图 2-2　与/或树及解树的标注

(a)根节点可解；(b)根节点不可解

2.2 状态空间的搜索策略

2.2.1 穷举搜索

为了简单起见,下面以树型结构的状态图搜索为例进行说明。按搜索树生成方式的不同,树式穷举搜索又分为广度优先和深度优先两种搜索策略。这两种搜索策略也是最基本的树式搜索策略,其他搜索策略都是建立在它们之上的。下面先介绍广度优先搜索。

1.广度优先搜索

广度优先搜索始终先在同一级节点中考查,只有当同一级节点考查完毕之后才考查下一级节点。或者说,其是以初始节点为根节点,向下逐级扩展搜索树。所以,这种搜索策略的搜索树是自顶向下一层一层逐渐生成的。

若用广度优先搜索策略来解八数码难题,则分析如下:

把一个与空格相邻的数码移入空格,等价于把空格向数码方向移动一位。所以,该题中给出的数码走步规则也可以简化为:对空格可施行左移、右移、上移和下移等四种操作。

设初始节点 S_0 和目标节点 S_g 分别如图 2-3 的初始棋局和目标棋局所示,采用广度优先搜索策略,则可得到如图 2-4 所示的搜索树。

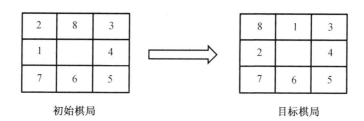

初始棋局　　　　　　　　　　　　　目标棋局

图 2-3　八数码难题示例

广度优先搜索算法:

步1　把初始节点 S_0 放入 OPEN 表中。

步2　若 OPEN 表为空,则搜索失败,退出。

步3　取 OPEN 中前面第一个节点 N 放在 CLOSED 表中,并冠以顺序编号 n。

步4　若目标节点 $S_g = N$,则搜索成功,结束。

步5　若 N 不可扩展,则转步2。

步6　扩展 N,将其所有子节点配上指向 N 的指针依次放入 OPEN 表尾部,转步2。

其中,OPEN 表是一个队列,CLOSED 表是一个顺序表,表中各节点按顺序编号,正被考察的节点在表中编号最大。如果问题有解,OPEN 表中必出现目标节点 S_g。那么,当搜索到目标节点 S_g 时,算法结束,然后根据返回指针在 CLOSED 表中往回追溯,直至初始节点,所得的路径即为问题的解。

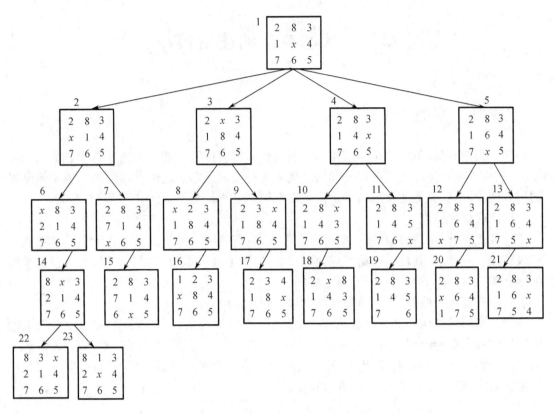

图 2 - 4　八数码难题广度优先搜索

广度优先搜索也称宽度优先搜索或横向搜索。这种策略是完备的,即如果问题的解存在,用它则一定能找到解,且解必是最优解(即最短的路径)。这是广度优先搜索的优点,不过其缺点是搜索效率低。

2. 深度优先搜索

深度优先搜索在搜索树的每一层始终只扩展一个子节点,不断地向纵深前进,直到不能再前进(到达叶子节点或受到深度限制)时,才从当前节点返回到上一级节点,沿另一方向又继续前进。这种搜索策略的搜索树是从树根开始一枝一枝逐渐形成的。

深度优先搜索算法:

步 1　把初始节点 S_0 放入 OPEN 表中。

步 2　若 OPEN 表为空,则搜索失败,退出。

步 3　取 OPEN 表中前面第一个节点 N 放入 CLOSED 表中,并冠以顺序编号 n。

步 4　若目标节点 $S_g = N$,则搜索成功,结束。

步 5　若 N 不可扩展,则转步 2。

步 6　扩展 N,将其所有子节点配上指向 N 的返回指针依次放入 OPEN 表的首部,转步 2。

可以看出,这里的 OPEN 表为一个堆栈。

同样以八数码难题为例,若采用深度优先搜索策略,可得如图 2 - 5 所示的搜索树。

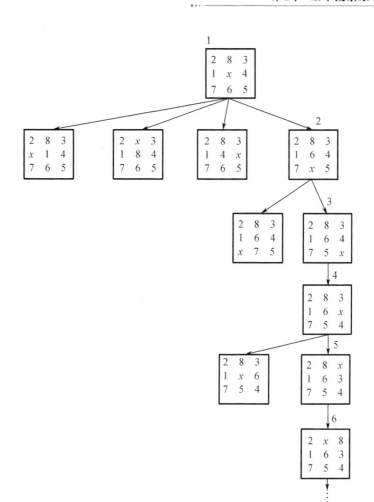

图 2-5 八数码难题深度优先搜索

深度优先搜索也称纵向搜索。一个有解的问题树可能含有无穷分枝,深度优先搜索如果误入无穷分枝(即深度无限),则不可能找到目标节点。所以,深度优先搜索策略不是完备的。另外,应用此搜索策略得到的解不一定是最佳解(最短路径)。

广度优先搜索和深度优先搜索是两种最基本的穷举搜索方法,在此基础上,若需再加上一定的限制条件,便可派生出许多特殊的搜索方法,例如有界深度优先搜索。

3. 有界深度优先搜索

有界深度优先搜索给出了搜索树深度限制,当从初始节点出发沿某一分枝扩展到达限定深度时,就不能再继续向下扩展,而只能改变方向继续搜索。节点 N 的深度(即其位于搜索树的层数)通常用 $d(N)$ 表示,则有界深度优先搜索算法如下:

步1 把 S_0 放入 OPEN 表中,置 S_0 的深度 $d(S_0) = 0$。

步2 若 OPEN 表为空,则失败,退出。

步3 取 OPEN 表中前面第一个节点 N,放入 CLOSED 表中,并顺序编号为 n。

步4 若目标节点 $S_g = N$,则成功,结束。

步5 若 N 的深度 $d(N) = d_m$(深度限制值),或者 N 无子节点,则转步2。

步 6　扩展 N,将其所有子节点 N_i 配上指向 N 的返回指针后依次放入 OPEN 表中前部,置 $d(N_i) = d(N) + 1$,转步 2。

2.2.2　启发式搜索

1. 问题的提出

前面讲的穷举搜索,从理论上讲,似乎可以解决任何状态空间的搜索问题,但实践表明,穷举搜索只能解决一些状态空间很小的简单问题,而对于那些大状态空间问题,穷举搜索就不能胜任了。这是因为,大空间问题往往会导致"组合爆炸"。例如梵塔问题,当阶数较小(如小于 6)时,在计算机上求解并不难,但当阶数再增加时,其时空要求将会急剧地增加。例如,当取阶数 64 时,则其状态空间中就有 $3^{64} \approx 3.43 \times 10^{30}$ 个节点,最短的路径长度(节点数)为 $2^{64} - 1 \approx 2 \times 10^{19}$。又如博弈问题,计算机为了取胜,它可以将所有算法都试一下,然后选择最佳走步。找到这样的算法并不难,但计算时的时空消耗却大得惊人。例如,就可能有的棋局数讲,一字棋是 $9! \approx 3.6 \times 10^5$,西洋棋是 10^{78},国际象棋是 10^{120},围棋是 10^{761}。假设每步可以选择一种棋局,用极限并行速度(10^{-104} 秒/步)计算,国际象棋的算法也需要 10^{16} 年,即 1 亿亿年才可以算完。

上述困难迫使人们不得不寻找更有效的搜索方法,于是提出了启发式搜索策略。

2. 启发性信息

启发式搜索是利用启发性信息进行制导的搜索。启发性信息就是有利于尽快找到问题之解的信息。按其用途划分,启发性信息一般可分为以下三类:

(1)用于扩展节点的选择,即用于决定应先扩展哪一个节点,以免盲目扩展。

(2)用于生成节点的选择,即用于决定应生成哪些后续节点,以免盲目地生成过多无用节点。

(3)用于删除节点的选择,即用于决定应删除哪些无用节点,以免造成进一步的时空浪费。

例如,由八数码难题的部分状态空间图可以看出,从初始节点开始,在通向目标节点的路径上,各节点的数码格局同目标节点相比较,其数码不同的位置个数在逐渐减少,最后为零。所以,这个数码不同的位置个数便是标志一个节点到目标节点距离远近的一个启发性信息,利用这个信息就可以指导搜索。可以看出,这种启发性信息属于第一类。

需要指出的是,不存在能适合所有问题的万能启发性信息,或者说,不同的问题有不同的启发性信息。

3. 启发函数

在启发式搜索中,通常用启发函数来表示启发性信息。启发函数是用来估计搜索树上节点 z 与目标节点 S_g 接近程度的一种函数,通常记为 $h(x)$。

如何定义一个启发函数呢?启发函数并无固定的模式,需要具体问题具体分析。通常可以参考的思路有:一个节点到目标节点的某种距离或差异的度量,一个节点处在最佳路径上的概率,或者根据经验的主观打分,等等。例如,对于八数码难题,用 $h(x)$ 就可以表示节点 z 的数码格局同目标节点相比,数码不同的位置个数。

4. 启发式搜索算法

启发式搜索要用启发函数来导航,其搜索算法就要在状态空间图一般搜索算法的基础上再增加启发函数值的计算与传播过程,并且由启发函数值来确定节点的扩展顺序。为了简单起见,下面以树型图的树式搜索为例,给出启发式搜索的两种策略。

(1)全局择优搜索

全局择优搜索是利用启发函数制导的一种启发式搜索方法。该方法也被称为最好优先搜索法,它的基本思想是:在 OPEN 表中保留所有已生成而未考察的节点,并用启发函数 $h(x)$ 对它们全部进行估价,从中选出最优节点进行扩展,而不管这个节点出现在搜索树的什么地方。

全局择优搜索算法如下:

步1　把初始节点 S_0 放入 OPEN 表中,计算 $h(S_0)$。

步2　若 OPEN 表为空,则搜索失败,退出。

步3　移出 OPEN 表中第一个节点 N 放入 CLOSED 表中,并冠以序号 n。

步4　若目标节点是 $S_g = N$,则搜索成功,结束。

步5　若 N 不可扩展,则转步2。

步6　扩展 N,计算每个子节点 x 的函数值 $h(x)$,并将所有子节点配以指向 N 的返回指针后放入 OPEN 表中,再对 OPEN 表中的所有子节点按其函数值大小以升序排序,转步2。

若以全局择优搜索来解八数码难题,则可设启发函数 $h(x)$ 为节点 x 的格局与目标格局相比数码不同的位置个数。那么所得的启发搜索树如图 2-6 所示,图中节点旁的数字就是该节点的估价值。由图 2-6 可知,此题的解为:S_0, S_1, S_2, S_3, S_g。

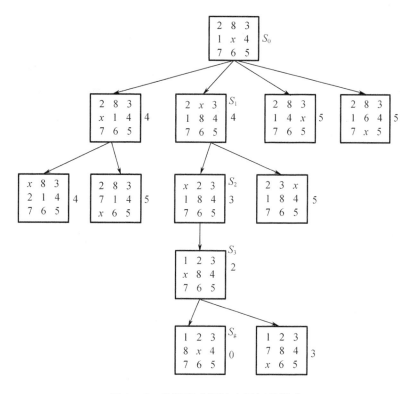

图 2-6　八数码难题的全局择优搜索

（2）局部择优搜索

局部择优搜索与全局择优搜索的区别是扩展节点 N 后仅对 N 的子节点按启发函数值大小以升序排序，再将它们依次放入 OPEN 表的首部。算法从略。

2.2.3　A 和 A* 搜索

前面我们介绍了状态图搜索的一般算法，并着重讨论了树型图的各种搜索策略。接下来介绍状态图搜索的两种典型的启发式搜索算法。

1. 估价函数

利用启发函数 $h(x)$ 制导的启发式搜索，实际上是一种深度优先的搜索策略。虽然它是很高效的，但也可能误入歧途。所以，为了更稳妥一些，人们把启发函数扩充为估价函数。估价函数的一般形式为

$$f(x) = g(x) + h(x)$$

其中，$g(x)$ 为从初始节点 S_0 到节点 x 已经付出的代价，$h(x)$ 是启发函数。即估价函数 $f(x)$ 是从初始节点 S_0 到达节点 x 处已付出的代价与节点 x 到达目标节点 S_g 的接近程度估计值之总和。

有时估价函数还可以表示为

$$f(x) = d(x) + h(x)$$

其中，$d(x)$ 表示节点 x 的深度。

可以看出，$f(x)$ 中的 $g(x)$ 或 $d(x)$ 有利于搜索的横向发展（因为 $g(x)$ 或 $d(x)$ 越小，则说明节点 x 越靠近初始节点 S_0），因而可提高搜索的完备性，但影响搜索效率；$f(x)$ 中的 $h(x)$ 则有利于搜索的纵向发展（因为 $h(x)$ 越小，则说明节点 x 越接近目标节点 S_g），因而可提高搜索的效率，但影响完备性。所以，$f(x)$ 恰好是二者的一个折中。但在确定 $f(x)$ 时，要权衡利弊，使 $g(x)$（或 $d(x)$）与 $h(x)$ 的比重适当。这样，才能取得理想的效果。例如，如果只关心到达目标节点的路径，并希望有较高的搜索效率，则 $g(x)$ 可以忽略。当然，这样会影响搜索的完备性。

如果把 $h(x)$ 取为节点 x 到目标节点 S_g 的估计代价，则 $f(x)$ 就是节点 x 处的已知代价与未知估计代价之和。这时基于 $f(x)$ 的搜索就是最小代价搜索。

2. A 算法

A 算法是基于估价函数 $f(x)$ 的一种加权状态图启发式搜索算法。其具体步骤如下：

步1　把附有 $f(S_0)$ 的初始节点 S_0 放入 OPEN 表。

步2　若 OPEN 表为空，则搜索失败，退出。

步3　移出 OPEN 表中第一个节点 N 放入 CLOSED 表中，并冠以顺序编号 n。

步4　若目标节点 $S_g = N$，则搜索成功，结束。

步5　若 N 不可扩展，则转步2。

步6　扩展 N，生成一组附有 $f(x)$ 的子节点，对这组子节点做如下处理。

（1）考察是否有已在 OPEN 表或 CLOSED 表中存在的节点。若有则再考察其中有无 N 的先辈节点，若有则删除之；对于其余节点，也删除之，但由于它们又被第二次生成，因而需考虑是否修改已经存在于 OPEN 表或 CLOSED 表中的这些节点及其后裔的返回指针和 $f(x)$ 值，修改原则是"找 $f(x)$ 值小的路走"。

（2）对其余子节点配上指向 N 的返回指针后放入 OPEN 表中，并对 OPEN 表按 $f(x)$ 值以升序排序,转步 2。

算法中节点 x 的估价函数 $f(x)$ 的计算方法为

$$f(x) = g(x) + h(x)$$

至于 $h(x)$ 的计算公式则需根据具体问题而定。

可以看出,A 算法其实就是对于状态图搜索一般算法中的树式搜索算法再增加了估价函数 $f(x)$ 的一种启发式搜索算法。

3. A^* 算法

如果对上述 A 算法再限制其估价函数中的启发函数 $h(x)$,令其满足:对所有的节点均有 $h(x) \leqslant h^*(x)$,其中 $h^*(x)$ 是从节点 x 到目标节点的最小代价(若有多个目标节点则为其中最小的一个),则称它为 A^* 算法。

A^* 算法中,限制 $h(x) \leqslant h^*(x)$ 的原因是为了保证取得最优解。理论分析证明,如果问题存在最优解,则这样的限制就可保证能找到最优解,虽然这个限制可能产生无用搜索。实际上,不难想象,当某一节点 x 的 $h(x) > h^*(x)$,则该节点就可能失去优先扩展的机会,因而得不到最优解。

A^* 算法也被称为最佳图搜索算法。它是由著名的人工智能学者 Nilsson 提出的。关于 A^* 算法还有一些更深入的讨论,由篇幅所限,这里不再介绍。

2.3 与/或树的搜索策略

2.3.1 代价计算

1. 代价树及其表示

给与/或树的每一搜索路径及节点标注上所需耗费的代价值,就形成了与/或树的代价树。这样,对每一节点的求解所需耗费的代价就可用求解该节点所要耗费的代价来加以评价或估计了。具体约定如下:

（1）通常可解的端节点 x 的代价值为 0,可表示为 $h(x) = 0$;

（2）可解节点 n 的代价 $h(n)$ 为有限值,对可解节点 n 的代价需要具体加以计算;

（3）不可解节点 x 的代价为无穷大或无定义,可表示为 $h(x) = \infty$ 或无意义;

（4）如果节点 x 不可扩展,且不是终止节点,则定义 $h(x) = \infty$。

求解的目标是找出根节点可解的最小代价树及其代价值。

2. 代价计算策略

设 $C(x,y)$ 表示节点 x 到节点 y 的代价,具体代价的计算方法如下:

（1）若 x 是或节点,$y_1, y_2, \cdots, y_n$ 是它的子节点,则 x 节点的代价计算式为

$$h(x) = \min\{C(x, y_i) + h(y_i)\} \ (1 \leqslant i \leqslant n)$$

（2）若 x 是与节点,通常按照和代价计算:

$$h(x) = \sum \{C(x, y_i) + h(y_i)\}$$

其中 i 由 1 累加到 n。

(3)特殊情况下,可选择与节点的最大代价法计算

$$h(x) = \max\{C(x, y_i) + h(y_i)\} \ (1 \le i \le n)$$

具体问题可依照其性质取其中一种计算方法。求解根节点的代价可依照选择的解树,从端节点指向根节点,逐级计算,按照各部分代价累加得到根节点的代价值。

图 2-7 所示为一棵与/或树,它分别由左、右两棵解树以及 $A \sim G$、H、$K \sim L$ 等各种节点组成,各节点的代价按照上述定义已有约定,每条边的代价值已在图中标注出来,图中没有标注代价的边其值为1。请分别按照"或树"的最小代价法、与节点的和代价法及最大代价法计算它们各自的代价值。

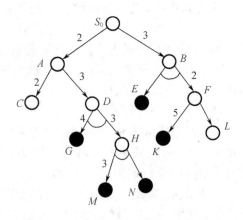

图 2-7 与/或树解树及节点代价的计算

各个节点及解树的代价计算应该自下而上有序地进行。代价的计算过程如表 2-1 所示。

表 2-1 节点及解树的代价计算过程

	节点	N	M	H	G	D	C	A	S_0
左解树	和代价	0	0	4	0	11	∞	14	16
	最大代价	0	0	3	0	6	∞	9	11
	节点	L	K	F	E	B	S_0		
右解树	和代价	∞	0	5	0	8	11		
	最大代价	∞	0	5	0	7	10		

2.3.2 有序搜索

1. 与/或树的有序搜索思想

与/或树的有序搜索,即采用启发式搜索策略求出能够使得根节点可解的最小搜索树的解树。

一般来说,全局择优搜索与局部择优搜索仅适用于状态空间是代价树的搜索求解,而有序搜索与 A* 算法既适用于代价树的搜索求解,又适用于有向图的搜索求解。对于代价树问题,搜索是自上而下进行的,即先有父节点,后有子节点。但是,无论是用和代价法还是最大代价法,代价的计算都要求自下而上逐层推算。

解决的办法只能根据问题本身提供的启发性信息。例如,采用代价计算法来定义一个启发函数,由此启发函数估算任一节点 x 的代价 $h(x)$。这样,当要计算任一节点 x 的代价 $h(x)$ 时,就可以先计算其子节点 y_i 的代价 $h(y_i)$,再由子节点 y_i 的代价 $h(y_i)$ 计算节点 x 的代价 $h(x)$。由此类推,节点 x 的父节点、祖父节点以及直到初始节点 S_0 的各先辈节点的启发函数实质上就是计算它们的代价 h,都是自下而上地逐层推算出来的。

有序搜索的目的是求出最优解树,即最小代价的解树。这就要求搜索过程中任一时刻求出的部分解树的代价都应是最小的。为此,每次选择欲扩展的节点时,都应挑选有希望成为最优解树的那一部分的节点来进行扩展。因此,有人又把这些节点及其先辈节点(包括初始节点 S_0)所构成的与/或树称为希望树。搜索的过程实际上就是寻找、发现、扩展希望树的过程。显而易见,在搜索过程中,随着新节点的不断生成,那些中间节点的代价估计值会不断地发生变化。也就是说,希望树的代价实际上也处在不断的调整变化中,直到最后代价树完全生成,希望树的代价就趋于与最优解树的代价完全一致了。

2. 与/或树的有序搜索流程

与/或树的有序搜索流程如下:

(1)把初始节点 S_0 放入 OPEN 表中。

(2)根据 S_0 选择希望树 T,根据当前所确定的搜索树,用 $h(x)$ 计算节点 x 在希望树 T 中的代价或估计其可解性的分布。

(3)依次把 OPEN 表中树 T 的端节点 n 选出放入 CLOSED 表中。

(4)如果节点 n 是终止节点,则做如下工作:标记 n 为可解节点;应对 T 用可解标记过程,把 n 的先辈节点中的可解节点都标记为可解节点;若初始节点 S_0 能被标记为可解节点,表明 T 就是最优解树,搜索完成,则成功退出,否则从 OPEN 表中删去具有可解先辈的所有节点。

(5)如果节点 n 不是终止节点,而且它不能扩展:则标记 n 为不可解节点;应对 T 用不可解标记过程,把 n 的先辈节点中的不可解节点都标记为不可解节点;若初始节点 S_0 也被标记为不可解节点,则失败退出;否则从 OPEN 表中删去具有不可解的所有先辈节点。

(6)如果节点 n 不是终止节点,并且可以扩展,则扩展节点 n,产生 n 的所有子节点。

2.4 博 弈 对 策

诸如下棋、打牌、竞技、战争等竞争性智能活动被称为博弈。其中最简单的一种被称为"二人零和、全信息、非偶然"博弈。

所谓"二人零和、全信息、非偶然"博弈是指:

(1)对垒的 A,B 双方轮流采取行动,博弈的结果只有三种情况:A 方胜,B 方败;B 方胜,A 方败;双方战成平局。

(2)在对垒过程中,任何一方都了解当前的格局及过去的历史。

(3)任何一方在采取行动前都要根据当前的实际情况进行得失分析,选取对自己最为有利而对对方最为不利的对策,不存在"碰运气"的偶然因素。即双方都是很理智地决定自己的行动。

2.4.1 极大极小分析法

在二人博弈问题中,为了从众多可供选择的行动方案中选出一个对自己最为有利的行动方案,需要对当前的情况以及将要发生的情况进行分析,从中选出最优的走步。最常使用的分析方法是极小极大分析法。其基本思想是:

（1）设博弈的双方中一方为 A，另一方为 B。然后，为其中的一方（例如 A）寻找一个最优行动方案。

（2）为了找到当前的最优行动方案，需要对各个可能的方案所产生的后果进行比较。具体地说，就是要考虑每一方案实施后对方可能采取的所有行动，并计算可能的得分。

（3）为计算得分，需要根据问题的特性信息定义一个估价函数，用来估算当前博弈树端节点的得分。此时估算出来的得分被称为静态估值。

（4）当计算出端节点的估值后，再推算父节点的得分，推算的方法是：对"或"节点，选其子节点中最大的得分作为父节点的得分，这是为了在可供选择的方案中选最有利的方案；对"与"节点，选其子节点中最小的得分作为父节点的得分，这是为了立足于最坏的情况。这样计算出的父节点的得分被称为倒推值。

（5）如果一个行动方案能获得较大的倒推值，则它就是当前最好的行动方案。

在博弈问题中，每一个格局可供选择的行动方案都有很多，因此会生成十分庞大的博弈树。利用完整的博弈树来进行极小极大分析是很困难的。可行的办法是只生成一定深度的博弈树，然后进行极小极大分析，找出当前最好的行动方案。在此之后，再在已选定的分支上扩展一定深度，再选择最好的行动方案。如此进行下去，直到取得胜败的结果为止。至于每次生成的博弈树的深度，当然是越大越好，但由于计算机存储空间的限制，只能根据实际情况而定。

2.4.2 $\alpha-\beta$ 剪枝技术

上述的极小极大分析法，实际上是先生成一棵博弈树，然后再计算其倒推值。这样做的缺点是效率较低。于是，人们又在极小极大分析法的基础上，提出了 $\alpha-\beta$ 剪枝技术。

这一技术的基本思想，是边生成博弈树边计算评估各节点的倒推值，并且根据评估出的倒推值范围，及时停止扩展那些已无必要再扩展的子节点，即相当于剪去了博弈树上的一些分枝，从而节约了机器开销，提高了搜索效率。具体的剪枝方法如下：

（1）对于一个与节点 MIN，若能估计出其倒推值的上确界 β，并且这个 β 值不大于 MIN 的父节点（一定是或节点）的估计倒推值的下确界 α，即 $\alpha \geqslant \beta$，则就不必再扩展该 MIN 节点的其余子节点了（因为这些节点的估值对 MIN 父节点的倒推值已无任何影响了）。这一过程称被为 α 剪枝。

（2）对于一个或节点 MAX，若能估计出其倒推值的下确界 α，并且这个 α 值不小于 MAX 的父节点（一定是与节点）的估计倒推值的上确界 β，即 $\alpha \geqslant \beta$，则就不必再扩展该 MAX 节点的其余子节点（因为这些节点的估值对 MAX 父节点的倒推值已无任何影响了）。这一过程被称为 β 剪枝。

第3章 知识表示及处理方法

3.1 相 关 概 念

3.1.1 知识的概念

"知识"是我们熟悉的名词,但究竟什么是知识呢? 知识就是人们对客观事物(包括自然的和人造的)及其规律的认识,还包括人们利用客观规律解决实际问题的方法和策略等。

对客观事物及其规律的认识,包括对事物的现象、本质、属性、状态、关系、联系和运动等的认识,即对客观事物的原理的认识。利用客观规律解决实际问题的方法和策略,包括解决问题的步骤、操作、规则、过程、技术、技巧等具体的微观性方法,也包括诸如战术、战略、计谋、策略等宏观性方法。所以,就内容而言,知识可分为(客观)原理性知识和(主观)方法性知识两大类。

就形式而言,知识可分为显式的和隐式的。显式知识是指可用语言、文字、符号、图形、声音及其他人能直接识别和处理的形式,明确地在其载体上表示出来的知识。例如,我们学习的书本知识就是显式表示的知识。隐式知识则是不能用上述形式表达的知识,即那些"只可意会,不可言传"的知识。例如,游泳、驾车、表演的有些知识就属于这种知识。隐式知识只可用神经网络存储和表示。

进一步地,显式知识又可分为符号式知识和图形式知识。所谓符号式知识,就是可用语言(指口语)、文字以及其他专用符号(如数学符号、化学符号、音乐符号、图示符号等)表示的知识;所谓图形式知识,就是可以用图形、图像以及实物等表示的知识。符号式知识具有逻辑性,而图形式知识具有直观性。前者在逻辑思维中使用,后者在形象思维中使用。这就是说,从逻辑和思维科学的角度看,知识又可分为逻辑的和直觉的。

就可靠性和严密性而言,知识又可分为理论知识和经验知识(即实践知识)。理论知识一般是可靠和严密的,经验知识一般是不可靠或不严密的。例如,命题"一个三角形的内角和为180°"就是一条理论知识,而命题"若天气特别闷热,则24小时内将下大雨"则是一条经验知识。显然,前者是可靠而严密的(确定而精确),而后者则是不可靠或不严密的(随机或模糊)。

就性质而言,原理性知识具有抽象概括性,因为它是特殊事物的聚类和升华;而方法性知识具有一般通用(含多用)性,因为只有通用(相对而言)才有指导意义,才可被称为知识。这两个条件是知识与数据、信息及资料的分水岭。

可以看出,上面所描述的知识没有包括诸如人名、地名、原始数据记录、新闻报道、有关历史事件和人物的记载、故事情节、记忆中的音容笑貌与湖光山色,等等。虽然这类信息大

31

量存在于我们的头脑和环境中,有时还要学习和记忆它们,但这些信息只是一些资料,而并非知识。当然,这些资料是知识的基础和来源,知识也正是从这些资料信息中提取出来的。因此,人们有时也把这些资料不严格地称为知识。

3.1.2 知识的特性

1. 知识的相对正确性

常言道:"实践出真知。"知识源于人们生活、学习与工作的实践,是人们在信息社会中各种实践经验的汇集、智慧的概括与积累。

知识来自于人们对客观世界运动规律的正确认识,是从感性认识上升成为理性认识的高级思维劳动过程的结晶,故对应一定的客观环境与条件,知识无疑是正确的。然而,当客观环境与条件发生改变时,知识的正确性就要接受检验,必要时就要对原来的认识加以修正或补充,乃至全部更新。

例如"1+1=10",在二进制中它是正确的知识,而在十进制中它却是错的。因此,机器中的知识表示与运用,应注意结合具体环境来分析考证。再如,在一般的工程计算中,使用牛顿力学运动定律,足以满足一般精度要求而且很方便,但在接近光速的运行检测或进行核加速器中的粒子计算时,就必须以量子力学和相对论为依据来考察。

2. 知识的确定与不确定特征

如前所述,知识由若干信息关联的结构组成。但是,其中有的信息是精确的,有的信息却是不精确的。这样,则由这些信息结构形成的知识也有了确定或不确定的特征。

例如,在我国中南地区,根据天上出现彩虹的方向及其位置,可以预示天气的变化。有谚语曰:"东边日(晴天),西边雨。"但是,这只是一种常识性的经验,并不能完全肯定或否定。再如:甲有一头秀发,乙是两鬓如霜。那么甲一定是青年人,乙一定是老年人吗?对此不能完全肯定,因为相反的事例是很多的,比如当年的白毛女并不是老人,而现在六十多岁的人有一头黑发并不足为奇。

造成知识具有不确定性的因素是多方面的,例如:

(1)证据不足、地域时区不同、各种变化因素及现实世界的复杂性,造成客观后果及其知识的不确定性;

(2)生活中,模糊性概念及模糊关系比比皆是,形成了知识的不确定性;

(3)概率事件发生常常不可避免,一般都具有随机不确定性;

(4)经验性及各种不完备的积累过程,导致了相关知识的不确定性等。

尽管不确定性知识给人们带来了一些困惑,但它反映了客观世界的多样性、丰富性和复杂性。人们可以进而利用概率论、Fuzzy(模糊)数学理论、Bayes(贝叶斯)方法、证据理论、粗糙集(rough set)等逻辑理论,进行不确定性环境下的研究与处理,这丰富并扩展了人工智能科学应用领域的天地。

3. 知识的可利用性和可发展性

为了使知识便于传播、学习,使有用的知识得以延续、继承与发展,人们创造了各种生动活泼的形式来记录、描述、表示和利用知识。例如采用语言、文字,使用书籍,结合文学、戏剧、绘画、摄影等艺术以及电影、电视、多媒体等手段,进行知识的演播、学习与欣赏等。事实上,人类的历史就是不断地积累知识和利用知识创造文明的历史。在人类的发展史中,知识的可利用性与可发展性是不言而喻的。知识的可利用性使得计算机或智能机器能利用知识成为现实;而知识的机器可学习性、机器可表示性使得人工智能得以不断进步与发展成为必然。

伴随着人类社会迈入信息时代,人类知识也进入了大发展时期。一方面,旧的、老的、无用的知识被淘汰,另一方面,新观念、新思想、新知识不断地被大量地挖掘出来。目前,知识的更新和知识的总量,正以前所未有的速率迅速地增长。大力发展智能科学技术,努力开发人类知识宝库,发展新一代智力工具,这正是新时代智能科学工作者的光荣历史使命。

3.1.3 知识的分类

1.按作用范围划分

按作用范围划分,知识可分为常识性知识和领域性知识。

常识性知识是通用性知识,是人们普遍知道的知识,适用于所有领域。

领域性知识是面向某个具体领域的知识,是专业性的知识,只有相应专业的人员才能掌握并用来求解领域内的有关问题。例如,"1个字节由8个位构成""1个扇区有512个字节的数据"等都是计算机领域的知识。

2.按作用及表示划分

按作用及表示划分,知识可分为事实性知识、过程性知识和控制性知识。

事实性知识用于描述领域内的有关概念、事实、事物的属性及状态等。例如:

①糖是甜的。

②西安是一座古老的城市。

③一年有春、夏、秋、冬四个季节。

这些都是事实性知识。事实性知识一般采用直接表达的形式来表示,如用谓词公式表示等。

过程性知识主要是指有关系统状态变化,问题求解过程的操作、演算和行动的知识。过程性知识一般是通过对领域内的各种问题进行比较与分析得出的规律性的知识,由领域内的规则、定律、定理及经验构成。

控制性知识又称深层知识或者元知识,它是关于如何运用已有的知识进行问题求解的知识,因此又被称为"关于知识的知识"。例如问题求解中的推理策略(如正向推理及逆向推理)、信息传播策略(如不确定性的传递算法)、搜索策略(如广度优先搜索、深度优先搜索、启发式搜索等)、求解策略(求第一个解、求全部解、求严格解、求最优解等)及限制策略(规定推理的限度)等。

例如,从北京到上海是乘飞机还是坐火车的问题可以表示如下:

①事实性知识:北京、上海、飞机、火车、时间、费用。

②过程性知识:乘飞机、坐火车。

③控制性知识:乘飞机较快、较贵,坐火车较慢、较便宜。

3.按结构及表现形式划分

按结构及表现形式划分,知识可分为逻辑性知识和形象性知识。

逻辑性知识是反映人类逻辑思维过程的知识,例如人类的经验性知识等。这种知识一般都具有因果关系及难以精确描述的特点,它们通常是基于专家的经验以及对一些事物的直观感觉的。在接下来将要讨论的知识表示方法中,一阶谓词逻辑表示法、产生式表示法等都是用来表示这种知识的。

人类的思维方式除了逻辑思维外,还有一种被称为"形象思维"的思维方式。

例如,若问"什么是树?",如果用文字来回答这个问题,那将是十分困难的,但若指着一棵树说"这就是树",就容易在人们的头脑中建立起"树"的概念。

像这样通过事物的形象建立起来的知识被称为形象性知识。目前人们正在研究用神经网络来表示这种知识。

4. 按确定性划分

按确定性划分,知识可分为确定性知识和不确定性知识。

确定性知识指可指出其真值为"真"或"假"的知识,它是精确性的知识。

不确定性知识指具有不精确、不完全及模糊性等特性的知识。

3.1.4 知识表示

这里的知识表示,是指面向计算机的知识描述或知识表达形式和方法。我们知道,面向人的知识表示可以是语言、文字、数字、符号、公式、图表、图形、图像等多种形式。这些表示形式是人所能接受、理解和处理的形式。但这些面向人的知识表示形式目前还不能完全直接用于计算机,因此就需要研究适用于计算机的知识表示模式。具体来讲,就是要用某种约定的(外部)形式结构来描述知识,而且这种形式结构还要能够转换为机器的内部形式,使得计算机能方便地存储、处理和利用。

知识表示并不神秘。实际上,我们已经接触过或使用过它。例如我们通常所说的算法,就是一种知识表示形式,它刻画了解决问题的方法和步骤(即它描述的是知识),又可以在计算机上用程序实现。又如一阶谓词公式,它是一种表达力很强的形式语言,也可以用程序语言实现,所以它也可作为一种知识表示形式。

知识表示是建立专家系统及各种知识系统的重要环节,也是知识工程的一个重要方面。经过多年的探索,现在已经提出了不少的知识表示方法,例如一阶谓词逻辑、产生式规则、框架、语义网络、对象、脚本、过程,等等。这些表示法都是显式地表示知识,亦称知识的局部表示。另一方面,利用神经网络也可表示知识,这种表示法是隐式地表示知识,亦称知识的分布表示。

在有些文献中,还把知识表示分为陈述表示和过程表示。陈述表示是把事物的属性、状态和关系逻辑地描述出来;而过程表示则是把事物的行为和操作、解决问题的方法和步骤具体地显式地刻画出来。一般称陈述表示为知识的静态表示,称过程表示为知识的动态表示。

对于同一条知识,既可陈述表示,也可过程表示。例如,对于求 $N!$ 这个问题,我们可以给出两个求解公式:

(1) $N! = N \times (N-1)!$

(2) $N! = N \times (N-1) \times (N-2) \times \cdots \times 3 \times 2 \times 1$

这里 $N > 0, 0! = 1$。

我们知道,用这两个公式编程,都可求出 $N!$。当然,用第一个公式,程序要以递归方式实现;用第二个公式,程序则要以迭代方式实现。这就是说,这两个公式都是求解阶乘问题的知识。然而,这两个公式的表示风格却迥然不同。第一个公式仅描述了 $N!$ 与 $(N-1)!$ 之间的关系,第二个公式则给出了求解的具体步骤。所以,第一个公式就是知识的陈述表示,而第二个公式则是知识的过程表示。反映在程序设计上,基于这两个公式的程序的风格也不一样。基于第一个公式的程序是递归结构的,而基于第二个公式的程序则是迭代结构的。

上面的例子也说明,知识的过程表示实际已有很多成果。通常程序设计中的许多常用算法,例如数值计算中的各种计算方法、数据处理(如查找、排序)中的各种算法,都是一些成熟的过程表示的知识。

随着知识系统复杂性的不断增加,人们发现单一的知识表示方法已不能满足需要。于是又提出了混合知识表示。另外,还有所谓的不确定或不精确知识的表示问题。所以,知识表示目前仍是人工智能、知识工程中的一个重要研究课题。

最后需要说明的是,通常一般文献中所说的知识表示,实际上已超出了"知识"的范围,例如自然语言语句的语义表示也被称为知识表示。

上面谈的知识表示,仅是指知识的逻辑结构或形式。那么,要把这些外部的逻辑形式转化为机器的内部形式,还需要程序语言的支持。原则上讲,一般的通用程序设计语言都可实现上述的大部分表示方法。但是,使用专用的面向某一知识表示的语言更为方便和有效。因此,几乎每一种知识表示方法都有其相应的专用实现语言。例如,支持谓词逻辑表示法的语言有 PROLOG 和 LISP,专门支持产生式表示法的语言有 OPS5,专门支持框架表示法的语言有 FRL,支持面向对象表示法的语言有 Smalltalk、C++ 和 Java 等,支持神经网络表示法的语言有 AXON。另外,还有一些专家系统工具或知识工程工具,也支持某一种或几种知识表示方法。

3.2 产生式表示法

1943 年,美国数学家波斯特(Post)首先提出了一个产生式系统(production system),是作为组合问题的形式化变换理论提出来的。"产生式"是指类似于 A - Aa 的符号变换规则。产生式是一种知识表达方法,具有和 Turing 机一样的表达能力。有的心理学家认为人脑对知识的存储就是产生式形式,相应的系统就被称为产生式系统。产生式系统的广泛使用的主要原因有两点:

其一,用产生式系统结构求解问题的过程和人类求解问题的思维过程很相像,因而可以用来模拟人们求解问题时的思维过程。

其二,人们可以把产生式当作人工智能系统中的一个基本的知识结构单元,从而将产生式系统看作是一种基本模式,因而研究产生式系统的基本问题就对人工智能的研究具有很广泛的意义。

3.2.1 产生式的知识表示

产生式系统的知识表示方法,包括事实的表示和规则的表示。

1. 事实的表示

产生式方法易于描述事实,事实可看成是一个语言变量的值或是多个语言变量间的关系的陈述句。语言变量的值或语言变量间的关系可以是一个词。对事实有如下两种表示:

(1)孤立事实的表示

孤立事实通常用三元组(对象,属性,值)或(关系,对象1,对象2)表示。其中,对象就是语言变量,当要考虑不确定性时,就要用四元组表示。这种表示的内部实现就是一个表。例如事实老王年龄是 50 岁,可以表示成

(Wang,Age,50)

表示老王、老张是朋友,可表示成

(friend,Wang,Zhang)

如果增加不确定的度量,可增加一个因子表示两人友谊的可信度,如

(friend,Wang,Zhang,0.8)

可理解为王、张二人的友谊可信度为0.8。

(2)有关联的事实的表示

在许多实际情况下,知识本身是一个整体,很难分成独立的事实。事实之间联系密切,在计算机内部需要通过某种途径建立起这种联系,以便于知识的检索和利用,下面以实际的专家系统为例来说明这个问题。

①树型结构

在 MYCIN 系统中表示事实用的是四元组。其中,对象称上下文(context),特性称临床参数。为了查找方便,它把不同的对象(即上下文)按层次组成一种上下文树。

②网状结构

在 PROSPECTOR 探矿系统中,静态知识以语义网络的结构表示,它实际上是"特性—对象—取值"表示法的推广,把相关的知识连在一起,这样就使查找更加方便了。

PROSPECTOR 将不同对象的矿石按子集和成员关系组成如图 3-1 所示的网络,它表示"方铅矿是硫化铅的成员,硫化铅是硫化矿的子集,而硫化矿又是矿石的子集"。

用 S 表示子集关系,(subset x,y)表示 y 是 x 的子集。E 表示成员关系,(element x,y)表示 y 是 x 的成员。

同样的关系也存在于岩石之间,其网状结构如图 3-1 所示。

2. 规则的表示

(1)单个规则的表示

对于单个规则的表示一般由前项和后项两部分组成。前项由逻辑连接词组成各种不同的前提条件,后项表示前提条件为真时应采取的行为或所得的结论。如果考虑不精确性,则可考虑附加可置信度量值。

现以 MYCIN 和 PROSPECTOR 系统中的规则表示为例。

MYCIN 系统中的规则定义为:

< rule > = (IF < antecedent > THEN < action > < ELSE > < action >)

< antecedent > = (AND { < condition > })

< condition > = (OR { < condition > } | (< predicate > < associative. triple >))

< associative. Triple > = (< attribute > < object > < value >)

< action > = { < consequent > } | | { < procedure > }

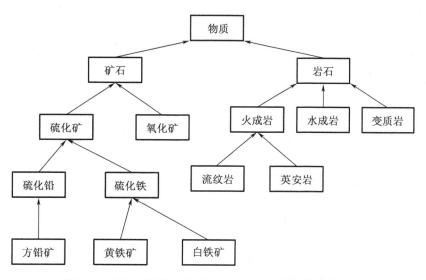

图3-1　PROSPECTOR 探矿系统中事实的网状结构表示

< consequent > = (< associative Triple > < certainty Factor >)

由定义可见,MYCIN 规则中,无论前项或后项,其基本部分是关联三元组(特性—对象—取值)或一个谓词加上三元组,同它的事实的表示方式是一致的。此外,每条规则的后项有一项置信度(certainty-factor),用来表明由规则的前提导致结论的可信程度。这一点在多数专家系统中都需要加以考虑,以便在不完全知识的条件下推理不确定性。至于采用何种度量方法为宜,与具体的论域有关。

有了规则的定义,下面再进一步分析一个具体的 MYCIN 规则以及它在机器内部用 LISP 语言的表示。

MYCIN 系统中一个典型的规则的内容如下:

前提条件:

①细菌革兰氏染色阴性

②形态杆状

③生长需氧

结论:该细菌是肠杆菌属,$CF = 0.8$。

LISP 的表达式为

PREMISE:($ AND(SAME CNTXT GRAM GRAMNEG))

(SAME CNTXT MORPH ROD)

(SAME CNTXT AIR AEROBIC)

ACTION:(CONCLUDE CNTXT CLASS ENTER OBACTERIACEAE TALLY 0.8)

在 LISP 表达式中,规则的前提和结论均以谓词加关联三元组的形式表示,这里三元组中的顺序有所不同,其顺序为 < object attribute value >。如 < CNTXT GRAM GRAMNEG > 表示某个细菌其革兰氏染色特性是阴性,这里 CNTXT 是上下文(即对象)context 的缩写,表示一个变量,可为某一具体对象——细菌所例化,MORPH 是形态,ROD 是杆状。

SAME, $ AND,CONCLUDE 等为 MYCIN 系统中自定义函数。其中,SAME(C,P,LST)为 3 个自变量的特殊谓词函数,3 个自变量分别是上下文 C、临床参数(特性)P、P 的可能取值 LST。SAME 函数的取值不是简单的 T 和 NIL,而是根据其自变量(对象—特性—取值)所表达内容的置信度,取 0.2~1.0 之间任一数值,当置信度 $CF \le 0.2$ 时取为 NIL。

$ AND < condition >... < condition > 也是特殊的谓词函数,与 LISP 语言中系统定义的函数 AND 不同,其取值范围与 SAME 函数类似。

TALLY 是规则的置信度。

(2)有关联的规则间的关系的表示

为了便于规则的使用,在知识库中某些规则常按某种观点组织起来放在一起,形成某种结构。

①规则按参数分类

在 MYCIN 中每一项特性(临床参数)设有一种专门的特征表,表中设置一属性值,其中特别设置了两个属性值,这两个属性值指出涉及的规则。

属性 lookahead:指明哪些规则的前提涉及该参数。

属性 update-by:指出从哪些规则的行为部分可修改该参数。

显然,通过这些参数将规则组织在一起,实质上是实现了对规则的索引,从而可以有效地对规则进行调用。

例如:

IDENT:<属细菌属性 PROP-ORG >

CONTAINED-IN:(RULE 030)

EXPECT:(ONE OF(ORGANISMS))

LABDATA:T

LOOKAHEAD:(RULE 004,RULE 054,...,RULE 168)

PROMPT:(Enter the identity(genus)of *)

TRANS:(THE IDENTITY OF *)

UPDATED-BY:(RULE021,RULE003,...,RULE166)

②规则的网状结构

规则之间可以以各种方式相互联系,当某一规则的结论正好是另一规则的前提或前提的一部分时,这两个规则之间就形成一种"序关系"。用箭头表示这种序关系,在规则之间就形成了一种复杂的网状结构。

3.2.2　产生式系统的组成

产生式系统由全局数据库、规则知识库和控制策略三部分组成。各部分之间的关系如图 3 −2 所示。

全局数据库是产生式系统所使用的主要数据结构,求解问题的所有信息,包括推理的中间结果和最后结果。

规则知识库是某领域知识的存储器,规则用产生式来表示转换到目标状态的变换规则。规则的一般形式为

条件→行为

或

前提→结论

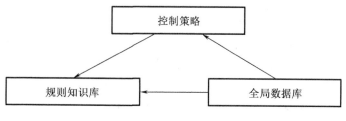

图3-2　产生式系统的组成

用一般计算机程序语言表示为

IF...THEN...

其中,左部确定了该规则可应用的先决条件,右半部描述应用这条规则所采取的行动或得出的结论。

控制策略(或控制系统)是规则的解释程序,它规定了如何选择一条可应用的规则对全局数据库进行操作。

3.2.3　产生式系统的推理

针对要求解的问题,把已知条件转换为多元组和相关规则的表示,分别添加到全局数据库和规则知识库中,采用适当的控制策略,就可以通过产生式系统来进行问题求解了。

1.控制策略与求解步骤

产生式系统的控制策略是一组控制命令和决策程序,用以协调系统的运行与操作,实现机器对相关问题的高效率求解,例如控制规则的调用、优化求解过程、选择推理方向与路线等。

控制策略机构的主要任务及功能是:

(1)根据题目已给定的事实,按一定的控制策略来选择规则与事实进行匹配。匹配(matching),即把所选定规则的前提条件与全局数据库中已知的事实进行比较,若二者相同,则称匹配成功,表示该规则可被使用;若不一致,则称不匹配,表示该规则不宜用于当前推理。

(2)当有两条以上的规则可被匹配时,控制策略机构必须依据一定的原则挑选一条最有利于快速找到解的合适规则予以执行。

(3)控制策略机构必须随时判断所执行的规则及结论是否为求证的目标:若不是,表示该结论(一条或多条)是中间结果,可当作新的事实添加到全局数据库中;若是,表示问题得到证明,机器可转而进行别的相关处理。

(4)控制策略机构必须不断检测系统的运行状态参数,并由此决策系统的后续工作进程。当系统状态满足结束条件时,系统应该能够发出信号并自动停止推理。

(5)控制策略机构必须能够跟踪问题的求解过程,自动记录调用的规则序列,给出问题求解的路径。

总体来说,产生式系统的控制策略可分为两种:一类是不可撤回方式,顾名思义,即"勇往直前不回头"的方式;另一类是试探性方式,即每试探一步,有了把握再往前一步的方式。其中,试探性方式又可分为回溯方式和图搜索方式。总之,在产生式系统中,选择什么样的控制策略,要具体情况具体分析,它主要体现于具体的算法描述中。

使用产生式控制策略的求解算法与步骤描述如下:

(1)对给定的知识库规则进行初始化。即按照产生式系统的知识表示方法,把问题的全部事实及相关知识转换为多元组和产生式规则,并存储于规则知识下一步骤库和全局数据库中。

(2)选择事实和相关规则进行匹配。若匹配成功,则继续执行下一步骤,否则转到步骤(5)。

(3)执行当前选中的规则。执行完毕就对该规则做出已使用一次的标记,并把该规则执行后得到的结论送入全局数据库中。

(4)求解并检查问题的全部解是否已包括在全局数据库中。若是,则成功,结束求解过程,否则转到步骤(2)。

(5)检查知识库中是否还有可以使用的规则。若有,则转到步骤(2);否则要求用户进一步提供关于问题的新事实或信息,再转到步骤(1)或步骤(2)。

(6)结束求解过程。若知识库中已无还可以再使用的规则,依据控制策略,说明该问题无解,给出警告表示,终止求解过程。

上述的求解步骤只是针对一般正向推理而确定的大致过程。

2. 推理方式

产生式系统推理机的推理方式有正向推理、逆向推理和双向推理三种。

(1)正向推理

正向推理是从已知事实出发,通过规则库求得结论,又被称为数据驱动方式或自底向上的方式。推理过程:规则集中的规则的前件与数据库中的事实进行匹配,得到匹配的规则集合;从匹配规则集合中选择一条规则作为使用规则;执行使用规则,将该使用规则的后件送入数据库。

重复这个过程直到达到目标。

具体来讲,如果数据库中含有 A,而规则库中有规则 $A \rightarrow B$,那么这条规则便是匹配规则,进而将后件 B 送入数据库。这样可不断扩大数据库直至包含目标,成功结束。如果有多条匹配规则,则需要从中选一条作为使用规则。不同的选择方法直接影响着求解效率,选择规则的问题被称为控制策略。

例如,在动物识别系统 IDENTFIER 中,包含有如下几个规则:

规则 I2

如果该动物能产乳,

那么它是哺乳动物。

规则 I8

如果该动物是哺乳动物,

它反刍,

那么它是有蹄动物而且是偶蹄动物。

规则 I11

如果该动物是有蹄动物,

它有长颈,

它有长腿,

它的颜色是黄褐色。

它有深色斑点,

那么它是长颈鹿。

根据这些规则,假如已知某个动物产乳,依规则 I2 可以推出这个动物是哺乳动物。如果再知该动物反刍,根据规则 I8 又可以推出该动物有蹄且是偶蹄动物,于是得到新的事实:该动物是有蹄动物。再加上该动物有长腿、长颈等事实,利用规则 I11,可以推出该动物是长颈鹿

（2）逆向推理

逆向推理是从目标(作为假设)出发,逆向使用规则,求得已知事实。逆向推理又被称为目标驱动方式或称自顶向下的方式,其推理过程如下:规则集中的规则的后件与目标事实进行匹配,得到匹配的规则集合;从匹配规则集合中选择一条规则作为使用规则;将使用规则的前件作为子目标。

重复这个过程直至各子目标均为已知事实后成功结束。

如果目标明确,使用逆向推理方式效率较高,所以其常为人们所使用。

从上面的推理过程可以看出,进行逆向推理时可以先假设一个结论,然后利用规则去推导支持假设的事实。

例如,在动物识别系统 IDENTFIER 中,为了识别一个动物,可以进行如下的逆向推理:

①若假设这个动物是长颈鹿,为了检验这个假设,根据 I11,要求这个动物是长颈、长腿且是有蹄动物。

②假设全局数据库中已有该动物是长腿、长颈等事实,还要验证"该动物是有蹄动物",为此,规则 I8 要求该动物是"反刍动物"且是"哺乳动物"。

③要验证"该动物是哺乳动物",根据规则 I2,要求该动物是"产乳动物"。现在已经知道该动物是"产乳动物"和"反刍动物",即各子目标都是已知事实,所以逆向推理成功,即"该动物是长颈鹿"假设成立。

（3）双向推理

双向推理,即自顶向下又自底向上,从两个方向进行推理,直至某个中间界面上两方向结果相符便成功结束。不难想象,这种双向推理所形成的推理网络较正向推理或逆向推理所形成的推理网络来得小,从而推理效率更高。

3.2.4 产生式表示的特点

上述产生式系统具有一般性,可用来模拟一般的计算或求解过程。产生式系统作为人工智能中的一种形式体系,具有如下特点:

（1）产生式以规则作为形式单元,格式固定,易于表示,且知识单元间相互独立,易于建立知识库。

（2）推理方式单纯,适合模拟具有数据驱动特点的智能行为。当一些新的数据输入时,系统的行为就会发生改变。

（3）知识库与推理机相分离,这种结构易于修改知识库,可增加新的规则去适应新的情况,而不会破坏系统的其他部分。

（4）易于对系统的推理路径做出解释。

3.3 语义网络表示法

语义网络是人工智能常用的知识表示法之一。作为人类联想记忆的一个显式心理学模型,它由 J. R. Quillian 于 1986 年在他的博士论文中首先提出,并用于自然语言处理。在 20 世纪 70 年代,Simon,Winston,Hendrix 等人都对语义网络的应用与发展做出了贡献。

语义网络结构共使用了 3 种图形符号:框、带箭头及文字标识的线条和文字标识线,分别被称为节点、弧(又叫作边或支路)、指针。

节点:原称为结点,用圆形、椭圆形、菱形或长方形的框图来表示,用来表示事物的名称、概念、属性、情况、动作、状态等。

弧:这是一种有向弧,又称边或支路。节点之间用带箭头及文字标识的有向线条来联络,用以表示事物之间的结构,即语义关系。

指针:也叫指示器,是在节点或者弧线的旁边,另外附加的必要的线条及文字标识,用来对节点、弧线和语义关系做出相宜的补充、解释与说明。

可见,语义网络是一种使用概念及其语义关系来表达知识的有向图。

3.3.1 基本语义关系

任何复杂的语义关系,都可以通过许多基本的语义关系予以关联来实现。因此,简单语义关系是构成复杂语义关系的基础。事实上,简单语义关系具有多样性和灵活性。作为参考,下面仅对一些最常见的简单语义关系加以讨论。

1. 属性关系

属性关系表示对象及其属性关系之间的关系。常用的属性关系有:

HAVE:含义为"有",表示上层节点具有下层节点所描述的属性值。

CAN:含义为"能"或"会",表示上层节点能够执行下层节点所描述的功能。

例如,企鹅是一种有翅膀、会游泳的鸟。其中,"有翅膀""会游泳"就分别表示了企鹅所具有及所能够进行的属性关系。

2. 包含关系

包含关系又称聚类关系,表示下层概念是上层概念的一个组成部分。与分类关系不同的是,包含关系一般不具备属性的继承性。常用的包含关系有:

APO(a-part-of):含义为"是……中的一部分"。

CO(composed-of):含义为"由……所构成",表示某一个(或某些)事物是另一事物的一个组成部分或构成要素。

例如,"学生、教师、课程都是教学活动的要素"和"门、窗户是房子结构的一部分"分别可用图 3-3 和图 3-4 所示的语义网络来表示。

3. 从属关系

从属关系又称分类关系,包括实例关系和泛化关系等,指具有共同属性的不同事物间的类别归并关系、成员关系或实例关系。它体现的是"个体物与抽象类""成员与集体"的从属性质。从属关系的一个重要特征是具有属性的继承性,处在具体层的节点可以继承抽象层节点的所有属性。常用的从属关系有：

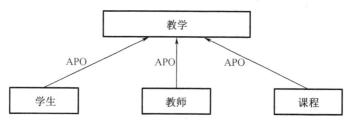

图 3-3 包含关系示例 1

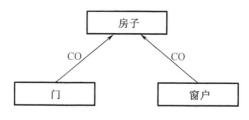

图 3-4 包含关系示例 2

ISA(is-a)：含义为"是一个"，表示某事或某物是一个具体的实例。

AKO(a-kind-of)：含义为"是……之中的一种"，表示某事物是某类中的一个。

AMO(a-member-of)：含义为"是……之中的一员"，表示某物是某类中的一员。

例如，分类关系海棠花(类)是一种植物，可用图 3-5 所示的语义网络来表示，它说明了海棠花是一种植物的类型，并继承了植物的相关属性；图 3-6 所示的语义网络，表示了"钟明是研究生"的成员关系；而"西安是一座著名古都"，可用图 3-7 所示的语义网络表示。

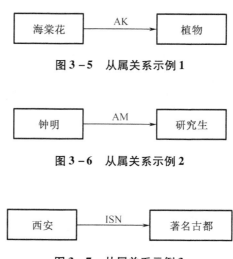

图 3-5 从属关系示例 1

图 3-6 从属关系示例 2

图 3-7 从属关系示例 3

例如,类别属性关系中,具体在某一层节点中,除了可继承上层节点的属性外,还可以增加一些自己的个性,甚至还能够对上层节点的某些属性加以更改。

3.3.2 复合语义关系

1. 多元语义网络

语义网络是一种网络结构,节点之间以链相连。从本质上讲,节点之间的连接是二元关系。如果所要表示的知识是一元关系,例如,要表示李明是一个人,这在谓词逻辑中可表示为

MAN(LI MING)

用语义网络,则可以表示为

LI MING $\xrightarrow{\text{ISA}}$ MAN

与这样的表示相等效的关系在谓词逻辑中表示为

ISA(LIMING,MAN)

这说明语义网络可以毫无困难地表示一元关系。

如果所要表示的事实是多元关系,例如,要表达北京大学(Beijing University,BU)和清华大学(Tsinghua University,TU)两校篮球队在北大进行的一场比赛的比分是85比89。若用谓词逻辑可表示为

SCORE(BU,TU,(85 - 89))

这个表示式中包含3项,而语义网络从本质上来说,只能表示二元关系。解决这个矛盾的一种方法是把这个多元关系转化成一组二元关系的组合,或二元关系的合取。具体来说,多元关系 $R(X_1,X_2,\cdots,X_n)$ 总可以转换成 $R_1(X_{11},X_{12}) \wedge R_2(X_{21},X_{22}) \wedge \cdots \wedge R_n(X_{n1},X_{n2})$。例如,3 条线 a,b,c 组成一个三角形,可表示成

TRIANGLE(a,b,c)

这个三元关系可转换成一组二元关系的合取:

CAT(a,b) $\wedge$ CAT(b,c) $\wedge$ CAT(c,a)

式中,CAT 表示串行连接。

要在语义网络中进行这种转换需要引入附加节点。对于前述球赛,可以建立一个 G25 节点来表示这场特定的球赛,然后把有关球赛的信息和这场球赛联系起来,如图 3 - 8 所示。

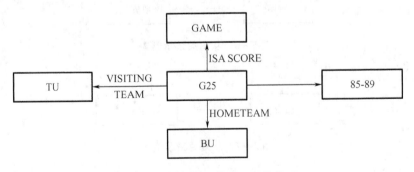

图 3 - 8　多元关系的语义网络表示

2.连词和量词

（1）合取

多元关系可以被转换成一组二元关系的合取，从而可以用语义网络的形式表示出来，例如：

John gave Mary the book.

这个事实，可用谓词逻辑表示为

GIVE(JOHN,MARY,BOOK)

其中包括3项。若用语义网络表示这个事实，则如图3－9所示。其中引入了一个附加节点G1，表示一个特定的给某人东西的事件。B23表示一件给人的东西。

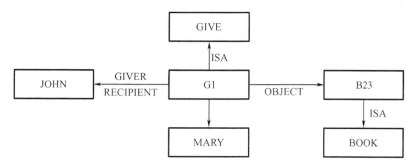

图3－9 合取的语义网络表示

与节点G1相连的链 GIVER、OBJECT 以及 RECIPIENT 之间是合取关系。因此，在语义网络中，如果不加标志，就意味着节点之间的关系是合取。

（2）析取

在语义网络中，为与合取关系相区别，在析取关系的连接上加注析取界限，并标记DIS。例如若要表示

ISA(A,B) ∨ PART OF(B,C)

此时语义网络如图3－10所示。如果没有加注析取界限，则这个网络就会被解释为

ISA(A,B) ∧ PART OF(B,C)

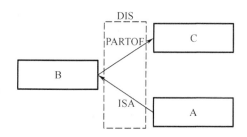

图3－10 析取的语义网络表示

（3）否定

为表示否定关系，可采用¬ ISA 关系和¬ PARTOF 关系或标注 NEG 界限的方法，如图3－11所示，图3－11(a)和图3－11(b)分别表示

¬ (A ISA B)

和

¬（B PARTOF C）

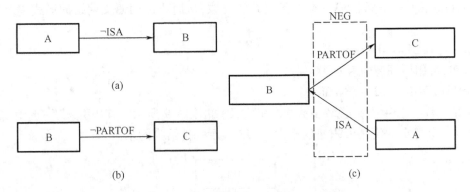

图 3 – 11 否定的语义网络表示

(a)¬（A ISA B）；(b)¬（B PARTOF C）；(c)¬［ISA(A,B)∧PARTOF(B,C)］

如果要用语义网络表示，则为

¬［ISA(A,B)∧PARTOF(B,C)］

可利用德·摩根律使否定关系只作用于 ISA 关系和 PARTOF 关系。这时，仍可利用
¬ ISA 和¬ PARTOF 来表示这个事实。如果不希望改变这个表达式的形式，那么可利用
NEG 界限，如图 3 – 11(c)所示。

（4）蕴涵

在语义网络中可用标注 ANTE 界限和 CONSE 界限的方式来表示蕴涵关系。ANTE 界
限和 CONSE 界限分别用来把与先决条件（antecedent）相关及与结果（consequence）相关的
链联系在一起。例如，可用如图 3 – 12 所示的语义网络来表示

Every one who lives at 37 Victory Street is a programmer.

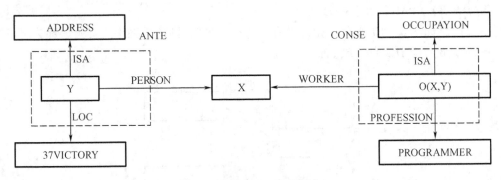

图 3 – 12 蕴涵的语义网络表示

在先决条件的一边建立 Y 节点，表示一个特定的地址事件；这一事件涉及住在胜利街
37 号的人们，因此用 LOC 链与 37VICTORY 节点相连；用 PERSON 链和 X 节点相连，X 表示
与此事件有关的人们，是一个变量。在结果这边，建立 O(X,Y)节点代表一个特定的职业事
件，这事件是以 X 和 Y 的 Skolem 函数的形式来表示的。因为一个特定的职业事件由 X 和
Y 决定，每给定一个 X 和 Y，就有一个特定职业事件与之相对应。我们用 ANTE 界限和
CONSE 界限来分别标注出与先决条件及结果有关的链，然后用一条虚线把这两个界限连接

起来,以表示这两者是一对构成蕴涵关系的先决条件和结果。这样,在存在多于一对蕴涵关系时,也不会引起混淆。

(5)量化

存在量化在语义网络中可直接用 ISA 链表示,而全称量化则要用分割方法表示。例如,要表示

The dog bit the postman.

这句话,意味着所涉及的是存在量化。图3-13(a)所示为相应的语义网络。网络中 D 节点表示一特定的狗,P 节点表示特定的邮递员,B 节点表示特定的咬人事件。咬人事件 B 包括两部分,一部分是攻击者,另一部分是受害者。节点 D、节点 B 和节点 P 都是用 ISA 链与概念节点 DOG、BITE 以及 POSTMAN 相连的,因此表示的是存在量化。

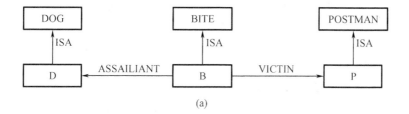

(a)

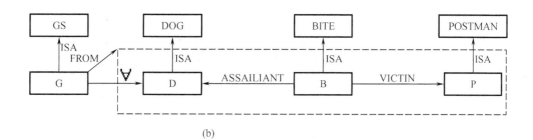

(b)

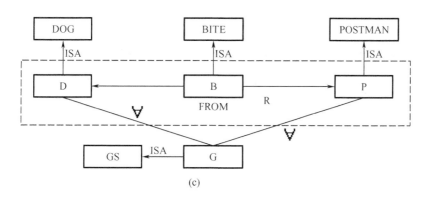

(c)

图3-13　量化的语义网络表示

(a)"The dog bit the postman.";(b)"Every dog has bitten a postman.";(c)"Every dog has bitten every postman."

如果进而要表示

Every dog has bitten a postman.

这个事实,用谓词逻辑可以表示为

$$(\forall x)\mathrm{DOG}(x) \Rightarrow (\exists y)[\mathrm{POSTMAN}(y) \wedge \mathrm{BITE}(z, y)]$$

上述谓词公式中包含有全称量词。用语义网络来表达知识的主要困难之一是如何处理全称量词。解决这个问题的方法之一是把语义网络分割成空间分层集合，每一个空间对应一个或几个变量的范围。图 3－13（b）所示是上述事实的语义网络，其中，空间 Sl 是一个特定的分割，它表示一个断言

A dog has bitten a postman.

因为这里所指的狗应是每一条狗，所以我们把这个特定的断言认作是断言 G 化的变量化。换句话说，这样的语义网络表示对每一条狗 D 存在一个咬人事件 B 和一个邮递员 P，使得 D 是 B 中的攻击者，而 P 是受害者。

为进一步说明分割如何表示量化变量，可考虑如何表示下述事实

Every dog has bitten every postman.

我们只需要对图 3－13（b）进行简单的修改，唯一要做的是用链与节点 P 相连。这样做的含义是"每条狗咬了每个邮递员"，如图 3－13（c）所示。

3. 复合语义关系

（1）时间空间复合关系

时间空间复合关系表示了事物或事件发生的时间和位置地点。常用这类关系有：

①AFTER：含义为"在之后"，表示上层节点事实发生在下层节点所描述的事件之后，或者表示下层节点对象的位置在上层节点对象的位置之后。

②BEFORE：含义为"在……之前"，表示上层节点事实发生在下层节点所描述的事件之前，或者表示下层节点对象的位置在上层节点对象的位置之前。

③ON：含义为"在……之上"，表示下层节点所描述的事物对象位于上层节点所描述的事物下。

④AT：含义为"在……时刻"或"在……地点"，表示上层节点事实正好发生在下层节点所描述的事件的时间或地点。

此外，对于多个对象，除了既有时间表示又有空间表示的复合关系之外，还可以有比较、相互接近等关系的组合。

（2）复合推论关系

如果从一个概念或情况出发，推出了另一个复合概念或事件，就构成了复合推论关系。注意：这里所说的复合关系，包含了各种复杂情况，例如多元关系、多语义成分以及构成单元复合等。常用的这类关系有：

①BO（because-of）：含义为"由于……"。

②FOR：含义为"为了……"。

③THEN：含义为"就……则……"。

④GET：含义为"使得……得到……"。

（3）复合逻辑关系

若把包括 NOR（非）、AND（与）、OR（或）等的各种单一的逻辑语义作用组合起来，就得到了复合逻辑关系。

在复合逻辑关系中，除了上述逻辑功能的联合作用外，还包括多元关系、连接词、量词、模糊逻辑和各种其他逻辑的复杂语义网络的合成，用以表示各种事实性知识、过程性知识与规则，例如构成机器问答系统、描述并解释各种事件等。

3.3.3 语义网络的推理

语义网络中的推理过程主要有两种,即继承和匹配。下面分别介绍这两种推理过程。

1. 继承

语义网络中的继承是把对事物的描述从概念节点或类节点传递到实例节点。例如,在图 3－14 所示的语义网络中,BRICK 是概念节点,而 BRICK12 是实例节点。BRICK 节点在 SHAPE(外形)槽,其中填入了 RECTANGULAR(矩形),说明砖块的外形是矩形的。这个描述可以通过 ISA 链传递给实例节点 BRICK12。因此,虽然 BRICK12 节点没有 SHAPE 槽,但可以根据这个语义网络推出 BRICK12 的外形是矩形的。

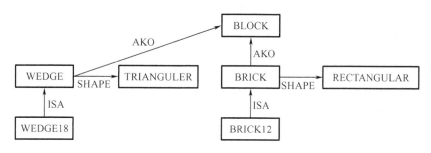

图 3－14 语义网络的值继承

这种推理过程类似于人的思维过程。一旦知道了某种事物的身份以后,我们就可以联想起很多关于这件事物的一般描述。例如,我们通常认为鲸鱼很大,鸟比较小,城堡很古老,运动员很健壮。这就像用每种事物的典型情况来描述各种事物(鲸鱼、鸟、城堡和运动员)那样。

继承过程有 3 种:值继承、"如果需要"继承和"缺省"继承。

(1)值继承

除了 ISA 链以外,另外还有一种 AKO(a-kind-of,含义为"是某种")链也可被用于语义网络中的描述或特性的继承,如图 3－14 所示。

总之,ISA 链和 AKO 链直接地表示类的成员关系以及子类和类之间的关系,提供了一种把知识从某一层传递到另一层的途径。

想要利用语义网络的继承特性进行推理,还需要一个搜索程序,用来在合适的节点寻找合适的槽。

值继承程序:

设 F 是给定的节点,S 是给定的槽。

①建立一个由 F 以及所有和 F 以 ISA 链相连的类节点构成的表。在表中,F 节点排在第一个位置。

②检查表中第一个元素的 S 槽是否有值,直到表为空或找到一个值。

a. 如果表中第一个元素在 S 槽中有值,就认为找到了一个值。

b. 否则,从表中删除第一个元素,并把以 AKO 链与此元素相连的节点加入到这个表的末尾。

c. 如果找到了一个值,那么就说这个值是 F 节点的 S 槽的值;否则宣布失败。

因为在上述程序中新的类节点是放在节点表的末尾的,所以这样的值继承过程所进行的是宽度优先搜索。又因为在一个槽中可能有不止一个值,所以可能发现一个以上的值,这时所有发现的值都要记录。

(2)"如果需要"继承

在某些情况下,当不知道其槽值时,可利用已知信息来计算。例如,可根据体积和物质的密度来计算积木的质量。进行上述计算的程序被称为 IF-NEEDED(如果需要)程序。

为了储存进行上述计算的程序,需要改进节点的槽值结构,允许槽有几种类型的值,而不只是一个类型。为此,每个槽又可有若干个侧面,以储存这些不同类型的值。这样,之前我们讨论的原始意义上的值就放在"值侧面"中,IF-NEEDED 程序存放在 IF-NEEDED 侧面中。

例如在图 3-15(a)中,一个质量确定程序存放在 BLOCK 节点的 WEIGHT 槽的 IF-NEEDED 侧面中。

计算质量的 IF-NEEDED 程序:

如果在 VOLUME(体积)槽和 DENSITY(密度)槽中有值,则

①把这两个槽中值的乘积放入 WEIGHT 槽中。

②把上述乘积记下作为节点的质量值。

通常,如同 VALUE 侧面中的值那样,在 IF-NEEDED 侧面中的程序也可以被继承,以下是一种可能的继承程序。

IF-NEED 继承程序:

设 F 是给定的节点,S 是给定的槽。

①建立一个由 F 以及所有和 F 以 ISA 链相连的类节点构成的表。在此表中,F 节点排在第一个位置。

②检查表中第一个元素的 S 槽的 IF-NEEDED 侧面中是否存有一个过程,直到表为空或找到一个成功的 IF-NEEDED 过程为止。

a. 如果侧面中有一个过程,且这个过程产生一个值,那么就认为已找到一个值。

b. 否则从表中删除这第一个元素,并把以 AKO 链和此元素相连的节点加入到这个表的末尾。

③如果一个过程找到一个值,那么就说所找到的值是 F 节点的槽值;否则宣布失败。

例如,假设我们希望计算图 3-15(a)中 BRICK12 节点的质量,BLOCK 节点中的程序就根据 BRICK12 的体积和密度计算质量,并把计算结果存入 BRICK12 的 WHIGHT 槽的值侧面中,如图 3-15(b)所示。

(3)"缺省"继承

某些情况下,当对事物所做的假设不是十分有把握时,最好对所做的假设加上"可能"这样的字眼。例如,我们可以认为法官可能是诚实的,但不一定是;或可以认为宝石可能是很昂贵的,但不一定是。

我们把这种具有相当程度的真实性但又不能十分肯定的值称为"缺省"值。这种类型的值被放入槽的 DEFAULT(缺省)侧面中。

例如,在图 3-16 中,网络所表示的含义是:从整体来说,积木的颜色很可能是蓝色的,但在砖块(BRICK)中,颜色可能是红的。对 BLOCK 节点和 BRICK 节点来说,在 COLOR 槽中找到的侧面都是 DEFAULT 侧面,在图中以括号加以标识。

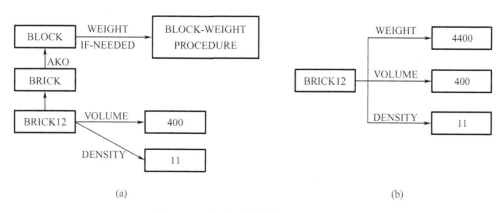

(a)   (b)

图 3 – 15   语义网络的"如果需要"继承

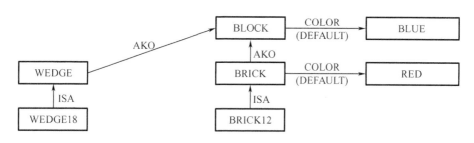

图 3 – 16   语义网络的"缺省"继承

现在需要一个应用在 DEFAULT 侧面中的信息搜索过程,以下是一个可能的过程。

DEFAULT 继承程序:

设 F 是给定的节点,S 是给定的槽。

①建立一个由 F 及所有和 F 以 ISA 链相连的类节点构成的表。表中,F 节点排在第一个位置。

②检查表中第一个元素的 S 槽的 DEFAULT 侧面中是否有值,直到表为空或找到一个缺省值为止。

a.如果表中第一个元素的 S 槽的 DEFAULT 侧面中有值,就认为已找到了一个值。

b.否则从表中删除第一个元素,并把以 AKO 链和此元素相连的节点加入到这个表的末尾。

c.如果找到了一个值,那么就说所找到的值是 F 节点的 S 槽的缺省值。

2.匹配

前面讨论的是类节点和实例节点。现在转向讨论更为困难一些的问题。当解决由几部分组成的事物时,如图 3 – 17 中所示的玩具房(TOY-HOUSE)和玩具房 – 77(TOY-HOUSE 77),继承过程将如何进行? 不仅必须制定把值从玩具房传递到玩具房 – 77 的路径,而且必须制定把值从玩具房部件传递到玩具房 – 77 部件的路径。

很明显,由于 TOY-HOUSE 77 是 TOY-HOUSE 的一个实例,所以它必须有两个部件,一个是砖块,另一个是楔块(WEDGE)。另外,作为玩具房的一个部件的砖块必须支撑楔块。在图 3 – 17 中,玩具房 – 77 部件以及它们之间的链,都用虚线画的节点和箭头来表示。这是因为这些知识是通过继承而间接知道的,并不是通过实际的节点和链直接知道的。虚线画的节点和箭头表示的链是虚节点和虚链。

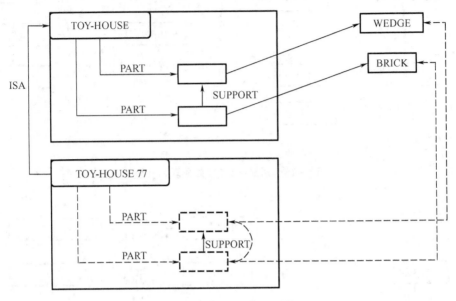

图3-17　虚节点和虚链

没有必要从 TOY-HOUSE 节点把这些节点和链复制到 TOY-HOUSE 77 节点去,除非需要在这些复制节点中加上玩具房-77 所特有的信息。

3.3.4　语义网络的特点

语义网络知识表示求解系统是基于语义网络知识库和语义网络推理机的功能及其调用的基础上的,主要使用了匹配和继承两种推理机制,它们通过语义网络推理规则的控制及其相继交互完成推理过程。

语义网络是一种结构化知识表示方法,具有表达直观、表现方法灵活、容易掌握和理解的特点。概括起来,其主要优点如下:

(1)采用语义关系的有向图来连接,语义、语法、词语应用兼顾,描述生动、表达自然、易于理解;

(2)是一种结构化知识表示方法,易于进行系统模块功能的组织与集成,模块功能调用灵活,便于扩充,也易于在系统维护中进行功能更新与修改;

(3)具有匹配推理和属性继承特性,便于实现机器学习与联想。

虽然语义网络知识表示和推理具有较大的灵活性和多样性,但是没有公认严密的形式表达体系,不可避免地导致了非一致性和程序设计与处理上的复杂性,这也是语义网络知识表示尚待深入研究解决的一个课题。

3.4 框架表示法和过程表示法

3.4.1 框架理论

1975年,Minsky在他的论文《A Framework for Representing Knowledge》中提出了框架理论,受到了人工智能界的广泛重视,后来被逐步发展成为一种广泛使用的知识表示方法。

框架理论的提出基于以下心理学研究成果:在人类日常的思维及理解活动中已存储了大量的典型情景,当分析和理解所遇到的新情况时,人们并不是从头分析新情况,然后再建立描述这些新情况的知识结构,而是从记忆中选择(即匹配)某个轮廓的基本知识结构(即框架)。这个框架是以前记忆的一个知识空框,而其具体的内容又随新的情况而改变,即新情况的细节不断填充到这个框架中,形成新的认识存储到人的记忆中。例如,我们到一个新开张的饭馆吃饭,根据以往的经验,可以想象到在这家饭店里将看到菜单、桌子、椅子和服务员等,然而关于菜单的内容,桌子、椅子的式样和服务员穿什么衣服等具体信息要到饭馆观察后才可以得到。这种可以预见的知识结构在计算机中表示成数据结构,就是框架。框架理论将框架作为知识的单元,将一组有关的框架连接起来便形成框架系统。许多推理过程可以在框架系统内完成。

3.4.2 框架结构

1 框架一般结构

框架是由一组用来描述框架各方面特性的框架槽(slot)和框架的侧面(可默认)所组成的。其中,框架槽用于描述所讨论对象某一方面的属性,而侧面则用于描述框架槽相应属性某个方面的细节知识。人们常把赋予槽的属性数值简称为槽值,把赋予侧面的属性项的知识或资料信息又称为侧面值。

在采用框架表示知识的系统中,一般都含有多个框架,并有主框架和子框架之分。其中,主框架表示主问题,子框架表示子问题,并使用槽号作为指针加以引导和区分。为了标称和区分不同的框架、框架内不同的槽、槽中不同的侧面,分别给它们冠以不同的框架名、槽名和侧面名。另外,对于框架、槽、侧面,还可以附加一些说明性的信息作为约束条件,用于指出什么样的资料或信息才可以作为特性值,填入到对应的槽或侧面的条目中去。

通常框架结构可按照如下形式来描述。

<框架名>

槽名 M:侧面名$_{m1}$(值$_{m11}$,值$_{m12}$,值$_{m13}$,…)

侧面名$_{m2}$(值$_{m21}$,值$_{m22}$,值$_{m23}$,…)

$\vdots$ $\vdots$

侧面名$_{mk}$(值$_{mk1}$,值$_{mk2}$,值$_{mk3}$,…)

$\vdots$ $\vdots$

约束:约束条件₁

约束条件₂

⋮

约束条件_n

由上述表示形式可见,可把一个框架分为若干个有限数目的槽,而一个槽可以分为若干个侧面,也可不分侧面,这取决于框架属性的描述需要。另外,一个侧面可以选择任意有限数目的侧面值。表示的槽值或侧面值可以是数值、字符串、布尔值,也可以是满足某给定条件时所要执行的动作或过程。特别要指出的是:槽值或侧面值还可以用另一个框架的名字来表示,这样就实现了一个框架对另一个框架的调用,表达了框架之间的嵌套关系和横向联系。

2. 框架表示举例

举例来说,下面是一个关于"大学教师"的框架设计模式。

框架名:(大学教师)

姓名:单位(姓,名)

年龄:单位(岁)

性别:范围((男,女)默认:男)

学历:范围(学士,硕士,博士)

职称:范围((教授,副教授,讲师,助教)默认:讲师)

部门:范围(学院(或系、处))

住址:<住址框架>

工资:<工资框架>

参加工作时间:单位(年,月)

健康状况:范围(健康,一般,较差)

其他:范围(<个人家庭框架>,<个人经济状况框架>)

上述框架共有 11 个槽,分别描述了关于"大学教师"的 11 个方面的知识及其属性。在每个槽里都指定了一些说明性的信息,表明了相关槽的值的填写要有某些限制。其中,在尖括号"< >"中表示要填入的内容本身就是框架名;对于"姓名""年龄""参加工作时间"等侧面,用"单位"表示要求所填的内容必须符合圆括号"(姓、名)"中所要求的顺序来填写。例如按照"姓名"槽的姓在前、名在后以及参加工作年、月的时间顺序来填写;"范围"指定了相关槽的值只能在指定的范围内挑选。例如对"职称"槽,要求槽的值只能在列出的"教授""副教授""讲师""助教"中选择合适的值填入,而不能填写别的;"默认"表示如果对应默认的槽没有填写任何内容,就应以默认值作为当前槽值。例如在"性别"槽中,若没有填入"男"或"女"时,就默认它是"男",则对男性教师就可省去这一槽值的填写手续了。

对于上述框架,当把具体某个教师的信息填入到相关的槽和侧面中时,就得到了一个实例框架。例如,把某教师周伯通的一组信息填入"大学教师"框架的各个槽,就可得到:

框架名:<大学教师 –12>

姓名:周伯通

年龄:29

性别:男

学历:博士

职称:副教授

部门:计算机科学与工程学院

住址:< adr - 12 >

工资:< sal - 12 >

参加工作时间:2004,9

健康状况:健康

其他:< 个人家庭 - 12 >

这就是关于周伯通老师实际事例的一个框架,实际上,描述每位教师(设其序号为 x)的情况都应该有类似这样的一个框架模式。其框架名为"大学教师 - x",要了解其他状况还需要查阅 < adr - x >、< sal - x >、< 个人家庭 - x >等。

3.4.3 框架表示法的特点

框架表示法也是一种结构化知识表示方法,其具体特性如下:

1. 结构性

框架表示法最突出的特点是便于表达结构性知识,能够将知识内部结构关系及知识之间的联系表示出来,因此它是一种结构化的知识表示方法,这是产生式表示法所不具备的,产生式系统中的知识单位是产生式规则,这种知识单位太小而难以处理复杂问题,也不能将知识之间的结构关系表示出来。产生式规则只能表示因果关系,而框架表示法不仅可以通过 Infer 槽或者 Possible-reason 槽表示因果关系,还可以通过其他槽表示更加复杂的关系。

2. 继承性

框架表示法通过使槽值为另一个框架的名字实现框架间的联系,建立起表示复杂知识的框架网络。在框架网络中,下层框架可以继承上层框架的槽值,也可以进行补充和修改,这样不仅减少了知识的冗余,而且较好地保证了知识的一致性。

3. 自然性

框架表示法与人在观察事物时的思维活动是一致的,比较自然。

框架表示法主要的缺点是过于死板,难以描述诸如机器人纠纷等类似的动态交互过程的生动性。

3.4.4 过程表示法

所谓过程表示法,就是把问题求解的总目标划分为一个个过程(procedure)目标,再结合知识利用环节确定为若干操作步骤,表示为一个个过程。每一个过程就是一段程序,用于完成对一个具体事件或情况的处理。在问题求解中,当需要使用某个过程时,就调用相应的程序并执行之。这样,问题的求解与推理,就转换成为一个又一个过程的程序组织与调用了。

简而言之,依据问题的求解目标,按照事物的发展过程规律,用相关知识加以设计和描述其求解过程的方法,被称为过程表示法。

对比前述各种知识表示方法,前述非过程表示法往往只从个体动作或个体自身行为的独立作用和影响出发,注重个体环境的静态描述;而过程表示法把问题相关领域的知识、信息以及求解问题的控制策略等,均隐含地表述为一个或多个求解问题的过程,并着重于动态过程的描述。过程表示法具体描述其控制行为所导致的一系列状态变迁,关注的是某个对象发出的若干个连续操作而导致的过程目标。

3.4.5　九宫问题求解

这里以九宫问题(又叫作八数码难题)求解过程状态的描述为例,来说明过程表示法的求解方法及其推理形式。

如图 3−18(a)所示,可用 $X_0 \sim X_8$ 来标记问题中的 9 个小方格的对应位置,图 3−18(b)为问题的一种目标状态 S_g。其中,数字 1~8 是对应棋子的名称,中间的小方格是可供移动的空位。求解从任意初始状态到达目标状态的解路径。

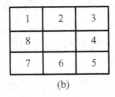

图 3−18　九宫问题状态的描述

解　依据九宫问题要达到的目标状态来分析,针对任何一个初始状态 S_0,设法使棋子一步步移动空位而逐渐逼近最终目标。因此,可按如下步骤来求解:

步 1　首先检查棋盘布局,若 $S_0 \neq S_g$,则检查 X_1 处棋子是否为数码 1。是,则转到步 3;否则任意移动棋牌,使棋子 1 和空格均不在 X_3 位置上。

步 2　按照图 3−19(a)所示的环形逆时针(或顺时针)方向移动空格,并依次移动棋子,直到棋子 1 位于 X_1 位置,空格位于 X_8 位置时为止。

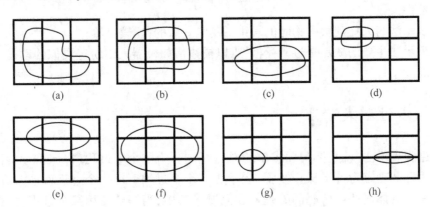

图 3−19　可供空格移动选择的图形

步 3　按照图 3−19(b)所示的环形逆时针(或顺时针)方向移动空格,并依次移动棋子,直到数码 2 位于 X_2 位置,空格位于 X_0 位置时为止。若这时刚好数码 3 在 X_3 位置上,则转到步 7。

步 4　按照图 3−19(e)所示环形的逆时针(或顺时针)方向移动空格,并依次移动棋子,直到数码 3 位于 X_0 位置,空格位于 X_8 位置时为止。

经过以上 4 步,得到的状态如图 3 - 20(a)所示。其中,"X"表示除空格以外的其他任何棋子。

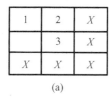 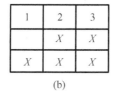 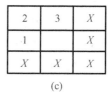

图 3 - 20 典型模板

步 5 按照图 3 - 19(d)所示的环形逆时针(或顺时针)方向移动空格,并依次移动棋子,直到空格移动到 X_0 位置为止。此时状态如图 3 - 20(c)所示。

步 6 按照图 3 - 19(e)所示的环形逆时针(或顺时针)方向移动空格,并依次移动棋子,直到空格又回到 X_8 位置为止。此时状态如图 3 - 20(b)所示。

步 7 按照图 3 - 19(e)所示的环形逆时针(或顺时针)方向,依次移动棋子和空格,直到数码 4 位于 X_4 位置,空格位于 X_0 位置。若这时数码 5 刚好位于 X_5 位置上,则转步 11。

步 8 按照图 3 - 19(g)所示的环形逆时针(或顺时针)方向移动空格,并依次移动棋子,直到数码 5 位于 X_0 位置,空格位于 X_8 位置时为止。

步 9 依次移动棋子,使得空格位置按照图 3 - 19(f)所示的环形逆时针(或顺时针)方向移动,并依次移动棋子,直到空格位于 X_4 位置时为止。这时,使数码 5 插入 X_4 位置,再使 X_6 位置数码插入 X_0 位置,则空格位于 X_6 位置,如图 3 - 21(i)所示。

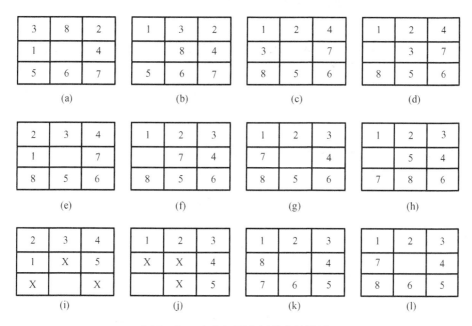

图 3 - 21 九宫问题实例状态的描述

步10　按照图3-19(f)所示的环形逆时针(或顺时针)方向移动空格,并依次移动棋子,直到状态如图3-21(j)所示。

步11　按照图3-19(g)所示的环形逆时针(或顺时针)方向移动空格,并依次移动棋子,直到状态如图3-21(k)所示,则问题得解;否则可得到图3-21(l),这说明了所给初始状态达不到所要求的目标状态。

图3-21给出了应用以上过程求解一个具体的九宫问题实例状态的描述,其中,图3-21的(a)~(k)或(l),分别对应了以上第1~11步的步骤过程结束时所达到的路径状态。

从图3-21可以看出,尽管这样得到的解的路径不一定是最佳的,但是按这样一种过程表示法所编写的计算机程序,恰恰具有非常高的求解效率。

3.4.6　过程表示法的特点

过程表示法针对问题的求解目标,遵循事物进展过程的规律求解,因而目标明确、易于实现、效率较高,但维护性有待提高。其应用特性如下:

1.目标明确

过程表示法针对要求解问题的总目标,并把总目标划分为一个个确定过程目标的操作步骤,使得问题的求解始终瞄准总目标而进行,不会偏离方向。

2.易于实现

过程表示法着重于表现事物变化动态过程的描述,针对问题的求解目标而设计操作步骤,符合事物发展变化规律,易于人们理解。同时,求解中将其控制性知识融入了系统过程,故控制系统可以按照过程来规划,便于程序的设计与实现,也便于保证过程操作中具有较好的可测试性,这对于系统的顺利实现也是有利的。

3.效率较高

过程表示法使用过程表示知识,而过程就是程序。程序能够准确而清楚地表明过程先做什么、后做什么以及怎样做。用户可直接将启发信息和必要的控制性知识嵌入到过程中,避免那些不必要的路径选择与跟踪,使得问题的求解逼近最终的目标,从而提高系统的运行效率。

4.可维护性有待提高

过程表示法的不足之处:系统一旦确定,则不易修改及添加新的情况。

3.5　面向对象表示法

3.5.1　面向对象基础

人们认识世界是以将世界划分为一些"事"和"物"为基础的,这里的"物"指物体,"事"指物体间的联系。面向对象表示法中的对象指物体,消息指物体间的联系,通过发送消息使对象间相互作用来求得所需的结果。

对象是由一组数据和与该组数据相关的操作构成的实体。例如,一个对象me,会有一组表征自身的数据：

name：Liming

age：20

相应的操作为

birthday(岁数)：每年实现 age + 1

消息由(object,selector,arguments)表示。其中,object 是消息要发送的对象,selector 是要求该对象完成的操作,arguments 是 selector 可选的参数。

简单地说,面向对象作为一种大有前途的方法和现今被广泛采用的技术,其基本原则有 3 条：

(1)一切事物都是对象；

(2)任何系统都是由对象构成的,系统本身也是对象；

(3)系统发展和进化的过程都是由系统的内部对象和外部对象之间(也包括内部对象与内部对象之间)的相互作用完成的。

从面向对象技术的实际应用情况来看,Smalltalk 语言是坚持这 3 条基本原则的典型代表。Smalltalk 语言是基于对知识的面向对象表示的。

面向对象方法和技术之所以会如此流行,主要是因为它非常符合人们认识和解决问题的习惯。首先,它是一种从一般到特殊的演绎方法,这与人们认识客观世界时常用的分类的思想非常吻合；其次,它也是一种从特殊到一般的归纳方法。由一大批相同或相似的对象抽象出新的类的过程,就是一个归纳过程。面向对象既提供了从一般到特殊的演绎手段,例如继承等；也提供了从特殊到一般的归纳方法,例如类等。因此,它是一种很好的认知方法。

狭义的面向对象的软件开发包括 3 个主要阶段：面向对象分析(object-oriented analysis, OOA)、面向对象设计(object-oriented design, OOD)和面向对象程序设计(object-oriented programming,OOP)。其中,OOA 是指系统分析员对将要开发的系统进行定义和分析,进而得到各个对象类以及它们之间的关系的抽象描述；OOD 是指系统设计人员将面向对象分析的结果转化为适合程序设计语言的具体描述,它是进行面向对象程序设计的蓝图；OOP 则是指程序设计人员利用程序设计语言,根据 OOD 得到的对象类的描述,生成对象实例,建立对象间的各种联系,最终建立实际可运行的系统。

在面向对象表示中类和类继承是重要的概念。类是面向对象的一个基本概念。类由一组变量和一组操作组成,它描述了一组具有相同属性和操作的对象。每个对象都属于某一类,每个对象都可由相关的类生成,类生成对象的过程就是例化。类封装了客观世界中的实体的主体和动作,即类的数据抽象和过程抽象两个方面。

类是对一组类似的对象的一般化的描述。同一个类中的对象继承类的属性和方法,对一组相似的类进行抽象可以得到这一组类的超类(superclass)。相应地,超类中的每一个类称子类(subclass)。超类和子类的定义隐含地表示了类层次(class hierarchy)的概念。在类层次结构中,超类的属性和方法可以由子类继承,而子类中又可能加入新的属性和方法,子类中从超类中继承而来的属性和方法,以及子类中新定义的属性和方法,都可以由这一子类的子类继承。

(1)客观世界是由各种对象(object)组成的。任何事物都是对象。复杂的对象可以由比较简单的对象以某种方式组合而成。因此,面向对象的软件系统是由对象组成的。软件中的任何元素都是对象,复杂的对象由比较简单的对象组合而成。

(2)把所有的对象都划分为各种类(class)。每个类都定义了一组数据和一组方法。数据用于表示对象的静态属性,描述对象的状态信息;方法是对象所能执行的操作,也就是类中所能提供的服务。

(3)按照子类(也被称为派生类)和父类(也被称为基类)的关系,把若干个类组成一个层次结构的系统。在这种类层次结构中,通常下层的派生类具有和上层的基类相同的特性,包括数据和方法。我们把这一特性称为继承(inheritance)。

(4)对象与对象之间只能通过消息通信(communication with messages)。

以上4个要点对面向对象方法最重要的概念进行了概括。面向对象方法可用一个公式概括为

$$面向对象 = 对象 + 类 + 继承 + 消息通信$$

3.5.2 面向对象表示的实例

1. 说明面向对象程序设计中实现封装性的例子

```
//日期类 CDate 的例子,定义日期字符串类型 String80
typedef char String80[80];
//定义日期类 CDate
class CDate
{
//类的实现
private:
int year,month,day;
//类的接口
public:
Cdate(int month,int day,int year);
CDate operator + (int days);
void GetDateString(String80&DateString);
//…
};
//部分成员函数的实现
void CDate::GetDateString(String80 &DateString)
{
sprintf(DateString,"% d – % d – % d",month,day,year%100);
}
```

CDate 类中数据成员 year、month 和 day 是类的实现部分,构造函数和重载的加法运算符构成了类的对外接口。类的接口中构造函数可以用初始参数构造一日期型对象,重载的加法运算可以使得类的用户计算并返回增加或减少一个整数天之后或之前的一个新的日期型对象。

2. 说明面向对象程序设计中实现继承性的例子

以 CDate 类为例,假设 CDate 类中的 GetDateString 成员函数以美国日期格式"MM - DD - YY"返回日期字符串,现在如果要求以欧洲日期格式"DD - MM - YY"返回日期字符串,该如何做呢? 如果已经有 CDate 类的源代码,则可以复制整个类的源代码,然后修改 GetDate String 成员函数,使之能够返回欧洲日期格式的日期字符串,更好的办法是通过继承。

```
//定义日期字符串类型 String80
typedef char String80[80];
//定义日期类 CDate
class CDate
//year,month,day 改成了 protected 类型
protected:
intyear,month,day;
public:
Cdate(int montht int day,int year);
CDate operator + (int days);
void GetDateString(String80&DateString);
//…
};


//部分成员函数的实现
void CDate::GetDateString(String80 &DateString)
{
sprintf(DateString,"% d - % d - % d",month,day,year%100);
}
//CEuropeDate 类是从 CDate 类派生得到的
class CEuropeDate:public CDate
{
public:
//重载基类的成员函数
void GetDateString(String80&DateString);
//…
};
//部分成员函数的实现
void CEuropeDate::GetDateString(String80&DateString)
{
sprintf(DateString,"% d - % d - % d",day,month,year % 100);
}
```

类 CEuropeDate 与类 CDate 非常类似,只是继承下来的 GetDateString( )函数被重载并返回欧洲格式的日期字符串。

3.说明面向对象程序设计中实现多态性的例子

```
//以类 CDate 和类 CEuropeDate 类为例予以说明,定义日期字符串类型 String80
typedef char String80[80];
//定义日期类 CDate
class CDate
{ protected:
intyear,month,day;
public:
CDate(int month,int day,int year);
CDate operator + (int days)j
void GetDateString(String80&DateString)j
void DisplayDateSt:ring(void);//这里重点考察这一成员函数
//…
};
//部分成员函数的实现
void CDate::GetDateString(String80 &DateString)
{sprintf(DateString,"% d_% d_% d",month,day,year% 100);}
voidCDate::DisplayDateString(void)
{ String80 DateString;
GetDateString(DateString);
cout < <"日期是" < <DateString < <endl;
}
//CEuropeDate 类是从 CDate 类派生得到的
class CEuropeDate:public CDate
{public:
//重载基类的成员函数
void GetDateString(String80&DateString);
CEuropeDate(int day,int month,int year):
CDate(int month,int day,int year){};
//增加新的成员函数
//…
};
//部分成员函数的实现
voidCEuropeDate::GetDateString(String80&DateString)
{sprintf(DateString,"% d – % d – % d",day,month,year% 100);}
//main 函数
void main(void)
{String80 DateString;
CDate USDate(5,26,2001);
CEuropeDate EUDate(6,5,2001);
```

//以美国日期格式显示

USDate. DisplayDateString( ) ;

//期望以欧洲日期格式显示但结果仍是以美国日期格式显示

EUDate. DisplayDateString( ) ;

//…

}//main

为什么 USDate. DisplayDateString（ ）能以期望的方式（美国日期格式）显示,而EUDate. DisplayDateString( )则不能以期望的方式（欧洲日期格式）显示? 这是因为编译器在生成 CDate. DisplayDateString( )的代码时,它编译的是直接调用 CDate. GetDateString( )函数,当调用 CEuropeDate. DisplayDateString( )函数时确实是调用继承的 CDate. DisplayDateSting( )函数,但是 CDate. DisplayDateString( )函数调用的却是基类的 CDate. GetDateString( )函数,而不是派生类重载的 CEuropeDate. GetDateString( )函数,因此上面两次调用的结果都是以美国日期格式进行显示。

如何使得继承来的函数 CEuropeDate. DisplayDateString（ ）能够正确地调用CEurope－Date. GetDateString( )函数呢?

一种方法是在派生类中重载 DisplayDateString( )函数,在重载函数中明确地调用CEuropeDate. GetDateString( )函数,如

voidCEuropeDate∶∶DisplayDateString(void)

{

String80 DateString;

GetDateString(DateString) ;

cout ＜＜" 日期是" ＜＜DateString ＜＜endl;

}

这样做显然可以解决错误调用函数的问题,但是这样做可能需要复制很多代码。当不能得到基类函数的源代码时,要实现这一重载函数可能会非常困难,甚至是不可能做到的。正确的方法是在基类中把 GetDateString( )函数定义成虚拟函数,具体做法是在类 CDate 和类 CEuropeDate 的定义中在 GetDateString（ ）函数的前面加一个关键字 virtual,这样GetDateString( )函数就被说明成一个虚拟函数,从而可以真正解决错调函数这一问题。

3.5.3　面向对象表示的技术特征

概括起来,面向对象的知识表示技术具有如下特征:独立封装、求解效率;继承与扩展;多态性;易扩充性;易维护性。

第4章 基于逻辑的推理

4.1 一阶谓词逻辑基础

由离散数学可知,其取值为真或假(表示是否成立)的句子称命题,带有变量(参数)的命题称谓词。谓词用来描述个体(可以独立存在的事物)之间的关系或属性。以谓词为基础的谓词演算是一种形式语言,可严密而精确地表达复杂的人类知识,并作为演绎推理的重要基础。

4.1.1 谓词逻辑的符号体系

在谓词逻辑中使用的符号一般包括:

(1)标点符号及括号。

(2)常量:以小写字母组成的字符串。

(3)变量符号:习惯上是小写字母 x,y,z,u,v,w。

(4)谓词符号:通常以大写字母或者大写字母串表示。

(5)函数符号:通常以小写字母或者小写字母串表示。

函数与谓词的形式:

谓词 $P(x_1,x_2,\cdots,x_n)$

函数 $f(x_1,x_2,\cdots,x_n)$

$x_1,x_2,\cdots,x_n$ 为个体变量。

以上符号中,常量用来表示特定的事物或者概念(个体);变量用来表示非特定的事物或者概念;谓词用来表示 n 个实体之间的关系或者属性,其取值为 T(真)或 F(假);函数仅实现个体域中 n 个个体到某一个体的映射,没有真假取值。

(6)连接词。

①¬:否定(非)。

②∧:合取(与)。

③∨:析取(或)。

④→:蕴涵(IF...THEN...)。

⑤≡:等价(双条件)。

(7)量词。

①∀:全称量词,表示所有的。例如,对于个体域中所有个体 x 谓词 $F(x)$ 均成立时,可用含全称量词的谓词表示为

$$\forall xF(x)$$

②∃:存在量词,表示存在某一些。例如,若存在某些个体 x 使谓词 $F(x)$ 成立时,可用含存在量词的谓词表示为

$$\exists xF(x)$$

利用上述符号,可把单个谓词组合成复杂的谓词公式,表达复杂的领域知识。

【例4-1】 用谓词 $S(x)$ 表示个体 x 学习好,$W(x)$ 表示 x 工作好;谓词公式 $S(x) \land W(x)$ 表示 x 不仅学习好而且工作好,$S(y) \land \lnot W(y)$ 表示 y 的学习好但工作不好;谓词公式 $\forall z \text{Computer}(z) \to \text{CPU}(z)$ 表示所有的计算机(个体 z)都有 CPU。

【例4-2】 设有三个积木块 a,b,c,它们之间的位置关系可用下列谓词表示:

$\text{ON}(a,b)$ 表示 a 在 b 之上。

$\text{ON}(b,c)$ 表示 b 在 c 之上。

$\text{ON}(a,b) \land \text{ON}(b,c) \to \text{ON}(a,c)$ 表示 a 在 b 之上且 b 在 c 之上,则 a 在 c 之上。

若量词仅对谓词的个体(变量)而不能对谓词自身起限定作用,即把谓词名视为常量时,称其为一阶谓词;若量词不仅对谓词的个体起限定作用,而且对谓词自身起限定作用,称其为高阶谓词。例如,$\exists P(Q(x) \to P)$ 和 $\forall Q \forall yQ(y)$ 均为二阶谓词,$\forall x \forall yP(x,y)$ 是一阶谓词。经典逻辑中最重要的几类逻辑是命题逻辑、谓词逻辑和二阶逻辑。命题逻辑表达能力弱,能解决的问题不多;二阶逻辑过于复杂,且到目前为止不存在有效的算法。

4.1.2 谓词演算公式

不含任何连接词及量词的谓词公式,是谓词演算的基本公式,被称为原子公式。

由 n 元谓词 F 及其 n 个个体变量 $x_1, x_2, \cdots, x_n$ 所构成的公式 $F(x_1, x_2, \cdots, x_n)$ 是一个原子公式。在谓词演算中包含命题演算,所以命题变量也是一个原子公式。

下面给出谓词演算的合式公式(简称公式或 WFF)的递归定义。

(1)谓词演算的原子公式是公式。

(2)若 A 是公式,则 $\lnot A$ 也是公式。

(3)若 A,B 是公式,则 $A \land B, A \lor B, A \to B, A \equiv B$,也都是公式。

(4)若 A 是公式,x 是个体变量,则 $\forall x(A)$,$\exists x(A)$ 也是公式。

(5)只有按(1)~(4)所得才是公式。

4.1.3 谓词公式的解释

与命题类似,每个谓词及公式也都有由人赋予的一定的语义(含义),但从谓词及公式本身却无法推出其语义。因此,在应用谓词逻辑解决问题时,必须对谓词公式进行解释,即人为地给谓词公式指派一定的语义。对一阶谓词公式 P,在个体域 D 上的解释包括:

(1)为 P 的每个常量赋予 D 中的一个元素;

(2)为 P 的每个 n 元函数指派一个 D^n 到 D 的映射;

(3)为 P 的每个 n 元谓词指派一个 D^n 到 T,F 的映射。

D^n 是 D 的元素组成的 n 元组集合。

对于一个谓词公式 P 的解释可有多种,其中一些解释可使 P 为真,而另一些解释则可使 P 为假。若在所有可能的解释下 P 均为真,称 P 为永真式,或普遍有效的公式;若仅在某

一特定的解释下 P 为真,称 P 为可满足的公式;若在所有可能的解释下 P 均为假,称 P 为永假式,或不可满足的公式。但是,判断一个公式是否永真是非常困难的,特别是对任一谓词公式,在有限步内判别其是否为永真式的算法目前还未找到。

4.1.4 谓词演算的基本等价式及推理规则

若两个 WFF U 及 V 在任一解释下其值完全相同,则称这两个 WFF 等价,表示为 $U \equiv V$。由于谓词逻辑是命题逻辑的推广,命题逻辑中的基本等价式和推理规则在谓词逻辑仍可沿用。但由于谓词逻辑中引入了变量及量词,须再增加一些与变量及量词有关的一些定理和规则,归纳如下:

1. 双重否定律

$\neg(\neg P(x)) \equiv P(x)$

2. 摩根定律

$\neg(P(x) \vee Q(x)) \equiv \neg P(x) \wedge \neg Q(x)$

$\neg(P(x) \wedge Q(x)) \equiv \neg P(x) \vee \neg Q(x)$

3. 逆否律

$P(x) \rightarrow Q(x) \equiv \neg Q(x) \rightarrow \neg P(x)$

4. 分配律

$P(x) \wedge (Q(x) \vee R(x)) \equiv (P(x) \wedge Q(x)) \vee (P(x) \wedge R(x))$

$P(x) \wedge (Q(x) \vee R(x)) \equiv (P(x) \wedge Q(x)) \vee (P(x) \wedge R(x))$

5. 结合律

$(P(x) \wedge Q(x)) \wedge R(x) \equiv P(x) \wedge (Q(x) \wedge R(x))$

$(P(x) \vee Q(x)) \vee R(x) \equiv P(x) \vee (Q(x) \vee R(x))$

6. 蕴涵等价式

$P(x) \rightarrow Q(x) \equiv \neg P(x) \vee Q(x)$

7. 易名规则

$\forall x P(x) \vee \forall x Q(x) \equiv \forall x P(x) \vee \forall y Q(y)$

8. 量词转换律

$\neg \forall x P(x) \equiv \exists x \neg P(x)$

$\neg \exists x Q(x) \equiv \forall x \neg Q(x)$

9. 量词分配律

$\exists x(P(x) \vee Q(x)) \equiv \exists x P(x) \vee \exists x Q(x)$

$\forall x(P(x) \wedge Q(x)) \equiv \forall x P(x) \wedge \forall x Q(x)$

$\forall x(P \rightarrow Q(x)) \equiv P \rightarrow \forall x Q(x)$

$\exists x(P \rightarrow Q(x)) \equiv P \rightarrow \exists x Q(x)$

10 量词交换律

$\forall x \forall y P(x,y) \equiv \forall y \forall x P(x,y)$

$\exists x \exists y P(x,y) \equiv \exists y \exists x P(x,y)$

$\forall x \exists y P(x,y) \equiv \exists y \forall x P(x,y)$

$\forall y \exists x P(x,y) \equiv \exists x \forall y P(x,y)$

11. 量词辖域变换等价式

$\forall x(P(x)) \lor Q \equiv \forall x(P(x) \lor Q)$

$\forall x(P(x)) \land Q \equiv \forall x(P(x) \land Q)$

$\exists x(P(x)) \lor Q \equiv \exists x(P(x) \lor Q)$

$\exists x(P(x)) \land Q \equiv \exists x(P(x) \land Q)$

Q 中不含变量。

12. 量词消去及引入规则

(1)全称量词消去规则

$\forall xP(x) \equiv P(y)$

(2)全称量词引入规则

$P(y) \equiv \forall xP(x)$

(3)存在量词消去规则

$\exists xQ(x) \equiv Q(c)$（$c$ 为常量）

(4)存在量词引入规则

$Q(c) \equiv \exists xQ(x)$

(5)有限域量词消去规则

设有限个体域为 $D \in d_1, d_2, \cdots, d_n$。

$\forall xP(x) \equiv P(d_1) \land P(d_2) \land \cdots \land P(d_n)$

$\exists xQ(x) \equiv Q(d_1) \lor Q(d_2) \lor \cdots \lor Q(d_n)$

4.2　自然演绎推理

从一组已知为真的事实出发,直接运用经典逻辑的推理规则推出结论的过程被称为自然演绎推理。其中,基本的推理是 P 规则、T 规则、假言推理、拒取式推理等。

假言推理的一般形式:

$$P, P \to Q => Q$$

它表示:由 $P \to Q$ 及 P 为真,可推出 Q 为真。

例如,由"如果 x 是金属,则 x 能导电"及"铜是金属"可推出"铜能导电"的结论。

拒取式推理的一般形式:

$$P \to Q, \neg Q => \neg P$$

它表示:由 $P \to Q$ 为真及 Q 为假,可推出 P 为假。

例如,由"如果下雨,则地上就湿"及"地上不湿"可推出"没有下雨"的结论。

这里,应该注意避免如下两类错误:一种是肯定后件(Q)的错误;另一种是否定前件(P)的错误。

所谓肯定后件,是指当 $P \to Q$ 为真时,希望通过肯定后件 Q 为真来推出前件 P 为真,这是不允许的。

例如,伽利略在论证哥白尼的日心说时,曾使用了如下推理:

(1)如果行星系统是以太阳为中心的,则金星会显示出位相变化;

(2)金星显示出位相变化(肯定后件);

(3)所以,行星系统是以太阳为中心。

这里使用了肯定后件的推理,违反了经典逻辑规则,他为此遭到非难。

所谓否定前件,是指当 $P{\to}Q$ 为真时,希望通过否定前件 P 来推出后件 Q 为假,这也是不允许的。例如下面的推理就是使用了否定前件的推理,违反了逻辑规则:

(1)如果下雨,则地上是湿的;

(2)没有下雨(否定前件);

(3)所以,地上不湿。

这显然是不正确的。因为当地上洒水时,地上也会湿。事实上,只要仔细分析蕴涵 $P{\to}Q$ 的定义,就会发现当 $P{\to}Q$ 为真时,肯定后件或否定前件所得的结论既可能为真,也可能为假,不能确定。

下面举例说明自然演绎推理方法。

设已知如下事实:

(1)凡是容易的课程小王(Wang)都喜欢;

(2)C 班的课程都是容易的;

(3)ds 是 C 班的一门课程。

求证:小王喜欢这门课程。

证明:首先定义谓词。

$\text{EASY}(x)$:x 是容易的。

$\text{LIKE}(x,y)$:x 喜欢 y。

$C(x)$:x 是 C 班的一门课程。

把上述已知事实及待求证的问题用谓词公式表示出来:

$$(\forall x)(\text{EASY}(x){\to}\text{LIKE}(\text{Wang},x))$$

凡是容易的课程小王都是喜欢的。

$$(\forall x)(C(x){\to}\text{EASY}(x))$$

C 班的课程都是容易的。

$C(\text{ds})$

ds 是 C 班的课程。

$$\text{LIKE}(\text{Wang},\text{ds})$$

小王喜欢 ds 这门课程,这是待求证的问题。

应用推理规则进行推理:

因为

$$(\forall x)(\text{EASY}(x){\to}\text{LIKE}(\text{Wang},x))$$

所以由全称固化得

$$\text{EASY}(z){\to}\text{LIKE}(\text{Wang},z)$$

因为

$$(\forall x)(C(x){\to}\text{EASY}(x))$$

所以由全称固化得

$$C(y){\to}\text{EASY}(y)$$

由 P 规则及假言推理得

$$C(ds),C(y)\rightarrow EASY(y) = >EASY(ds)$$
$$EASY(ds),EASY(z)\rightarrow LIKE(Wang,z)$$

由 T 规则及假言推理得

$$LIKE(Wang,ds)$$

即小王喜欢这门课程。

一般来说,由已知事实推出的结论可能有多个,只要其中包括了待证明的结论,就认为问题得到了解决。

自然演绎推理的优点是表达定理证明过程自然,容易理解,而且它拥有丰富的推理规则,推理过程灵活,便于在它的推理规则中嵌入领域启发式知识。其缺点是容易产生组合爆炸,推理过程得到的中间结论一般呈指数形式递增,这对于一个大的推理问题来说是十分不利的。

4.3 消解反演推理

生活中许多疑虑问题的计算机智能求解,都可以归结为问题的机器定理。简言之,就是通过谓词逻辑转换,在前提条件 P 为真时,求证问题的正确解表达式" $P\rightarrow Q$ "为永真式或者逻辑结论 Q 为真的过程。但是,直接进行证明往往十分困难,甚至只能使机器陷入无休止的爬格子似的运行之中,几乎没有解决的可能——这是 1930 年前后,以数理逻辑学家 Herbrand 为代表的许多学者历经数十年研究工作得到的结论。

直到 1965 年,J. A. Robinson 又在已有的 Herbrand(海伯伦)定理的基础上,提出了归结反演算法,即应用反证法的思想,把上述求证逻辑结论 Q 为真的永真性问题,转化为证明表达式" $P\wedge\neg Q$ "为不可满足的问题。即若要证明 $P\rightarrow Q$ 为永真的,只需证明 $\neg(P\rightarrow Q)$ 为永假。虽然这是两个等价问题,但后者可有效地转化为机械化操作步骤。人们把这一定理证明思想的发现归功于 Robinson 的卓越研究,称之为 Robinson 归结原理,又叫作消解原理。这一原理的提出使机械化推理成为现实,被认为是机器定理证明领域的重大突破。

下面在逐一介绍子句、子句集的概念和 Herbrand 定理的基础上,进而讨论实现 Robinson 消解原理的具体方法。

4.3.1 子句集

在谓词逻辑中,任何一个谓词公式都可通过简约运算即应用等价关系及推理规则化成相应的子句集,将谓词公式化为子句集表示的一般方法和步骤如下。

(1)消去条件(又称蕴涵)连接符号。利用蕴涵的等价关系

$$P\rightarrow Q = >\neg P\vee Q$$

可消去公式中的"→"符号。

(2)转换约束量词的约束属性变化,并移动否定符号的作用位置。反复运用量词转换及扩张、收缩律,使否定符号只作用到单个谓词上,并注意德·摩根(De Morgan)定律的使用。

(3)在不改变公式真值的条件下,改变变量命名使其标准化。所谓变量命名标准化就是对变量更名,使每个量词约束的变量名称都不同。在任一量词辖域内,受量词约束的变量可以被另外一个新的变量名称代替,而不改变公式真值。

(4)消去存在量词。引入 Skolem 函数,消去存在量词,这里分为两种情况:一种是在存在量词前没有全称量词约束,可直接用存在量词辖域中的一个特定取值常量,从而消去了存在量词。这种情况引入的 Skolem 函数为一常量,注意这个特定常量符号不要与公式中的其他符号同名。另一种是如在全称量词 x 辖域中包含存在量词 y 约束,存在量词 y 可依赖于全称量词 x,可令这种依赖关系为 $y = g(x)$,这里的 $g(x)$ 叫作 Skolem 函数。

(5)把公式化为 Skolem 标准形。Skolem 标准形的一般形式为

$$(\forall x_1)(\forall x_2)\cdots(\forall x_n)M$$

式中,M 是子句的合取式,被称为 Skolem 标准形母式。

把上述公式中的所有约束量词移到公式最前面,可得一般前束范式;进一步运用分配律,化为 Skolem 标准形的前束范式。

(6)隐去全称量词。如此即将谓词公式化成了相应的子句集。

定理 4.1 设有谓词公式 F,其标准形的子句集为 S,则 F 不可满足的充要条件是 S 不可满足。(谓词公式与子句集的不可满足性)

定理 4.1 表明:如果一个谓词公式是不可满足的,其子句集一定也具有不可满足的特点,反之亦然。

这样,要证明一个谓词公式是不可满足的,只需要证明其相应的子句集是不可满足的。从而可以利用子句集不可满足性来证明一个谓词公式的不可满足性。目前,证明子句集不可满足性的最可靠的方法就是运用 Robinson(鲁宾孙)消解原理。下面先就 Herbrand(海伯伦)域和海伯伦定理进行讨论。

4.3.2 Herbrand 理论

1. 海伯伦域(H 域)

要考察一个谓词公式及其子句集的不可满足性,可以通过检验该谓词公式及其子句集在其个体论域中解释的永真(假)性来说明。然而,由于个体论域及其谓词解释的任意性和多样性,要考察所有个体论域中的全部解释是十分困难甚至不可能的。海伯伦证明了存在一个特殊的域,只要考察这个特殊域中的所有解释,就可以判定该谓词公式或其子句集的不可满足性,这个特殊的域叫作海伯伦域。

定义 4.1 设在论域 D 上有子句集 S:

(1)令 H_0 为 S 中所有常量的集合;若 S 中没有常量,取任意常量 $a \in D$,并令 $H_0 = \{a\}$。

(2)令 $H_{i+1} = H_i \cup \{S$ 中所有 n 元函数 $f(x_1, x_2, \cdots, x_j, \cdots, x_n)\}$,这里 $x_j(j = 1, \cdots, n)$ 是 H_i 中的元素($i = 0, 1, 2, \cdots$)。

(3)则称这样构造的域 H_∞ 为海伯伦域,简称并记为 H 域。

2. 海伯伦定理

在子句集 S 中,如果用 H 域中的元素替换 S 的变元,则所得的子句称基子句,基子句的集合称基子句集,又称 S 的基例集(ground instance set);其中的谓词称基原子,基原子的集合称原子集。

显而易见,每一个基子句连同其真值指派都是子句集 S 在 H 域中的一个解释。下面给出 S 在 H 域中解释的定义。

定义 4.2 子句集 S 在 H 域中的一个解释 E 满足下列条件:

(1)在 0 解释 E 下,常量映射到自身。

(2)S 中任一个 n 元函数 $f(x_1, x_2, \cdots, x_n)$ 都是 $H^n \rightarrow H$ 的映射。如果设 $h_1, h_2, \cdots, h_n \in H$,则有 $f(h_1, h_2, \cdots, h_n) \in H$。

(3)S 中的任一个 n 元谓词,都是 $H^n \rightarrow \{T, F\}$ 的映射,谓词的真值可以指派为 T,也可以指派为 F。

可以证明,对给定论域 D 上的任何一个解释,总能在 H 域中构造一个解释与之对应;如果 D 域中的解释能满足子句集 S,则在 H 域中的相应解释也能满足 S。因此,可推出如下两个定理:

定理 4.2 子句集 S 不可满足的充要条件是该子句集 S 在 H 域中的所有解释都为假。

定理 4.3 子句集 S 不可满足的充要条件是存在一个有限的不可满足的基子句集 S'。

这就是著名的 Herbrand(海伯伦)定理。下面简要地给出解释性的证明。

充分性证明:

设子句集 S 有一个不可满足的基子句集 S',因为它不可满足,所以一定存在一个解释 E',使 S' 为假。根据 H 域中的解释与 D 域中解释的对应关系,可知在 D 域中一定存在一个解释使 S 不可满足,即子句集 S 是不可满足的。

必要性证明:

设子句集 S 不可满足,由定理 4.2 可知 S 对 H 域中的一切解释都为假,这样必然存在一个基子句集 S',且它是不可满足的。

但是,海伯伦定理只是从理论上给出了证明子句集不可满足的可行性思路,要在计算机上实现其证明过程却十分困难。直到 1965 年鲁宾孙提出了消解原理,才使机器定理证明问题得到解决,使机器定理证明的机械化推理步骤得以实现。

4.3.3 Robinson 消解原理

Robinson 消解原理又称归结原理。它是一种谓词逻辑演绎推理的方法,通过证明谓词公式及其子句集的永真性来求解复杂的智能问题。

设 S 为一子句集,$S = \{C_1, C_2, \cdots, C_i, C_j, \cdots, C_n\}$,$C_i$ 和 C_j 是子句集 S 中的任意两个子句,如果 C_i 中的文字 L_i 与 C_j 中的文字 L_j 构成文字互补,那么从 C_i 和 C_j 中分别消去 L_i 和 L_j,并将两个子句中余下的部分析取,构成的新子句 C_{ij} 称 C_i 和 C_j 的消解式,称 C_i 和 C_j 为 C_{ij} 的亲本子句。

按照上述定义,人们把考察子句集 S 中的各个子句并构成消解式的过程又称为消解或归结,并把消解式叫作归结式。

消解可用一棵消解树直观地表示出来,用二叉树两个叶节点分别标注两个子句,在根节点标注消解式。整个消解过程都可以用这样一棵树来表示。

定理 4.4 归结式 C_{ij} 是其亲本子句 C_i 与 C_j 的逻辑结论。

推论 4.1 设 C_i 和 C_j 是子句集 S 中的两个子句,C_{ij} 是它们的消解式,若用 C_{ij} 代替 C_i 和 C_j,后得到新子句集 S_1,则由 S_1 的不可满足性可推出原子句集 S 的不可满足性,即

$$S_1 的不可满足性 = > S 的不可满足性$$

推论 4.2 设 C_i 与 C_j 是子句集 S 中的两个子句，C_{ij} 是它们的消解式，若把 C_{ij} 加入 S 中，得到新子句集 S_2，则 S 与 S_2 在不可满足的意义上是等价的，即

$$S_2 的不可满足性 \Leftrightarrow S 的不可满足性$$

以上推论及定理就是消解原理的基本思想。

消解原理告诉我们，要证明子句集 S 的不可满足性，这里有两条思路：

其一，对其中可消解的子句进行归结，并把消解式加入子句集，或者用消解式替换它的亲本子句，然后对新子句集（S_1 或 S_2）证明其不可满足性。

其二，如果经过消解能得到空子句，根据空子句的不可满足性，就可得到原子句集 C 不可满足的结论。

在针对实际的问题求解时，上述两条思路既可以独立用来进行求解证明，又可以结合起来先后实施来得到问题的解。

总之，用消解原理证明定理或求解问题的基本思想是：利用消解式的替换，可以不断地减少子句集的子句数量，进而减少匹配推理的层次和次数，简化证明过程。这样，就能逐层逐个子句完成问题解的比较与搜索，从而使得机器推理求解复杂问题成为可能。

所谓反演推理求解，就是使用反证法的证明求解。经验告诉我们：比较起来，人们要求证一个错误或谬论，比证明一条真理要容易许多。这是因为，证明一条真理，需要这条真理在各种环境和场合下接受检验；而求证一个错误，只需要有一次错误发生就可以证实说明。

这里提出的消解反演推理思想，就是基于人们对问题求解的上述经验认识的总结。

事实上，在机器定理证明中，要求证一个目标子句是永真的，等价于证明该目标子句否定的永假性，即证明该目标子句的否定是不可满足的。这时，其实只需要证实在题目给定环境下，该目标子句的否定将发生错误就能证明。因此，特提出如下消解反演推理求解问题的推理步骤：

（1）把问题的已知条件表示成一组子句或子句集。

（2）把问题要求证的目标表示成一个子句，然后在该目标子句前加一否定符号"¬"。

（3）把上述加了"¬"符号的目标子句与已知条件子句集一起进行消解推理。

（4）如果推理中出现矛盾，即得到空子句，则证明了加了"¬"符号的目标子句是不可满足的，也就是说原目标子句必然是正确的，即证明了原目标子句是永真的。

注意 若问题要求证的目标有多个，则必须把它们分别表示为一个个的独立子句。这时，只能对每个目标子句分别予以反演消解证明。

4.4 规 则 演 绎

基于规则的演绎推理又称与/或形演绎推理。与之前讨论的消解演绎推理不同的是：不必再把有关知识转化为子句集，只需要把已知事实分别用蕴涵式及与/或形公式表示出来，再通过运用蕴涵式特性进行演绎推理以求证目标公式。按照其控制方向，基于规则的演绎推理又可分为正向、逆向和双向三种演绎形式。下面分别进行简单介绍。

4.4.1 基于规则的正向演绎推理

1. 与/或形变换及树形图表示

为了便于完成基于规则的正向演绎推理,首先将事实表示为谓词公式,并且设法通过与/或形变换,消去蕴涵符号,只在公式中保留否定、合取、析取符号,使该谓词表达式变换为标准的与/或形式公式。例如,蕴涵连接词用等值变换消去,使否定符号只作用到单个谓词,消去存在量词和全称量词等。

2. 正向演绎推理的 F 规则及其标准化处理

所谓 F 规则,即正向演绎推理规则,表示为

$$F: L \to W$$

式中,L 为规则的前件,必须为单文字;W 为规则的后件,可以是任意的与/或形公式。将任意公式变换为符合 F 规则定义的标准的蕴涵形式,称 F 规则标准化。其目的就是为了便于实施正向演绎推理。要对公式实施 F 规则标准,其一般步骤如下:

(1)暂时取消蕴涵符号。

(2)缩小否定符号辖域,把否定符"¬"运算直接移到具体文字前。

(3)可通过引入 Skolem 函数使变量标准化。

(4)化为前束式,并隐去全称量词。

(5)变换为标准 F 规则。

3. 规则正向演绎推理过程

基于 F 规则的正向演绎推理过程为:

(1)必须把待证明的目标公式写成或转化为只有析取连接的公式;将事实公式变换为标准与/或形公式,画出事实与/或图。

(2)将所有正向推理规则变换为标准 F 规则。

(3)对与/或图的叶节点,搜索匹配的 F 规则,并把已经匹配的规则的后件添加到与/或图中。

(4)检查目标公式的所有文字是否全部出现在与/或图上,如果全部出现,则原命题(目标公式)得证。

注意 按照 F 规则进行事实匹配方法是:如果在系统规则库中找到某 F 规则 $L \to W$,并且其前件文字 L 恰好同与/或图中的某个叶节点的文字相同,则确定这条规则与该叶节点匹配。可把这条规则的前件加入事实与/或图,并在与其匹配的叶节点之间画双箭头作为匹配标记。同理,分解 F 规则的后件 W,直到单个文字;将已经匹配的 F 规则的后件 W,加入到与/或图中。

4.4.2 基于规则的逆向演绎推理

所谓基于规则的逆向演绎推理,是从目标公式出发,逆向使用推理标准 B 规则的匹配,直到找出目标公式成立的已知事实依据条件时为止。

因此,首先要将目标公式转换为标准与/或形公式,方法与规则正向演绎推理的事实表达式化为与/或形相同。

类似规则正向演绎推理中事实表达式的树形与/或图表示,这里也用树形与/或图来表示标准与/或形目标公式。与事实与/或图不同的是,这里规定用连接弧线标记目标公式与/或图中合取节点关系。

逆向演绎推理使用的标准 B 规则,表示为

$$B : W \rightarrow L$$

式中,规则的前件 W 可为任意的与/或形公式;而规则的后件 L,必须为单文字或单文字的合取。

当规则后件 L 为多个单文字合取时,比如 $W \rightarrow (L_1 \wedge L_2 \wedge \cdots \wedge L_k)$,可以转换为 K 个单文字后件的 B 规则,即 $W \rightarrow L_1$,$W \rightarrow L_2$,$\cdots$,$W \rightarrow L_k$。

B 规则标准化过程和 F 规则标准化过程类似,即:

①暂时消去蕴涵符号;

②缩小否定符号辖域;

③引入 Skolem 函数,使变量标准化;

④前束化并隐去全称量词;

⑤恢复蕴涵而变换为标准 B 规则等。

寻找 B 规则匹配的过程中,注意寻找每个单文字后件与相应叶节点的匹配,若找到了匹配,则需要用匹配线标记匹配;匹配过程中有时需要进行置换、合一,要标出相应的置换关系;注意按前述相同方法拆分 B 规则的前件表达式,直到是单文字等。

总之,规则逆向演绎推理基本过程为:

(1)将目标公式化为标准与/或形式,画出相应的目标与/或图。

(2)将所有逆向推理规则变换为标准的 B 规则。

(3)按先事实、再规则的顺序,对于目标与/或图,若找到了事实匹配,做相应标记:若找到 B 规则匹配,则把此 B 规则添加到目标与/或图中,做相应的匹配标记。

(4)检查目标与/或图,如果所有叶节点都匹配到事实文字,则目标公式得到证明。至此,规则逆向演绎推理证明过程结束。

4.4.3 规则双向演绎推理

如果一个系统给出了事实表达式,同时所给出的规则既有 F 规则,又有 B 规则,并给出了系统要证明的目标公式,这时仅仅单纯使用 F 规则的正向演绎推理,或仅使用 B 规则的逆向演绎推理,都将在证明中遇到难以克服的困难,因此该系统应该采用基于规则的双向演绎推理来解决。

所谓双向演绎推理,即在从基于事实的 F 规则正向推理出发的同时,从基于目标的 B 规则逆向推理出发,同时进行双向演绎推理。

双向演绎推理终止的条件:必须使得正向推理和逆向推理互相完全匹配。即所有得到的正向推理与/或图的叶节点,正好与逆向推理得到的与/或图的叶节点一一对应匹配。

第5章　不确定性推理

5.1　相 关 概 念

由于客观世界的复杂性、多变性和人类自身认识的局限性、主观性,我们所获得、所处理的信息和知识中,往往含有不肯定、不准确、不完全甚至不一致的成分。这就是所谓的不确定性。

事实上,不确定性大量存在于我们所处的信息环境中,例如人的日常语言中就几乎处处含有不确定性(瞧! 这句话本身就含有不确定性:什么叫"几乎"?)。不确定性也大量存在于我们的知识特别是经验性知识之中。所以,要实现人工智能,不确定性是无法回避的。人工智能必须研究不确定性,研究它们的表示和处理技术。事实上,关于不确定性的处理技术,对于人工智能的诸多领域,如专家系统、自然语言理解、控制和决策、智能机器人等,都尤为重要。

5.1.1　不确定性的类型

不确定性按性质划分,大致可分为随机性、模糊性、不完全性和不一致性等几种类型。

1. 随机性

随机性即指一个命题(亦即所表示的事件)的真实性不能完全肯定,而只能对其为真的可能性给出某种估计。例如:

(1)如果乌云密布并且电闪雷鸣,则很可能要下暴雨。

(2)如果头痛发烧,则大概是患了感冒。

就是两个含有随机不确定性的命题。当然,它们描述的是人们的经验性知识。

2. 模糊性

模糊性就是一个命题中所出现的某些言词,从概念上讲,无明确的内涵和外延,即是模糊不清的。例如:

(1)小王是个高个子。

(2)张三和李四是好朋友。

(3)如果向左转,则身体就向左稍倾。

这几个命题中就含有模糊不确定性,因为其中的"高""好朋友""稍倾"等都是模糊概念。

3. 不完全性

不完全性就是对某事物来说,关于它的信息或知识还不全面、不完整、不充分。例如,在破案的过程中,警方所掌握的关于罪犯的信息,往往就是不完全的。但就是在这种情况下,办案人员仍能通过分析、推理等手段而最终破案。

4. 不一致性

不一致性就是在推理过程中发生了前后不相容的结论,或者随着时间的推移或者范围的扩大,原来一些成立的命题变得不成立、不适合了。例如,牛顿定律对于宏观世界是正确的,但对于微观世界却是不适合的。

5.1.2 不确定性知识的表示

不确定性知识的表示,关键是如何把不确定性用量化的方法加以描述,而其余部分的表示模式与前面介绍的(确定性)知识表示方法基本相同。对于不同的不确定性,人们提出了不同的描述方法。接下来主要介绍随机性知识和模糊性知识的表示方法,对于不完全性知识和不一致性知识的表示,简单介绍几种非标准逻辑。

1. 随机性知识的表示

我们只讨论随机性产生式规则的表示。对于随机不确定性,一般采用信度(或称可信度)来刻画。一个命题的信度是指该命题为真的可信程度。例如:

(这场球赛甲队取胜,0.9)

这里的"0.9"就是命题"这场球赛甲队取胜"的可信度。它表示"这场球赛甲队取胜"这个命题为真(即这个事件发生)的可能性程度是0.9。

随机性产生式的一般表示形式为

$$A \rightarrow B(C(A \rightarrow B)) \qquad (5-1)$$

或者

$$A \rightarrow (B, C(B \mid A)) \qquad (5-2)$$

其中,$(C(A \rightarrow B))$表示规则 $A \rightarrow B$ 为真的信度,而 $C(B \mid A)$ 表示规则的结论 B 在前提 A 为真的情况下为真的信度。例如,对于前面提到的两个随机性命题,其随机性可以用信度来表示。

若信度采用式(5-1),则可表示为

如果乌云密布并且电闪雷鸣,则天要下暴雨;(0.95)。

如果头痛发烧,则患了感冒;(0.8)。

这里的"0.95"和"0.8"就是对应规则的信度,它们代替了原命题中的"很可能"和"大概"。

若信度采用式(5-2),则可表示为

如果乌云密布并且电闪雷鸣,则天要下暴雨;(0.95)。

如果头痛发烧,则患了感冒;(0.8)。

这里的"0.95"和"0.8"就是对应规则结论的信度,它们仍然代替了原命题中的"很可能"和"大概"。

可以看出,上面的两种信度虽然都是信度,但它们的含义是不一样的。正因为如此,这两种信度在推理时的计算方法也就并不相同。至于对同一条规则究竟采用何种信度,这要具体问题具体分析。

我们认为信度一般是基于概率的一种度量,或者干脆就以概率作为信度,即把信度解释为命题为真(即事件发生)的可能性程度。例如,前面提到的两个信度就可以是概率,即

可取 $C(B \mid A) = P(B \mid A)$，$P(B \mid A)$ 表示 A 为真时 B 为真的条件概率。

信度也可以是基于概率的某种度量。例如，在著名的专家系统 $MYCIN$ 中，其规则 $E \rightarrow H$ 中，结论 H 的信度就被定义为

$$CF(H,E) = \begin{cases} \dfrac{P(H \mid E) - P(H)}{1 - P(H)} & P(H \mid E) > P(H) \\ 0 & P(H \mid E) = P(H) \\ \dfrac{P(H) - P(H \mid E)}{P(H)} & P(H \mid E) < P(H) \end{cases}$$

其中，E 表示规则的前提，H 表示规则的结论，$P(H)$ 是 H 的先验概率，$P(H \mid E)$ 是 E 为真时 H 为真的条件概率，CF(certainty factor)为确定性因子，即可信度。

由此定义，可以求得 CF 的取值范围为 $[-1,1]$。$CF = 1$，表示 H 肯定为真；$CF = -1$，表示 H 肯定为假；$CF = 0$，表示 E 与 H 无关。

CF 是由信任增长度 MB 和不信任增长度 MD 相减得来的。即

$$CF(H,E) = MB(H,E) - MD(H,E)$$

而

$$MB(H,E) = \begin{cases} 1 & P(H) = 1 \\ \dfrac{\max \{ P(H \mid E), P(H) \} - P(H)}{1 - P(H)} & P(H) \neq 1 \end{cases}$$

$$MD(H,E) = \begin{cases} 1 & P(H) = 0 \\ \dfrac{\min \{ P(H \mid E), P(H) \} - P(H)}{- P(H)} & P(H) \neq 0 \end{cases}$$

$MB(H,E) > 0$，表示由于证据 E 的出现增加了对 H 的信任程度；$MD(H,E) > 0$，表示由于证据 E 的出现增加了对 H 的不信任程度。对同一个证据 E，它不可能既增加对 H 的信任程度又增加对 H 的不信任程度，因此 $MB(H,E)$ 与 $MD(H,E)$ 是互斥的，即

当 $MB(H,E) > 0$ 时，$MD(H,E) = 0$。

当 $MD(H,E) > 0$ 时，$MB(H,E) = 0$。

前面的 CF 的表达式，正是利用这种关系通过 $MB(H,E)$，$MD(H,E)$ 的定义式推导出来的。

下面我们举一个用 CF 表示信度的实例。例如，在 MYCIN 中有这样一条规则：

如果该细菌的染色斑呈革兰氏阳性，且形状为球状，且生长结构为链形，则该细菌是链球菌(0.7)。这里的"0.7"就是规则结论的 CF 值。

最后需要说明的是，一个命题的信度可由有关统计规律、概率计算或由专家凭经验主观给出。

2. 模糊性知识的表示

"模糊"是人类感知万物，获取知识，思维推理，决策实施的重要特征。"模糊"比"清晰"所拥有的信息容量更大，内涵更丰富，更符合客观世界。为了用数学方法描述和处理自然界出现的不精确、不完整的信息，如人类语言信息和图像信息，1965 年，美国著名学者、加利福尼亚大学教授扎德(L. A. Zadeh)发表了论文"Fuzzy Set"，首先提出了模糊理论。

在模糊理论被提出的年代，由于科学技术尤其是计算机技术发展的限制，以及科技界对"模糊"含义的误解，使得模糊理论没有得到应有的发展。从 1965 年到 20 世纪 80 年代，在美国、中国、日本和欧洲等国家和地区，只有少数科学家研究模糊理论。虽然理论文章总

数高达五千篇左右,但实际应用却寥寥无几。

模糊理论成功的应用首先是在自动控制领域。1974 年,英国伦敦大学教授 Mamdani 首次将模糊理论应用于热电厂的蒸汽机控制,揭开了模糊理论在控制领域应用的新篇章,充分展示了模糊控制技术的应用前景。1976 年,Mamdani 又将模糊理论应用于水泥旋转炉的控制。在所有应用中,模糊控制在欧洲主要用于工业自动化,在美国主要用于军事领域。尽管在此之后的十多年内,模糊控制技术应用取得了很好的效果,但并没有取得根本上的突破。

到 20 世纪 80 年代,随着计算机技术的发展,日本科学家将模糊理论成功地应用于工业控制和消费品控制,在世界范围内掀起了模糊控制应用高潮。1983 年,日本 Fuji Electric 公司实现了饮水处理装置的模糊控制。1987 年,日本 Hitachi 公司研制出地铁的模糊控制系统。1987—1990 年在日本申报的模糊产品专利就达 319 种,分布在过程控制、汽车电子、图像识别/图像数据处理、测量技术/传感器、机器人、诊断、家用电器控制等领域。

目前,各种模糊产品充满了日本、西欧和美国市场,如模糊洗衣机、模糊吸尘器、模糊电冰箱和模糊摄像机等。各国都将模糊技术作为本国重点发展的关键技术。

模糊控制是以模糊数学为基础,运用语言规则表示方法和先进的计算机技术,由模糊推理进行决策的一种高级控制策略。它无疑属于智能控制范畴,而且发展至今已成为人工智能领域中的一个重要分支。

在日常生活中,人们往往用"较少""较多""小一些""很小"等模糊语言来进行控制。例如,当我们拧开水阀门向水桶放水时,有这样的经验:桶里没有水或水较少时,应开大水阀门;桶里的水比较多时,水阀门应拧小一些;水桶快满时应把水阀门拧很小;水桶里的水满时,应迅速关掉水阀门。

大多数的工业过程,参数时变呈现极强的非线性特性,一般很难建立数学模型,而常规控制一般都要求系统有精确的数学模型。所以,对于不确定性系统的控制,采用常规控制很难实现有效控制。模糊控制可以利用语言信息却不需要精确的数学模型,从而可以实现对不确定性系统较好的控制。模糊控制技术是由模糊数学、计算机科学、人工智能、知识工程等多门学科相互渗透的理论性很强的科学技术。

在人工智能领域里,特别是在知识表示方面,模糊逻辑有相当广阔的应用前景。目前在自动控制、模式识别、自然语言理解、机器人及专家系统研制等方面,应用模糊逻辑取得了一定的成果,引起了计算机科学界的越来越多的关注。

对于模糊不确定性,一般采用程度或集合来刻画。所谓程度就是一个命题中所描述的事物的属性、状态和关系等的强度。例如,我们用三元组(张三,体型,(胖,0.9))表示命题"张三比较胖",其中的"0.9"就代替"比较"而刻画了张三"胖"的程度。

这种程度表示法,一般是一种针对对象的表示法。其一般形式为

$$(<对象>,<属性>,(<属性值>,<程度>))$$

可以看出,它实际是通常的三元组(<对象>,<属性>,<属性值>)的细化,其中的<程度>一项是对前面属性值的精确刻画。事实上,这种思想和方法还可广泛用于产生式规则、谓词逻辑、框架、语义网络等多种知识表示方法中,从而扩充它们的表示范围和能力。

下面我们举例进行说明。

【例 5-1】 模糊规则

(患者,症状,(头疼,0.95))∧(患者,症状,(发烧,1.1))→(患者,疾病,(感冒,1.2))

可解释为:如果患者有些头疼并且发高烧,则他患了重感冒。

【例5-2】 模糊谓词

(1)1.0 白(雪)或白$_{1.0}$(雪)

表示:雪是白的。

(2)朋友$_{1.15}$(张三,李四)或1.15 朋友(张三,李四)

表示:张三和李四是好朋友。

【例5-3】 模糊框架

框架名:<大枣>

属性:(<干果>,0.8)

形状:(圆,0.7)

颜色:(红,1.0)

味道:(甘,1.1)

用途:食用

药用:用量:约五枚

用法:水煎服

注意:室温下半天内服完

其中的"约五枚"可用模糊数"5"表示。另外,"室温""半天"也都是模糊概念,也需要给出适当表示。还可看出,大枣对于干果的隶属度为0.8。

【例5-4】 模糊语义网示例如图5-1所示。

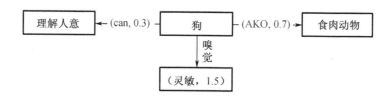

图5-1 模糊语义网示例

3.模糊集合与模糊逻辑

前面我们是从对象着眼来讨论模糊性知识的表示方法的。若从概念着眼,模糊性知识中的模糊概念则可用所谓的模糊集合来表示。

定义5.1 设 U 是一个论域,U 到区间$[0,1]$的一个映射

$$\mu:U\rightarrow[0,1]$$

就确定了 U 的一个模糊子集 $\underset{\sim}{A}$。映射 μ 被称为 $\underset{\sim}{A}$ 的隶属函数,记为 $\mu_{\underset{\sim}{A}}(u)$。对于任意的 $u\in U,\mu_{\underset{\sim}{A}}\in[0,1]$被称为 u 属于模糊子集 $\underset{\sim}{A}$ 的程度,简称隶属度。

论域 U 上的模糊集合 $\underset{\sim}{A}$,一般可记为

$$\underset{\sim}{A}=\left\{\mu_{\underset{\sim}{A}}(u_1)/u_1,\mu_{\underset{\sim}{A}}(u_2)/u_2,\mu_{\underset{\sim}{A}}(u_3)/u_3,\cdots\right\}$$

或

$$\underset{\sim}{A}=\mu_{\underset{\sim}{A}}(u_1)/u_1+\mu_{\underset{\sim}{A}}(u_2)/u_2+\mu_{\underset{\sim}{A}}(u_3)/u_3+\cdots$$

或

$$A = \int_{u \in U} \mu_A(u)/u$$

或

$$A = \{\mu_A(u_1), \mu_A(u_2), \mu_A(u_3), \cdots\}$$

对于有限论域 U,甚至也可表示成

$$A = (\mu_A(u_1), \mu_A(u_2), \mu_A(u_3), \cdots, \mu_A(u_n))$$

可以看出,对于模糊集,当 U 中的元素 u 的隶属度全为 0 时,则是一个空集;反之,当全为 1 时,就是全集 U;当仅取 0 和 1 时,是普通子集。这就是说,模糊子集实际是普通子集的推广,而普通子集就是模糊子集的特例。

可以看出,上面"大数的集合"和"小数的集合"实际上是用外延法描述了"大"和"小"两个模糊概念。这就是说,模糊集可作为模糊概念的数学模型。由定义,模糊集合完全由其隶属函数确定,即一个模糊集合与其隶属函数是等价的。所以,隶属函数也可作为模糊概念的数学模型。

【例 5 – 5】 设论域 $U = [1,200]$ 表示人的年龄区间,则模糊概念"年轻"和"年老"可分别定义如下:

$$\mu_{年轻}(u) = \begin{cases} 1 & 1 < u \leqslant 25 \\ \left[1 + \left(\dfrac{u-25}{5}\right)^2\right]^{-1} & 25 < u \leqslant 200 \end{cases}$$

$$\mu_{年老}(u) = \begin{cases} 0 & 1 < u \leqslant 50 \\ \left[1 + \left(\dfrac{u-50}{5}\right)^2\right]^{-1} & 50 < u \leqslant 200 \end{cases}$$

隶属函数一般由人们主观给出,也可以利用某种算式而求得。特别值得指出的是,隶属函数也可利用人工神经元网络的学习而得到。

除了有些性质概念是模糊概念外,还存在不少模糊的关系概念。如"远大于""基本相同""好朋友"等就是一些模糊关系。模糊关系也可以用模糊集合表示。下面我们就用模糊子集定义模糊关系。

定义 5.2 集合 $U_1, U_2, \cdots, U_n$ 的笛卡儿积集 $U_1 \times U_2 \times \cdots \times U_n$ 的一个模糊子集 R,称 $U_1, U_2, \cdots, U_n$ 间的一个 n 元模糊关系。特别地,U^n 的一个模糊子集被称为 U 上的一个 n 元模糊关系。

与普通集合一样,也可定义模糊集合的交、并、补运算。

定义 5.3 设 A 和 B 是 X 的模糊子集,A 和 B 的交集 $A \cap B$、并集 $A \cup B$ 和补集 A',分别由下面的隶属函数确定:

$$\mu_{A \cap B}(x) = \min(\mu_A(x), \mu_B(x))$$
$$\mu_{A \cup B}(x) = \max(\mu_A(x), \mu_B(x))$$
$$\mu_{A'}(x) = 1 - \mu_A(x)$$

4. 模糊逻辑

模糊逻辑是研究模糊命题的逻辑。设 n 元谓词

$$P(x_1, x_2, \cdots, x_n)$$

表示一个模糊命题,其中谓词 P 是一个模糊概念。那么,定义这个模糊命题的真值为其中对象 $x_1, x_2, \cdots, x_n$ 对模糊集合 $\underset{\sim}{P}$ 的隶属度,即

$$T(\underset{\sim}{P}(x_1, x_2, \cdots, x_n)) = \mu_{\underset{\sim}{P}}(x_1, x_2, \cdots, x_n)$$

此式把模糊命题的真值定义为区间 $[0,1]$ 中的一个实数。那么,当一个命题的真值为 0 时,它就是假命题;为 1 时,它就是真命题;为 0 和 1 之间的某个值时,它就是有某种程度的真(又有某种程度的假)的模糊命题。

可以看出,上述定义的模糊命题的真值,实际是把一个命题内部的隶属度转化为整个命题的真实度。

在上述真值定义的基础上,我们再定义三种逻辑运算:

(1) $T(\underset{\sim}{P} \wedge \underset{\sim}{Q}) = \min(T(\underset{\sim}{P}), T(\underset{\sim}{Q}))$

(2) $T(\underset{\sim}{P} \vee \underset{\sim}{Q}) = 4(T(\underset{\sim}{P}), T(\underset{\sim}{Q}))$

(3) $T(\neg \underset{\sim}{P}) = 1 - T(\underset{\sim}{P})$

其中,P 和 Q 都是模糊命题。这三种逻辑运算被称为模糊逻辑运算。

那么,由这三种模糊逻辑运算所建立的逻辑系统就是所谓的模糊逻辑。可以看出,模糊逻辑是传统二值逻辑的一种推广。

5. 多值逻辑

人们通常所使用的逻辑是二值逻辑。即对一个命题来说,它必须是非真即假,反之亦然。但现实中一句话的真假却并非一定如此,可能是半真半假,或不真不假,或者真假一时还不能确定,等等。这样,仅靠二值逻辑有些事情就无法处理,有些推理就无法进行。于是,人们就提出了三值逻辑、四值逻辑、多值逻辑乃至无穷值逻辑。例如,上面的模糊逻辑就是一种无穷值逻辑。下面我们介绍一种三值逻辑,称之为 Kleene 三值逻辑。

在这种三值逻辑中,命题的真值,除了"真""假"外,还可以是"不能判定"。其逻辑运算定义如图 5-2 所示。

$\wedge$	T	F	U
T	T	F	U
F	F	F	F
U	U	F	U

$\vee$	T	F	U
T	T	T	T
F	T	F	U
U	T	U	U

P	$\neg P$
T	T
F	T
U	U

图 5-2 Kleene 三值逻辑的逻辑运算定义

其中的第三个真值 U 的语义为"不可判定",即不知道。显然,遵循这种逻辑,就可在证据不完全不充分的情况下进行推理。

除了上述的 Kleene 三值逻辑外,还有 Luckasiewicz 三值逻辑、Bochvar 三值逻辑、计算三值逻辑等。这些三值逻辑都是对第三个逻辑值赋予不同的语义而得到的。

6. 非单调逻辑

所谓"单调",是指一个逻辑系统中的定理随着推理的进行总是递增的。那么,非单调就是指逻辑系统中的定理随着推理的进行并非总是递增的,就是说也可能有时要减少。传统的逻辑系统都是单调逻辑。但事实上,现实世界却是非单调的。例如,人们在对某事物

的信息和知识不足的情况下,往往是先按假设或默认的情况进行处理,但后来发现得到了错误的或者矛盾的结果,则就又要撤销原来的假设以及由此得到的一切结论。这种例子不论在日常生活中还是在科学研究中都是屡见不鲜的。这就说明,人工智能系统中必须引入非单调逻辑。

在非单调逻辑中,由某假设出发进行的推理中一旦出现不一致,即出现与假设矛盾的命题,那么允许撤销原来的假设及由它推出的全部结论。基于非单调逻辑的推理称非单调逻辑推理,或非单调推理。

非单调推理至少适用于以下场合:

(1)在问题求解之前,因信息缺乏先做一些临时假设,而在问题求解过程中根据实际情况再对假设进行修正。

(2)非完全知识库。随着知识的不断获取,知识数目渐增,则可能出现非单调现象。例如,设初始知识库有规则:

$$\forall x (\mathrm{bird}(x) \rightarrow \mathrm{fly}(x))$$

即"所有的鸟都能飞"。后来得到了事实:

$$\mathrm{bird}(\mathrm{osrtich})$$

即"鸵鸟是一种鸟"。如果再将这条知识加入知识库就出现了矛盾,因为鸵鸟不会飞。这就需要对原来的知识进行修改。

(3)动态变化的知识库。常见的非单调推理有缺省推理和界限推理。由于篇幅有限,不对这两种推理进行详细介绍,有兴趣的读者可以参阅相关专著。

5.2　概率贝叶斯方法

5.2.1　简单贝叶斯推理

如果用 $P(A)$ 表示随机事件 A 发生的概率,即 $P(A)$ 表示了事件 A 发生的可能性大小。然而,$P(A)$ 的数值并不表示事件 A 一定发生或者一定不发生,即 $P(A)$ 表示事件 A 的发生具有了天然的不确定性。

定义 5.4　假设 A 与 B 是一个随机试验中的两个事件,如果在事件 B 已经发生的条件下,考虑事件 A 发生的概率,称事件 A 的条件概率,记为 $P(A|B)$。

定义 5.5　设事件 $A_1, A_2, \cdots, A_n$ 是彼此独立的事件,即两两互不兼容,$P(A_i) > 0 (i = 1, 2, \cdots, n)$,则事件 B 的发生可以用全概率公式来表示,即

$$P(B) = \sum_{i=1}^{n} P(A_i) P(B|A_i) \tag{5-3}$$

定理 5.1　若事件 $A_1, A_2, \cdots, A_n$ 是两两互不相容的独立事件,且 $P(A_i) > 0 (i = 1, 2, \cdots, n)$,则任何事件 A_i 在 B 亦发生的后验概率将满足如下 Bayes(贝叶斯)公式,即

$$P(A_i|B) = \frac{P(A_i) P(B|A_i)}{\sum\limits_{k=1}^{n} P(A_k) P(B|A_k)} (i = 1, 2, \cdots, n) \tag{5-4}$$

由全概率公式，又可得

$$P(A_i \mid B) = \frac{P(A_i)P(B \mid A_i)}{P(B)} \quad (i = 1, 2, \cdots, n) \tag{5-5}$$

式中，$P(A_i)$ 为事件 A_i 的先验概率；$P(B \mid A_i)$ 是在事件 A_i 发生的条件下的条件概率。该定理就是著名的 Bayes 定理。

【例 5-6】 设 A_1, A_2, A_3 分别为 3 种可能情况，且已知 $P(A_1) = 0.5, P(A_2) = 0.3,$ $P(A_3) = 0.4$，设在上述各个情况分别出现时，获取判据 C 将出现的条件概率如下：$P(C \mid A_1) = 0.4, P(C \mid A_2) = 0.5, P(C \mid A_3) = 0.3$。

请求解在条件 C 出现时，各个事实亦出现的可能性。

依据 Bayes 公式，则在条件 C 出现时，A_1 出现的可能性可推理计算如下：

$$P(A_1 \mid C) = \frac{P(A_1)P(C \mid A_1)}{\sum\limits_{k=1}^{3} P(A_k)P(C \mid A_k)} = \frac{0.5 \times 0.4}{0.5 \times 0.4 + 0.3 \times 0.5 + 0.4 \times 0.3} = 0.43$$

同理，可计算得到 $P(A_2 \mid C) = 0.32$；而 $P(A_3 \mid C) = 0.26$。

这个方法能够推广用于多个证据和多个结论的推理中：假设支持的证据分别为 $C_1,$ $C_2, \cdots, C_m$，结论为 $R_1, R_2, \cdots, R_n$，每个证据都在一定程度上支持所有结论，可以通过推广的公式来进行不确定性推理，即采用与上述类似的公式，分别计算它们各自的后验概率 $P(R_i \mid (C_1, C_2, \cdots, C_m))$ 即可。

5.2.2 主观贝叶斯方法

1976 年杜达（R. O. Duda）和哈特（P. E. Hart）等人在 Bayes 公式的基础上经适当改进提出了主观 Bayes 方法，建立了相应的不确定性推理模型，并在地矿勘探专家系统 PROSPECTOR 中得到了成功的应用。

主观 Bayes 方法的主要优点如下：

（1）主观 Bayes 方法中的计算公式大多是在概率理论的基础上推导出来的，具有较坚实的理论基础。

（2）知识的静态强度 LS 及 LN 是由领域专家根据实践经验给出的，这就避免了大量的数据统计工作。另外，它既用 LS 指出了证据 E 对结论 H 的支持程度，即指出了 E 对 H 的充分性程度，又用 LN 指出了 E 对 H 的必要性程度，这就比较全面地反映了证据与结论间的因果关系，符合现实世界中某些领域的实际情况，使推出的结论比较准确。

（3）主观 Bayes 方法不仅给出了在证据肯定存在或肯定不存在情况下由 H 的先验概率更新为后验概率的方法，而且还给出了在证据不确定情况下更新先验概率为后验概率的方法。另外，由其推理过程可以看出，它确实实现了不确定性的逐级传递。因此，可以说主观 Bayes 方法是一种比较实用且较灵活的不确定性推理方法。

主观 Bayes 方法的主要缺点如下：

（1）它要求领域专家在给出知识时，同时给出先验概率 $P(H)$，这是比较困难的；

（2）Bayes 定理中关于事件独立性的要求使主观 Bayes 方法的应用受到了限制。

1. 知识不确定性的表示

在主观 Bayes 方法中,知识是用产生式规则表示的,具体形式为:

$$IF \quad E \quad THEN(LS,LN) \quad H(P(H))$$

其中:

(1) E 是该知识的前提条件。它既可以是一个简单条件,也可以是复合条件。

(2) H 是结论。$P(H)$ 是 H 的先验概率,它指出在没有任何证据的情况下结论 H 为真的概率,即 H 的一般可能性。其值由领域专家根据以往的实践及经验给出。

(3) (LS,LN) 为规则强度。其值由领域专家给出。LS,LN 相当于知识的静态强度。其中,LS 为规则成立的充分性度量,用于指出 E 对 H 的支持程度,取值范围为 $[0, +\infty]$,其定义为

$$LS = \frac{P(E|H)}{P(E|\neg H)} \tag{5-6}$$

LN 为规则成立的必要性度量,用于指出 $\neg E$ 对 H 的支持程度,即 E 对 H 为真的必要性程度,取值范围为 $[0, +\infty]$,其定义为

$$LN = \frac{P(\neg E|H)}{P(\neg E|\neg H)} = \frac{1-P(E|H)}{1-P(E|\neg H)} \tag{5-7}$$

(LS,LN) 既考虑了证据 E 的出现对其结论 H 的支持,又考虑了证据 E 的不出现对其结论 H 的影响。

2. 证据不确定性的表示

在主观 Bayes 方法中,证据的不确定性也是用概率表示的。例如,对于初始证据 E,由用户根据观察 S 给出概率 $P(E|S)$。它相当于动态强度。但由于 $P(E|S)$ 不太直观,因而在具体的应用系统中往往采用符合一般经验的比较直观的方法,如在地矿勘探专家系统 PROSPECTOR 中就引入了可信度的概念,让用户在 -5 至 5 之间的 11 个整数中根据实际情况选一个数作为初始证据的可信度,表示其对所提供的证据可以相信的程度,然后再从可信度 $C(E|S)$ 计算出概率 $P(E|S)$。

可信度 $C(E|S)$ 与概率 $P(E|S)$ 的对应关系如下:

$C(E|S) = -5$,表示在观察 S 下证据 E 肯定不存在,即 $P(E|S) = 0$。

$C(E|S) = 0$,表示观察 S 与证据 E 无关,应该仍然是先验概率,即 $P(E|S) = P(E)$。

$C(E|S) = 5$,表示在观察 S 下证据 E 肯定存在,即 $P(E|S) = 1$。

$C(E|S)$ 为其他数时,与 $P(E|S)$ 的对应关系则通过对上述三点进行分段线性插值得到。$C(E|S)$ 与 $P(E|S)$ 的关系式:

$$P(E|S) = \begin{cases} \dfrac{C(E|S) + P(E) \times (5 - C(E|S))}{5} & 0 \leqslant C(E|S) \leqslant 5 \\[3mm] \dfrac{P(E) \times (5 + C(E|S))}{5} & -5 \leqslant C(E|S) \leqslant 0 \end{cases}$$

这样,用户只要对初始证据给出相应的可信度 $C(E|S)$,就可由上式将它转换为相应的概率 $P(E|S)$。

3. 组合证据不确定性的算法

当组合证据是多个单一证据的合取时,即

$$E = E_1 \, AND \, E_2 \, AND \, \cdots \, AND \, E_n$$

则组合证据的概率取各个单一证据的概率的最小值,即

$$P(E \mid S) = \min \{ P(E_1 \mid S), P(E_2 \mid S), \cdots, P(E_n \mid S) \}$$

当组合证据是多个单一证据的析取时,即

$$E = E_1 OR E_2 OR \cdots OR E_n$$

则组合证据的概率取各个单一证据的概率的最大值,即

$$P(E \mid S) = \max \{ P(E_1 \mid S), P(E_2 \mid S), \cdots, P(E_n \mid S) \}$$

对于"非"运算,则用下式计算:

$$P(\neg E \mid S) = 1 - P(E \mid S)$$

4. 不确定性的传递算法

在主观 Bayes 方法的表示中,$P(H)$ 是专家对结论 H 给出的先验概率,它是在没有考虑任何证据的情况下根据经验给出的。随着新证据的获得,对 H 的信任程度应该有所改变。主观 Bayes 方法推理的任务就是根据证据 E 的概率 $P(E)$ 及 LS, LN 的值,把 H 的先验概率 $P(H)$ 更新为后验概率 $P(H \mid E)$ 或 $P(H \mid \neg E)$。即

$$P(H) \xrightarrow{P(E), LS, LN} P(H \mid S) \text{ 或 } P(H \mid \neg E)$$

由于一条知识所对应的证据可能是肯定存在的,也可能是肯定不存在的,或者是不确定的,而且在不同情况下确定后验概率的方法不同,所以下面分别进行讨论。

(1)证据肯定存在的情况

当证据肯定存在时,$P(E) = P(E \mid S) = 1$。

由 Bayes 公式可得,证据 E 成立的情况下,结论 H 成立的概率为

$$P(H \mid S) = P(E \mid H) \times P(H) / P(E) \tag{5-8}$$

同理,证据 E 成立的情况下,结论 H 不成立的概率为

$$P(\neg H \mid E) = P(E \mid \neg H) \times P(\neg H) / P(E) \tag{5-9}$$

用式(5-8)除以式(5-9),可得

$$\frac{P(H \mid E)}{P(\neg H \mid E)} = \frac{P(E \mid H)}{P(E \mid \neg H)} \times \frac{P(H)}{P(\neg H)} \tag{5-10}$$

为简洁起见,引入几率(odds)函数 $O(x)$,它与概率函数 $P(x)$ 的关系为

$$O(x) = \frac{P(x)}{P(\neg x)} = \frac{P(x)}{1 - P(x)} \tag{5-11}$$

或者

$$P(x) = \frac{O(x)}{1 + O(x)}$$

概率和几率的取值范围是不同的,概率函数 $P(x) \in [0, 1]$,几率函数 $O(x) \in [0, \infty)$。显然,$P(x)$ 与 $O(x)$ 有相同的单调性,若 $P(x_1) < P(x_2)$,则 $O(x_1) < O(x_2)$,反之亦然。可见,虽然几率函数和概率函数有着不同的形式,但一样可以表示证据的不确定性。它们的变化趋势是相同的,当 A 为真的程度越大时,几率函数的值也越大。

由 LS 的定义式(5-6),以及概率与几率的关系式(5-11),可将式(5-10)写为 Bayes 修正公式:

$$O(H \mid E) = LS \times O(H) \tag{5-12}$$

这就是当证据肯定存在时,把先验几率(prior odds)$O(H)$ 更新为后验几率(posterior odds)$O(H \mid E)$ 的计算公式。如果用式(5-11)把几率换成概率,就可得到

$$P(H \mid E) = \frac{LS \times P(H)}{(LS - 1) \times P(H) + 1} \tag{5-13}$$

这是把先验概率 $P(H)$ 更新为后验概率 $P(H|E)$ 的计算公式。

由以上讨论可以看出规则成立的充分性度量 LS 的意义：

①当 $LS > 1$ 时，由式(5 - 12)可得

$$O(H|E) > O(H)$$

由 $P(x)$ 与 $O(x)$ 具有相同的单调性，可知

$$P(H|E) > P(H)$$

这表明，当 $LS > 1$ 时，由于证据 E 的存在，将增大结论 H 为真的概率，而且 LS 越大，$P(H|E)$ 就越大，即 E 对 H 为真的支持越强。当 $LS \to \infty$ 时，$O(H|E) \to \infty$，即 $P(H|E) \to 1$，表明由于证据 E 的存在，将导致 H 为真。由此可见，E 的存在对 H 为真是充分的，故称 LS 为规则成立的充分性度量。

②当 $LS = 1$ 时，由式(5 - 12)可得

$$O(H|E) = O(H)$$

这表明 E 与 H 无关。

③当 $LS < 1$ 时，由式(5 - 12)可得

$$O(H|E) < O(H)$$

这表明，由于证据 E 的存在，将使 H 为真的可能性下降。

④当 $LS = 0$ 时，由式(5 - 12)可得

$$O(H|E) = 0$$

这表明，由于证据 E 的存在，将使 H 为假。

上述关于 LS 的讨论可作为领域专家为 LS 赋值的依据。当证据 E 愈是支持 H 为真时，应使相应 LS 的值愈大。

(2)证据肯定不存在的情况

当证据肯定不存在时，$P(E) = P(E|S) = 0, P(\neg E) = 1$。

由于

$$P(H|\neg E) = P(\neg E|H) \times P(H)/P(\neg E)$$

$$P(\neg H|\neg E) = P(\neg E/\neg H) \times P(\neg H)/P(\neg E)$$

两式相除得到

$$\frac{P(H|\neg E)}{P(\neg H|\neg E)} = \frac{P(\neg E|H)}{P(\neg E|\neg H)} \times \frac{P(H)}{P(\neg H)}$$

由 LN 的定义式(5 - 7)，以及概率与几率的关系式(5 - 11)，可将上式写为 Bayes 修正公式

$$O(H|\neg E) = LN \times O(H) \tag{5 - 14}$$

这就是当证据 E 肯定不存在时，把先验几率 $O(H)$ 更新为后验几率 $O(H|\neg E)$ 的计算公式。如果用式(5 - 11)把几率换成概率，就可得到

$$P(H|\neg E) = \frac{LN \times P(H)}{(LN - 1) \times P(H) + 1} \tag{5 - 15}$$

这是把先验概率 $P(H)$ 更新为后验概率 $P(H|\neg E)$ 的计算公式。

由以上讨论可以看出规则成立的必要性度量 LN 的意义：

①当 $LN > 1$ 时，由式(5 - 14)可得

$$O(H|\neg E) > O(H)$$

由 $P(x)$ 与 $O(x)$ 具有相同的单调性,可知

$$P(H|\neg E) > P(H)$$

这表明,当 $LN > 1$ 时,由于证据 E 不存在,将增大结论 H 为真的概率,而且 LN 越大,$P(H|\neg E)$ 就越大,即 $\neg E$ 对 H 为真的支持越强。当 $LN \to \infty$ 时,$O(H|\neg E) \to \infty$,即 $P(H|\neg E) \to 1$,表明由于证据 E 不存在,将导致 H 为真。

②当 $LN = 1$ 时,由式(5-14)可得

$$O(H|\neg E) = O(H)$$

这表明 $\neg E$ 与 H 无关。

③当 $LN < 1$ 时,式(5-14)可得

$$O(H|\neg E) < O(H)$$

这表明,由于证据 E 不存在,将使 H 为真的可能性下降,或者说由于证据 E 不存在,将反对 H 为真。由此可以看出 E 对 H 为真的必要性。

④当 $LN = 0$ 时,由式(5-14)可得

$$O(H|\neg E) = 0$$

这表明,由于证据 E 不存在,将导致 H 为假。由此也可以看出 E 对 H 为真的必要性,故称 LN 为规则成立的必要性度量。

依据上述讨论,领域专家可为 LN 赋值,若证据 E 对 H 愈是必要,则相应 LN 的值愈小。

另外,由于 E 和 $\neg E$ 不可能同时支持 H 或同时反对 H,所以在一条知识中的 LS 和 LN 一般不应该出现如下情况中的任何一种:

①$LS > 1,LN > 1$。

②$LS < 1,LN < 1$。

只有如下三种情况存在:

①$LS > 1$ 且 $LN < 1$。

②$LS < 1$ 且 $LN > 1$。

③$LS = LN = 1$。

【例 5-7】 设有如下知识:

$R_1:$ IF E_1 THEN$(10,1)H_1(0.03)$

$R_2:$ IF E_2 THEN$(20,1)H_2(0.05)$

$R_3:$ IF E_3 THEN$(1,0.002)H_3(0.3)$

求:当证据 E_1,E_2,E_3 存在及不存在时,$P(H_i|E_i)$ 及 $P(H_i|\neg E_i)$ 的值各是多少?

解 由于 R_1 和 R_2 中的 $LN = 1$,所以 E_1 与 E_2 不存在时对 H_1 和 H_2 不产生影响,即不需要计算 $P(H_1|\neg E_1)$ 和 $P(H_2|\neg E_2)$;因它们的 $LS > 1$,所以在 E_1 与 E_2 存在时需要计算 $P(H_1|E_1)$ 和 $P(H_2|E_2)$。由式(5-13)可计算 $P(H_1|E_1)$ 和 $P(H_2|E_2)$。

后验概率:

$$P(H_1|E_1) = \frac{LS_1 \times P(H_1)}{(LS_1 - 1) \times P(H_1) + 1}$$
$$= \frac{10 \times 0.03}{(10-1) \times 0.03 + 1}$$
$$= 0.24$$
$$\frac{P(H_1|E_1)}{P(H_1)} = \frac{0.24}{0.03} = 8$$

$$P(H_2 \mid E_2) = \frac{LS_2 \times P(H_2)}{(LS_2 - 1) \times P(H_2) + 1}$$

$$= \frac{20 \times 0.05}{(20 - 1) \times 0.05 + 1}$$

$$= 0.51$$

$$\frac{P(H_2 \mid E_2)}{P(H_2)} = \frac{0.51}{0.05} = 10.2$$

由此可以看出,由于 E_1 的存在使 H_1 为真的可能性比先验概率增加了7倍;由于 E_2 的存在使 H_2 为真的可能性增加了9倍多。

对于 R_3,由于 $LS = 1$,所以 E_3 的存在对 H_3 无影响,不需要计算 $P(H_3 \mid E_3)$,但它的 $LN <$ 1,所以当 E_3 不存在时需计算 $P(H_3 \mid \neg E_3)$。

由公式(5-15)可计算 $P(H_3 \mid \neg E_3)$:

$$P(H_3 \mid \neg E_3) = \frac{LN_3 \times P(H_3)}{(LN_3 - 1) \times P(H_3) + 1}$$

$$= \frac{0.002 \times 0.3}{(0.002 - 1) \times 0.3 + 1}$$

$$= 0.00086$$

$$\frac{P(H_3)}{P(H_3 \mid E_3)} \approx 350$$

由此可以看出,由于 E_3 不存在,使 H_3 为真的可能性削弱了近350倍。

【例5-8】 设有如下知识:

R_1: $E_1 \rightarrow H$ $LS_1 = 20$ $LN_1 = 1$

R_2: $E_2 \rightarrow H$ $LS_2 = 300$ $LN_2 = 1$

$P(H) = 0.03$

若 E_1, E_2 依次出现,求 $P(H \mid E_1, E_2)$ 的值。

解

$$P(H \mid E_1) = \frac{LS_1 \times P(H)}{(LS_1 - 1) \times P(H) + 1}$$

$$= \frac{20 \times 0.03}{(20 - 1) \times 0.03 + 1}$$

$$= 0.382$$

$$P(H \mid E_1, E_2) = \frac{LS_2 \times P(H \mid E_1)}{(LS_2 - 1) \times P(H \mid E_1) + 1}$$

$$= \frac{300 \times 0.382}{(300 - 1) \times 0.382 + 1}$$

$$= 0.9946$$

(3)证据不确定的情况

上面讨论了在证据肯定存在和肯定不存在的情况下把 H 的先验概率更新为后验概率的方法。在现实中,这种证据肯定存在和肯定不存在的极端情况是不多的,更多的是介于两者之间的不确定的情况。这是因为,对初始证据来说,由于客观事物或现象是不精确的,所以用户所提供的证据是不确定的;另外,一条知识的证据往往来源于由另一条知识推出

的结论,一般也具有某种程度的不确定性。例如,用户告知只有60%的概率说明证据E是真的,这就表示初始证据E为真的程度为0.6,即$P(E|S) = 0.6$,这里S是对E的有关观察。现在要在$0 < P(E|S) < 1$的情况下确定H的后验概率$P(H|S)$。

在证据不确定的情况下,不能再用上面的公式计算后验概率,而要用杜达等人在1976年证明了的如下公式:

$$P(H|S) = P(H|E) \times P(E|S) + P(H|\neg E) \times P(\neg E|S) \quad (5-16)$$

下面分四种情况讨论这个公式。

① $P(E|S) = 1$

当$P(E|S) = 1$时,$P(\neg E|S) = 0$。此时式(5-16)变为

$$P(H|S) = P(H|E) = \frac{LS \times P(H)}{(LS-1) \times P(H) + 1}$$

这就是证据肯定存在的情况。

② $P(E|S) = 0$

当$P(E|S) = 0$时,$P(\neg E|S) = 1$。此时式(5-16)变为

$$P(H|S) = P(H|\neg E) = \frac{LN \times P(H)}{(LN-1) \times P(H) + 1}$$

这就是证据肯定不存在的情况。

③ $P(E|S) = P(E)$

当$P(E|S) = P(E)$时,表示E与S无关。利用全概率公式

$$P(B) = \sum_{i=1}^{n} P(A_i) P(B|A_i)$$

可将式(5-16)变为

$$P(H|S) = P(H|E) \times P(E) + P(H|\neg E) \times P(\neg E) = P(H)$$

④ $P(E|S)$为其他值

当$P(E|S)$为其他值时,通过分段线性插值就可得到计算$P(H|S)$的公式:

$$P(H|S) = \begin{cases} P(H|\neg E) + \dfrac{P(H) - P(H|\neg E)}{P(E)} \times P(E|S) & 0 \leq P(E|S) < P(E) \\[3mm] P(H) + \dfrac{P(H|E) - P(H)}{1 - P(E)} \times [P(E|S) - P(E)] & P(E) \leq P(E|S) \leq 1 \end{cases}$$

该公式被称为EH公式或UED公式。

对于初始证据,由于其不确定性是用可信度$C(E|S)$给出的,此时只要把$P(E|S)$与$C(E|S)$的对应关系转换公式代入EH公式,就可得到用可信度$C(E|S)$计算$P(H|S)$的公式:

$$P(H|S) = \begin{cases} P(H|\neg E) + [P(H) - P(H|\neg E)] \times \left[\dfrac{1}{5} C(E|S) + 1\right] & C(E|S) \leq 0 \\[3mm] P(H) + [P(H|E) - P(H)] \times \dfrac{1}{5} C(E|S) & C(E|S) > 0 \end{cases}$$

该公式被称为CP公式。

这样,当用初始证据进行推理时,根据用户告知的$C(E|S)$,通过运用CP公式就可求出$P(H|S)$;当用推理过程中得到的中间结论作为证据进行推理时,通过运用EH公式就可求出$P(H|S)$。

5. 结论不确定性的合成算法

若有 n 条知识都支持相同的结论,而且每条知识的前提条件所对应的证据 $E_i (i = 1, 2, \cdots, n)$ 都有相应的观察 S_i 与之对应,则只要先对每条知识分别求出 $O(H | S_i)$,就可运用以下公式求出 $O(H | S_1, S_2, \cdots, S_n)$。

$$O(H | S_1, S_2, \cdots, S_n) = \frac{O(H | S_1)}{O(H)} \times \frac{O(H | S_2)}{O(H)} \times \cdots \times \frac{O(H | S_n)}{O(H)} \times O(H) \qquad (5-17)$$

为了熟悉主观 Bayes 方法的推理过程,下面给出一个例子。

【例 5 - 9】 设有如下知识:

$R_1 : IF \quad E_1 \quad THEN(2, 0.001) \quad H_1$

$R_2 : IF \quad E_2 \quad THEN(100, 0.001) \quad H_1$

$R_3 : IF \quad H_1 \quad THEN(200, 0.01) \quad H_2$

已知:$O(H_1) = 0.1, O(H_2) = 0.01, C(E_1 | S_1) = 2, C(E_2 | S_2) = 1$。

求 $O(H_2 | S_1, S_2)$。

解

$$P(H_1) = \frac{O(H_1)}{1 + O(H_1)}$$

$$= \frac{0.1}{1 + 0.1}$$

$$= 0.09$$

$$P(H_1 | E_1) = \frac{O(H_1 | E_1)}{1 + O(H_1 | E_1)}$$

$$= \frac{LS_1 \times O(H_1)}{1 + LS_1 \times O(H_1)}$$

$$= \frac{2 \times 0.1}{1 + 2 \times 0.1}$$

$$= 0.17$$

因为 $C(E_1 | S_1) = 2 > 0$,所以使用 CP 公式的下半段计算 $P(H_1 | S_1)$。

$$P(H_1 | S_1) = P(H_1) + [P(H_1 | E_1) - P(H_1)] \frac{1}{5} C(E_1 | S_1)$$

$$= 0.09 + (0.17 - 0.09) \times \frac{2}{5}$$

$$= 0.122$$

$$O(H_1 | S_1) = \frac{P(H_1 | S_1)}{-P(H_1 | S_1)}$$

$$= \frac{0.122}{1 - 0.122}$$

$$= 0.14$$

$$P(H_1 \mid E_2) = \frac{O(H_1 \mid E_2)}{1 + O(H_1 \mid E_2)}$$

$$= \frac{LS_2 \times O(H_1)}{1 + LS_2 \times O(H_1)}$$

$$= \frac{100 \times 0.1}{1 + 100 \times 0.1}$$

$$= 0.91$$

因为 $C(E_2 \mid S_2) = 1 > 0$，所以使用 CP 公式的下半段计算 $P(H_1 \mid S_2)$。

$$P(H_1 \mid S_2) = P(H_1) + [P(H_1 \mid E_2) - P(H_1)] \frac{1}{5} C(E_2 \mid S_2)$$

$$= 0.09 + (0.91 - 0.09) \times \frac{1}{5}$$

$$= 0.254$$

$$O(H_1 \mid S_2) = \frac{P(H_1 \mid S_2)}{1 - P(H_1 \mid S_2)}$$

$$= \frac{0.254}{1 - 0.254}$$

$$= 0.34$$

计算 $O(H_1 \mid S_1, S_2)$：

$$O(H_1 \mid S_1, S_2) = \frac{O(H_1 \mid S_1)}{O(H_1)} \cdot \frac{O(H_1 \mid S_2)}{O(H_1)} O(H_1)$$

$$= \frac{0.14}{0.1} \times \frac{0.34}{0.1} \times 0.1$$

$$= 0.476$$

计算 $P(H_2 \mid S_1, S_2)$ 及 $O(H_2 \mid S_1, S_2)$：

为了确定应用 EH 公式的哪一部分，需要判断 $P(H_1)$ 及 $P(H_1 \mid S_1, S_2)$ 的大小关系。

因为 $O(H_1 \mid S_1, S_2) = 0.476$，$O(H_1) = 0.1$，显然 $O(H_1 \mid S_1, S_2) > O(H_1)$，所以 $P(H_1 \mid S_1, S_2) > P(H_1)$，选用 EH 公式的下半段，即

$$P(H_2 \mid S_1, S_2) = P(H_2) + \frac{P(H_1 \mid S_1, S_2) - P(H_1)}{1 - P(H_1)} [P(H_2 \mid H_1) - P(H_2)]$$

因为

$$P(H_2) = \frac{O(H_2)}{1 + O(H_2)}$$

$$= \frac{0.01}{1 + 0.01}$$

$$= 0.01$$

$$P(H_1 \mid S_1, S_2) = \frac{O(H_1 \mid S_1, S_2)}{1 + O(H_1 \mid S_1, S_2)}$$

$$= \frac{0.476}{1 + 0.476}$$

$$= 0.32$$

$$P(H_2 \mid H_1) = \frac{O(H_2 \mid H_1)}{1 + O(H_2 \mid H_1)}$$

$$= \frac{LS_3 \times O(H_2)}{1 + LS_3 \times O(H_2)}$$

$$= \frac{200 \times 0.01}{1 + 200 \times 0.01}$$

$$= 0.67$$

可得

$$P(H_2 \mid S_1, S_2) = 0.01 + \frac{0.32 - 0.09}{1 - 0.09} \times (0.67 - 0.01)$$

$$= 0.175$$

所以

$$O(H_2 \mid S_1, S_2) = \frac{P(H_2 \mid S_1, S_2)}{1 - P(H_2 \mid S_1, S_2)}$$

$$= \frac{0.175}{1 - 0.175}$$

$$= 0.212$$

H_2 原先的几率是 0.01,通过运用知识 R_1, R_2, R_3 及初始证据的可信度 $C(E_1 \mid S_1)$ 和 $C(E_2 \mid S_2)$ 进行推理,最后算出 H_2 的后验几率是 0.212,相当于几率增加了 20 多倍。

5.3　非单调推理

5.3.1　单调推理与非单调推理

单调推理是指为真的语句的数目随时间而严格增加,新语句的加入、新定理的证明都不会引起已有语句或定理变成无效。谓词逻辑中的推理就是单调推理。

非单调推理是相对经典逻辑的单调性而言的,是指在系统中为真的语句数目并非随时间而严格增加,新加入的语句或定理可能引起已有语句或定理变成无效。默认推理、常识推理都是非单调推理。

就经典的一阶谓词逻辑来说,它的单调性表现为:若 A 和 B 都是系统内的公式,且 A 可推出 W,记作 $A \models W$,则 A 加上新知识 B 后仍可推出 W,记作 $A \cup B \models W$。这意味着新增加的信息并不影响原有推理的有效性。然而,非单调逻辑却认为,上述思想与实际情况并不符合,增加新知识恰恰可能导致原有逻辑结论有效性的改变。所谓"非单调性"说的正是这个意思。

我们需要非单调推理的主要原因是:

(1)由于缺乏完全的知识,只好对部分问题做暂时的假设,而这些假设可能是对的,也可能是错的。若是错了要能够在某一时刻得到修正,这就需要非单调推理。

(2)客观世界变化太快,某一时刻的知识不能持久使用,这也需要非单调推理来维护知识库的正确性。

非单调推理的实现是一项很困难的工作。其难点在于:每当从知识库中消除一个语句 A 时,则其中依赖于 A 而导出的定理 $B_1,B_2,\cdots,B_n$,均随之不成立,从而又引起一切依赖于 $B_i(i=1,2,\cdots,n)$ 而导出的定理 $C_1,C_2,\cdots,C_n$ 也不成立,如此连锁反应,可以导致整个系统发生非常大的变化。

如何保证系统不会将它的时间全部花在传递这种变化上是一个关键问题。面向从属关系的回溯是一种解决方法。

5.3.2 非单调推理系统

Doyle 的正确性维护系统 TMS 是一个已经实现了的非单调推理系统。它可以用于协助其他推理程序维持系统的正确性,所以它的作用不是生成新的定理,而是保持其他程序所产生的命题之间的相容性,从而保持知识的一致性。

1. TMS 的根据

人们的行为建立在当前信念集的基础上,而信念集是在不断非单调地修改着的。传统(单调)逻辑观念将每一个信念看成孤立的命题。信念之间是通过语义相联系的,而语义并不明显表示在系统中,TMS 试图将语义联系明显表示出来。

在单调系统中,控制问题,即下步做什么的问题并不是难点,因为增加推理规则和公理只是增加了可能的推理方法和路径的数目,而不用考虑要避免去做某些推理。非单调推理则必须考虑控制问题。TMS 把推理规则集表示成推理者自己的信念。这样控制问题就变成了:

"Look at yourself as an objects(as a set of beliefs),and choose what(new set of objects)you would like to become"

不论推理者的目的是什么,如求解问题、寻找答案、采取每个行动等,都是通过信念指导的,根据信念的要求去构造一个推理。所以,TMS 的作者认为思维的真正组成是当前的理由集合,任何信念都来自于一定的理由,信念绝不会独立存在。这也说明研究合理的思维和推理,应研究当前已证实了的信念和经过推理的论点,而不必管原来对问题的肯定或否定。

人类有时也存在脱离于理由的信念,TMS 不考虑这种情况。

2. 信念的状态

TMS 的一个命题 P 可取两种状态:

(1)P 处于 In 状态(in the current set of beliefs):若至少有一个当前可接受的理由,则说它是当前信念集中的一个成员;

(2)P 处于 Out 状态(out the current set of beliefs):若没有当前可接受的理由或存在理由,则说它不是当前信念集中的一个成员。

P 处于 In 状态为相信为真,P 处于 Out 状态为不相信为真。

3. TMS 信念的状态与多值逻辑的比较

二值逻辑以客观的真、假分为两类,它与信念无关。

三值逻辑:真,相信 P;假,相信 $\neg P$;未知,既不相信 P,也不相信 $\neg P$。

四值逻辑在以上三值的基础上再加上矛盾,即既相信 P,也相信 $\neg P$。

TMS 认为矛盾应作为一个状态,尽管这是暂时的,但对处理而言尚需一定时间,所以专门设有一个矛盾(contradictor)项。

4. TMS 中信念的表示方法

TMS 用节点表示信念,若该节点表示的信念为 In 状态,称其为 In 节点;若该节点表示的信念为 Out 状态,称其为 Out 节点。

每个节点都有一组论据,即信念的理由。信念的理由称证实(justification),由一组其他的信念组成。若这组理由每一个均有效,则它们所说明的信念也有效。这样,对理由的分析存在两种情况:

(1)在信念间循环论证,这是要消除的。

(2)存在一些基本类型的信念,这是证实其他信念的基础。

为此引入以下两个概念:

前提(premise):被信任,不需要任何理由。

假设(assumption):也属当前信念集中的一员,但它的理由依赖于当前信念集之外的信念。

默认推理就属于"假设"这一类的概念。

5. TMS 中的证实和推理

在 TMS 中,理由被表示成证实表的形式。证实表只在有效时才能起到证实的作用。TMS 采用两种证实表:支持表证实 SL(support-list justification)和条件证明的证实 CP(conditional-proof justification)

(1)支持表证实 SL

一个支持表证实 SL 的形式为

(SL(Inlist)(Outlist))

一个 SL 是有效的,当且仅当在检查时它的(Inlist)中各节点处于 In 状态,它的(Outlist)中各节点处于 Out 状态。

【例 5 - 10】 设有节点:

(1)现在是冬天(SL( )( ))

(2)天气是寒冷的(SL(1)(3))

(3)天气是温暖的

在这些节点中,节点(1)中 SL 证实两个表均为空,说明不需要证实就相信,所以节点(1)属"前提"这一类的信念,即为 In;节点(3)无任何证实(理由),因此节点(3)处于 Out 状态。

节点(2)的状态依赖于当前信念集以外的信念(即节点(3)),所以是属于"假设"这一类的信念。由于(1)为 In,(3)为 Out,所以(2)的 SL 有效,即(2)为 In,这与谓词逻辑有点相似。

在"假设"的 SL 证实中,Outlist 中的节点表示对被证实命题的否定。如例 5 - 10 中,节点(2)中的 Outlist 中的节点(3),说明了假设的特定条件。由此可见,"假设"一定具有非空的 Outlist。如果在特殊情况下有证实能够说明节点(3)有效,则(3)为 In,引起(2)变成 Out。TMS 就是以这种方式支持非单调推理的。

【例 5 - 11】 关于参加聚会有如下 TMS 节点:

(1)送鲜花(SL(2)(3))

(2)参加聚会

（3）宴会女主人对花过敏

这三个节点说明，参加聚会，如果没有说明女主人对花过敏，就给女主人送鲜花；如果知道女主人对花过敏，则节点（3）的状态为 In，此时，会引起节点（1）为 Out，那么该问题的结论是不给女主人送鲜花。至于这些节点和证实的产生，是由其他的问题求解程序负责完成的。TMS 只是当问题求解程序在新生成的信念与原有信念产生矛盾时才被调用。TMS 使用自己的非单调推理机制和面向从属关系的回溯去修改最小信念集，以消除矛盾。

（2）条件证明的证实 CP

条件证明的证实的形式为

（CP 结论（IN 假设）（OUT 假设））

也可记为

（CP C IH OH）

条件证明的证实的含义为：无论何时当 IH 表中的节点处于 IN 状态，且 OH 表中的节点处于 OUT 状态时，C 也为 IN 状态，则 CP 有效。

当 OH 为空时，CP 节点相当于谓词逻辑中的蕴涵。一般情况下，OH 为空，但也有极少情况会出现 OH 不为空的 CP 节点。

（3）CP 与 SL 的区别

SL 的有效性依赖于 Inlist 与 Outlist 中节点的当前状态，而 CP 的有效性与 IH 和 OH 中节点当前状态无关，因为它只是记录一个逻辑推导，推导本身的成立与 CP 中节点当前所处状态无关。那么，为什么需要 CP 节点呢？这可以通过下面的例子来说明。

【例 5 – 12】 一个制订计划的系统。

首先假设在星期三举行会议，得到下述节点：

（1）Day(meeting) = Wednesday(SL( )(2))

（2）Day(meeting) ≠ Wednesday

此时还不知是否有理由断定会议不能定在星期三。系统在经过某些推理后，得到了会议在某一天的具体时间，其理由是标号为 57,103,45 的节点所代表的命题，所以有节点：

（3）Time(meeting) = 14.00(SL(57,103,45)( ))

然后，系统又发现星期三下午两点不合适，于是产生节点：

（4）Contradiction(SL(1,3)( ))

这时要调用 TMS 来消除矛盾，TMS 用回溯机制产生一个不相容节点，来说明不相容的假设集，这个节点为

（5）Nogood(CP4(1,3)( ))

为了消除矛盾，TMS 从不相容集中选一个假设节点使其为 Out 消除矛盾。这里若要使（1）变成 Out，只要使（2）变 In 即可，于是有：

（1）Day(meeting) = Wednesday(SL( )(2))

（2）Day(meeting) ≠ Weclncsday(SL(5)( ))

（3）Time(meeting) = 14.00(SL(57,103,45)( ))

（4）Contradiction(SL(1,3)( ))

（5）Nogood(CP4(1,3)( ))

若（5）不使用 CP 而改为

（5）Nogood(SL(4)( ))

各节点状态将经历如下变化：

(2)→In = > (1)→Out = > (4)→Out = > (5)→Out = > (2)→Out = > (1)→In = > (4)→In 还是引起矛盾。而用(CP4(1,3)( ))就保证了(5)永远为 In,即(2)也为 In,(1)就永远为 Out。

用 TMS 来维护知识库,可以使知识库不至于把大量时间花在修改已过时的知识上。

6. 面向从属关系的回溯

非面向从属关系例 5 - 12 的回溯是指当产生矛盾时,不管前面所做的工作与矛盾是否有关系,一律取消重来。例如例 5 - 12 会议安排问题,当产生矛盾时就要整个从日期、时间上重新安排。

面向从属关系的回溯是指当产生矛盾时,只需要修改与矛盾有关的假设。

在 TMS 中利用了如下一些从属关系和术语:

(1)支持状态:指节点当前的状态。

(2)支持证实:TMS 从每个 In 节点 A 的证实集中挑出一个证实,以便构成对 A 的非循环证实,In 节点起证实作用,Out 节点不起证实作用。

(3)支持点:指 TMS 用来决定某一节点状态的节点集,不同的节点有不同的支持点。

①对 In 节点,支持点为它支持证实中一切 Inlist 和 Outlist 中的节点;

②对 Out 节点,TMS 从每个证实中的 Inlist 中挑出一个 Out 节点;

③对 SL 证实,挑出 Inlist 中的 Out 节点或 Outlist 中的 In 节点;

④对 CP 证实,挑出 IH 或 C 中的 Out 节点或 OH 中的 In 节点。

(4)前提(antecedents):对 In 节点的前提等于支持点,对 Out 节点无前提。

(5)基础(foundation):一个节点的基础是它的前提的传递闭包(repercussions),即节点的前提、前提的前提形成传递闭包。根据前提的定义,只有 In 节点才有基础。

(6)结论(consequences):一个节点 A 的结论集是一些节点的集合,它们的证实集中的一个证实含 A。

(7)受影响结论(affected-consequences):在 A 的结论中支持点中含 A 的点。

结论与受影响结论的区别:结论是指所有证实中有一证实含 A 节点,受影响结论是指真正起作用的证实中含 A。

(8)影响集:受影响结论的传递闭包。

7. 条件证明的判断

当 CP 节点的结论为 C,IH 假设、OH 假设分别为 In、Out,并且 Out 状态时,马上可判断 CP 为有效。当不具备这些条件时,如何判断 CP 的有效呢?

一种方法是改变 CP 中假设的支持状态和它们的影响集,以建立一个假设的情况。在这种情况下,再去查结论 C 是否为 In。但这样人为地改变 CP 中假设的支持状态和它们的影响集本身,又可能要求做进一步的 CP 检查,这样下去会使情况变得十分复杂。

TMS 采用的方法是近似算法:在 CP 节点上附一等价的 SL,无论何时要判断 CP 的有效性,只需根据等价的 SL 来决定。

下面要讨论一下等价的 SL 如何产生。

找出那些支持 CP 结论,但本身又不依赖 CP 的 IH 和 OH 的节点集 N,因为 IH 和 OH 总是假定分别为 In 和 Out 时再看结论成立与否,所以需要排除 IH 和 OH 中的节点。这等于要求 N 是这样一些节点:

（1）$N \in CP$ 中结论的基础。

这只有假定结论为 In 时才有结论的基础。但结论的基础中可能包含 IH 和 OH 中的点，所以又要求（2）。

（2）从结论基础中除去 IH 和 OH 中的点。

结论基础中还可能包含 IH 和 OH 的影响集，所以再要求（3）。

（3）从结论基础中除去那些属于 IH 和 OH 影响集的点 E_i，但是要将 E_i 的前提中除去 IH 和 OH 中点后保留其余的前提。

（4）经（1）～（3）所得的集 N，有的点位于 Inlist 中，称 N_{IN}；有的点位于 Outlist 中，称 N_{OUT}。这样一来，与 CP 等价的 SL 为

$$(SL(N_{IN})(N_{OUT}))$$

第6章 专家系统

6.1 相关概念

专家系统是人工智能应用研究中最活跃和最广泛的领域之一。自从 1965 年第一个专家系统 DENDRAL 在美国斯坦福大学问世以来,各种专家系统已遍布各个专业领域,取得很大的成功。

专家系统是基于知识的系统,用于在某种特定的领域中运用领域专家多年积累的经验和专业知识,求解需要专家才能解决的困难问题。专家系统作为一种计算机系统,继承了计算机快速、准确的特点,在某些方面比人类专家更可靠、更灵活,可以不受时间、地域及人为因素的影响。所以,专家系统的专业水平能够达到甚至超过人类专家的水平。

6.1.1 专家系统的类型与特点

1. 专家系统的类型

(1)按特性及功能分类

若按专家系统的特性及功能分类,专家系统可分为 10 类。

①解释型

解释型专家系统能根据感知数据,经过分析、推理,从而给出相应解释,例如化学结构说明、图像分析、语言理解、信号解释、地质解释、医疗解释等专家系统。代表性的解释型专家系统有 DENDRAL,PROSPECTOR 等。

②诊断型

诊断型专家系统能根据取得的现象、数据或事实推断出系统是否有故障,并能找出产生故障的原因,给出排除故障的方案。这是目前开发、应用得最多的一类专家系统,例如医疗诊断、机械故障诊断、计算机故障诊断等专家系统。代表性的诊断型专家系统有 MYCIN,CASNET,PUFF(肺功能诊断系统),PIP(肾脏病诊断系统),DART(计算机硬件故障诊断系统)等。

③预测型

预测型专家系统能根据过去和现在的信息(数据和经验)推断可能发生和出现的情况,例如用于天气预报、地震预报、市场预测、人口预测、灾难预测等领域的专家系统。

④设计型

设计型专家系统能根据给定要求进行相应的设计,例如用于工程设计、电路设计、建筑及装修设计、服装设计、机械设计及图案设计的专家系统。对这类系统一般要求在给定的限制条件下能给出最佳的或较佳的设计方案。代表性的设计型专家系统有 XCON(计算机系统配置系统)、KBVLSI(VLSI 电路设计专家系统)等。

⑤规划型

规划型专家系统能按给定目标拟定总体规划、行动计划、运筹优化等,适用于机器人动作控制、工程规划、军事规划、城市规划、生产规划等领域。这类系统一般要求在一定的约束条件下能以较小的代价达到给定的目标。代表性的规划型专家系统有 NOAH(机器人规划系统)、SECS(制定有机合成规划的专家系统)、TATR(帮助空军制订攻击敌方机场计划的专家系统)等。

⑥控制型

控制型专家系统能根据具体情况,控制整个系统的行为,适用于对各种大型设备及系统进行控制。为了实现对控制对象的实时控制,控制型专家系统必须能直接接收来自控制对象的信息,并能迅速地进行处理,及时地做出判断和采取相应行动。控制型专家系统实际上是专家系统技术与实时控制技术相结合的产物。代表性的控制型专家系统是 YES/MVS(帮助监控和控制 MVS 操作系统的专家系统)。

⑦监督型

监督型专家系统能完成实时的监控任务,并根据监测到的现象做出相应的分析和处理。这类系统必须能随时收集任何有意义的信息,并能快速地对得到的信号进行鉴别、分析和处理;一旦发现异常,能尽快地做出反应,如发出报警信号等。代表性的监督型专家系统是 REACTOR(帮助操作人员检测和处理核反应堆事故的专家系统)。

⑧修理型

修理型专家系统是用于制定排除某类故障的规划并实施排除的一类专家系统,要求能根据故障的特点制订纠错方案,并能实施该方案排除故障;当制定的方案失效或部分失效时,能及时采取相应的补救措施。

⑨教学型

教学型专家系统主要适用于辅助教学,并能根据学生在学习过程中所产生的问题进行分析、评价,找出错误原因,有针对性地确定教学内容或采取其他有效的教学手段。代表性的教学型专家系统是 GUIDON(讲授有关细菌传染性疾病方面的医学知识的计算机辅助教学系统)。

⑩调试型

调试型专家系统用于对系统进行调试,能根据相应的标准检测被检测对象存在的错误,并能从多种纠错方案中选出适用于当前情况的最佳方案,排除错误。

以上分类往往不是很确切,因为许多专家系统不止一种功能。还可以从另外的角度对专家系统进行分类。例如,可以根据专家系统的应用领域进行分类。当前专家系统主要的应用领域有:医学、计算机系统、电子学、工程学、地质学、军事科学、过程控制等。

(2)按领域问题基本操作分类

1985 年,Clancy 指出,无论专家系统完成什么类型的任务,就领域问题的基本操作来说,专家系统求解的问题可分为分类问题和构造问题两类。求解分类问题的专家系统称分析型专家系统,广泛用于解释、诊断和调试等类型的任务;求解构造问题的专家系统称设计型专家系统,广泛用于规划、设计等类型的任务。

①分类问题与分析型专家系统。

至今为止,大部分专家系统都是分析型专家系统,求解的问题都是分类问题。对分类问题求解的基本操作被称为解释操作。当给出输入数据和相应的输出数据时,要求给出对象系统是否异常及异常的原因,解释操作主要是识别操作,即识别出是哪个对象系统的输入输出。识别操作又可进一步分解为判别对象系统是否异常的监督操作和确定异常原因的诊断操作。当给出输入数据和具体的对象系统时,要求解释什么样的输出是所期望的,解释操作就是预测操作。当给出具体的对象系统及其输出时,求解的问题就是决定所需要的输入,解释操作就是控制操作。

分类问题的一个重要特征是求解的结论都限定在一个预先规定的假设集之中。因此,分析型专家系统进行问题求解的基本特点是:根据获得的各种证据,从预先规定的假设集中选择一个或多个可能的假设作为分类问题的解。因此,分析型专家系统的知识库由数据(证据)集、假设(解)集和将数据与假设联系起来的启发式知识三部分组成,它们的可能组合构成状态空间或问题空间,搜索求解通常就在这一限定空间中进行。

分析型专家系统的主要推理方法是启发式推理分类方法。首先把原始数据或证据经过数据抽象变成形式化的抽象数据,然后通过对抽象数据与抽象解之间的启发式匹配找出可匹配的抽象解集,最后通过解的求精从解集中识别出具体解。

MYCIN 和 PROSPECTOR 都是典型的分析型专家系统。

②构造问题与设计型专家系统。

构造问题是指在事先给定的设计要求和约束条件下,考虑各种部件的可能组合或各种可能的动作序列,最终求得满足要求的系统设计方案或行动规划。因此,设计型专家系统的解元是各种部件或动作,解是满足一定约束条件的部件组合或动作序列。它的基本操作是合成所需对象系统的构造操作。

由于可能的各种部件组合或动作序列的数目往往十分庞大,事先无法准备好所有候选的可能的解,因此设计型专家系统一般要比分析型专家系统复杂得多。常用的解决方法是把构造问题分解为多个阶段的分类问题,或者强化问题的约束条件来限定搜索求解的空间规模。

R1/XCON 是一个典型的设计型专家系统,它是美国 DEC 公司根据用户订货单配置VAX 计算机系统时采用的专家系统。配置 VAX 计算机系统是指按用户要求将中央处理器、存储器、各种接插件及控制部件连接到输入/输出总线,并合理地布置在底板上,放入合适的机柜中。R1/XCON 首先检查订货单是否安全;然后应用关于部件之间相互关系的知识建立符合要求的计算机配置,决定各部件的空间位置;最后输出符合订货单要求的一组表示各部件之间空间位置关系和连接关系的图表。根据这些图表就可以实际装配出满足用户订货单要求的 VAX 计算机系统。

2. 专家系统的一般特点

各种类型的专家系统都有各自的特点,在总体上,专家系统具有以下一些共同的特点。

(1)知识的汇集

一个专家系统汇集了某个领域多位专家的经验和知识及他们协作解决重大问题的能力。因此,专家系统应表现出更渊博的知识、更丰富的经验和更强的工作能力,而且能够高效率、准确、迅速和不知疲倦地工作。

(2)启发性推理

专家系统运用专家的经验和知识进行启发式推理,对问题做出判断和决策。

（3）推理和解释的透明性

用户无须了解推理过程,就能从专家系统获得问题的结论,而且推理过程对用户是透明的。专家系统的解释器可以回答用户关于"系统是怎样得出这一结论"和"为什么会提出这样的问题"等的询问,专家系统如何实现这些问题的解释对用户也是透明的。

（4）知识更新

专家系统能够不断地获取知识,增加新的知识,修改原有知识。机器学习就是系统积累知识以改善其性能的重要方法。

6.1.2　专家系统的开发方法

专家系统的开发是一项综合技术,一个成功的专家系统的开发需要知识工程师和领域专家的密切配合和坚持不懈的努力。

1. 建造专家系统的步骤

根据软件工程的生命周期方法,一个实用专家系统的开发过程可类同一般软件系统的开发过程,分为认识、概念化、形式化、实现和测试等阶段。

（1）认识阶段

知识工程师与领域专家合作,对领域问题进行需求分析,包括认识系统需要处理的问题的范围、类型和各种重要特征、预期的效益等,并确定系统开发所需的资源、人员、经费和进度等。

（2）概念化阶段

把问题求解所需要的专门知识概念化,确定概念之间的关系,并对任务进行划分,确定求解问题的控制流程和约束条件。

（3）形式化阶段

把已整理的概念、概念之间的关系和领域专门知识用适合计算机表示和处理的形式进行描述和表示,并选择合适的系统结构,确定数据结构、推理规则和有关控制策略,建立问题求解模型。

（4）实现阶段

选择适当的程序设计语言或专家系统工具建立可执行的原型系统。

（5）测试阶段

通过运行大量的实例,检测原型系统的正确性及系统性能。通过测试原型系统,对反馈信息进行分析,进而进行必要的修改,包括重新认识问题、建立新的概念或修改概念之间的联系、完善知识表示与组织形式、丰富知识库的内容、改进推理方法等。

专家系统的这一开发过程,类似一般软件系统开发过程的瀑布模型,各阶段目标明确,逐级深化。

2. 原型系统与快速原型法

由于领域专家的知识是长期积累的经验和专门知识,因此知识工程师不可能在短时间内获得所需要的全部专家知识,并把它们按知识表示方法和知识库的结构要求存入知识库中。也就是说,决定专家系统性能的专门知识是逐步增加和不断完善的。这就需要采用增量式开发方法,即通过对基本功能的逐步扩增来完善系统。专家系统具有需要经常修改和完善的知识库并与相对稳定的推理机相分离,这样的结构使其适应了这种增量式开发方法。增量式开发可以保证对基本功能的有效验证,有利于在整个开发过程中得到一系列功能日趋完善的原型系统。

根据系统的复杂程度和实用性,原型系统一般可分为以下 5 种。

(1)演示原型

大多数专家系统都开始于一个演示原型,它是仅能解决少量问题的一个演示型系统。演示原型主要有两个作用:一是确信人工智能和专家系统技术能有效地用于所要解决的问题;二是测定问题的定义、范围以及领域知识的表示是否正确。一个典型的基于规则的大型专家系统,其演示原型一般仅有 50 ~ 100 条规则,能充分地执行 2 ~ 3 个测试实例。

(2)研究原型

研究原型是能运行多个测试实例的原型系统,这些测试实例能显示领域问题的重要特点。大型专家系统的研究原型一般具有 200 ~ 500 条规则。

(3)领域原型

通过改进研究原型可获得领域原型。领域原型系统运行可靠,具有比较流畅和友善的用户接口,能基本满足用户的需要。大型专家系统的领域原型一般具有 500 ~ 1 000 条规则,能很好地执行许多测试实例。

(4)产品原型

产品原型是已经通过广泛的领域问题测试的原型系统,往往用一种效率更高的语言或专家系统工具来实现,以增加推理的速度和减少存储空间。大型专家系统的产品原型一般具有 500 ~ 1 500 条规则,求解领域问题准确快速,工作可靠。

(5)商品化系统

商品化系统是已投入商品市场实际销售和运行的系统,能适应用户市场的需要。

利用专家系统技术和专家系统的开发工具尽快地建立专家系统的演示原型,然后进行修改、充实和完善,即专家系统开发的快速原型法。虽然演示原形比较简单,只能解决少量的领域问题,也不具备许多辅助功能,但是通过演示原型的运行和测试可以实际验证系统方案的可行性和有效性,检验应用问题的定义范围,从而在系统设计的最初阶段就能避免较大的原则性错误,而且可以提高领域专家的兴趣和信心,增强同领域专家的合作。

6.1.3 专家系统的应用

表 6 - 1 列出了各应用领域的典型专家系统及其功能。

表 6 -1 各应用领域的典型专家系统及其功能

领域	系统	功能
医学	MYCIN	细菌感染性疾病诊断和治疗
	CASNET	青光眼的诊断和治疗
	PJP	肾脏病诊断
	INTERNIST	内科病诊断
	PUFF	肺功能试验结果解释
	ONCOCIN	癌症化学治疗咨询
	VM	人工肺小机监控

表6-1(续)

领域	系统	功能
地质学	PROSPECTOR DIPMETER ADVISOR DRILLING ADVISOR MUD HYDRO ELAS	帮助地质学家评估某一地区的矿物储量 油井记录分析 诊断和处理石油钻井设备的"钻头黏着"问题 诊断和处理同钻探泥浆有关的问题 水源总量咨询 油井记录解释
计算机系统	DART RI/XCON YES/MVS PTRANS IDT	计算机硬件系统故障诊断 配置 VAX 计算机 监控和控制 MVS 操作系统 管理 DEC 计算机系统的建造和配置 定位 PDP 计算机中有缺陷的单元
化学	DENDRAL MOLGEN CRYSALIS SECS SPEX	根据质谱数据来推断化合物的分子结构 DNA 分子结构分析和合成 通过电子云密度图推断一个蛋白质的三维结构 帮助化学家制定有机合成规划 帮助科学家设计复杂的分子生物学的实验
数学	MACSYMA AM	数学问题求解 从基本的数学和集合论中发现概念
工程	SACON DELTA REACTOR	帮助工程师发现结构分析问题的分析策略 帮助识别和排除机车故障 帮助操作人员检测和处理核反应堆事敌
军事	AIRPLAN HASP TATR RTC	用于航空母舰周围的空中交通运输计划的安排 海洋声呐信号识别和舰艇跟踪 帮助空军制订攻击敌方机场的计划 通过解释雷达图像进行舰船分类

6.2 专家系统的结构

专家系统的结构是指专家系统各组成部分的构造方法和组织形式。系统结构选择恰当与否,与专家系统的实用性和有效性密切相关。选择什么结构最为恰当,要根据系统的应用环境和所执行任务的特点而定。例如,MYCIN 系统的任务是疾病诊断与解释,其问题的特点是需要较小的可能空间、可靠的数据及比较可靠的知识,这就决定了它可采用穷尽检索解空间和单链推理等较简单的控制方法和系统结构。与此不同的是,HEARSAY - II 系统的任务是进行口语理解,这一任务需要巨大的可能解空间,数据和知识都不可靠,缺少问题的比较固定的路线,经常需要猜测才能继续推理。这些特点决定了 HEARSAY – Ⅱ 必须采用比 MYCIN 更为复杂的系统结构。

6.2.1　基本结构

作为一个专家系统,应该具备以下几个基本功能。

(1)存储问题求解所需的专家知识。

(2)存储具体领域内的初始数据和推理过程中所涉及的各种信息,如中间结果、目标、子目标、条件、假设等。

(3)根据当前输入的数据,利用已有的知识,按照一定的推理策略解决当前问题,并能控制、协调整个系统。

(4)能对推理过程、结论或系统自身做出必要的解释,如系统的解题步骤、处理策略、选择处理方法的理由、系统求解某种问题的能力、系统如何组织和管理其自身知识等。这样既便于用户的理解和接受,也便于系统的维护。

(5)提供知识获取、机器学习、修改、扩充和完善等其他维护手段,只有这样才能更有效地提高系统的问题求解能力及准确性。

(6)提供一种人机接口,既便于用户使用,又能分析、理解用户的各种请求。

其中,存放知识和使用知识是专家系统的两个基本功能,用于分别实现这两个基本功能的知识库和推理机构是专家系统的两个核心部件。由于不同的专家系统所需要完成的任务和特点不同,其系统结构也不尽相同,但是它们一般应具有完成上述功能的部件用于完成具体任务。一个完整的专家系统一般应包括人机接口、推理机、知识库、数据库、知识获取模块和解释机构六部分,各部分的关系如图 6 – 1 所示。

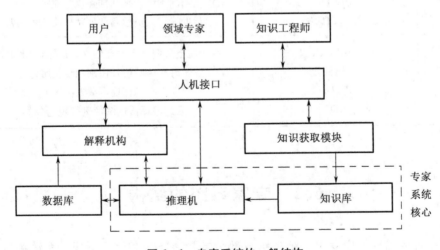

图 6 – 1　专家系统的一般结构

下面分别对专家系统的各个部分进行简单介绍。

1. 知识库

知识库是专家系统的核心之一,其主要功能是存储和管理专家系统中的知识。知识库中存储的知识主要有两种类型:一类是相关领域中所谓的公开性知识,包括领域中的定义、事实和理论在内,这些知识通常收录在相关学术著作和教科书中;另一类是领域专家所谓的个人知识,它们是领域专家在长期业务实践中所获得的一类实践经验,其中很多知识被称为启发性知识。正是这些启发性知识使领域专家在关键之处能做出训练有素的猜测,辨别出有希望的解题途径,以及有效地处理错误或不完全的信息数据。

领域中的事实性数据及启发性知识等一起构成专家系统中的知识库,在知识库中,这些知识必须被表达为一定的规范形式。从实质上讲,所有的知识表示都是等价的,但其方便程度不相同。因此,在构造知识库时,最好选择最易于表达知识又易于计算机实现的方法。

2. 推理机

专家系统中的推理机实际上也是一组计算机程序,是专家系统的"思维"机构,是构成专家系统的核心部分之一。其主要功能是协调控制整个系统,其任务是模拟领域专家的思维过程,控制并执行对问题的求解。它能根据当前已知的事实,利用知识库中的知识,按一定的推理方法和控制策略进行推理,求得问题的答集或证明某个假设的正确性。

总之,知识库和推理机构成了一个专家系统的基本框架。同时,这两部分又是相辅相成、密切相关的。因为不同的知识表示有不同的推理方式,所以推理机的推理方式和工作效率不仅与推理机本身的算法有关,还与知识库中的知识以及知识库的组织有关。

3. 综合数据库

综合数据库也称全局数据库、工作存储器、黑板,简称数据库。它是用于存放专家系统工作过程中所需领域或问题的初始数据,系统推理过程中得到的中间结果、最终结果和控制运行的一些描述信息的存储集合,它是在系统运行期间产生和变化的,所以是一个不断变化的动态数据库,并且:

(1)它可被所有的规则访问;

(2)没有局部的数据库是特别属于某些规则的;

(3)规则之间的联系只有通过数据库才能发生。

在专家系统中,综合数据库中数据的表示和组织,通常与知识库中知识的表示和组织相容或相一致,以使推理机能方便地使用知识库中的知识和综合数据库中描述问题当前状态的数据求解问题。

4. 人机接口

人机接口负责把领域专家、知识工程师或一般用户输入的信息转换成系统内规范化的表示形式,然后把这些内部表示交给相应的模块去处理。系统输出的内部信息也由人机接口转换成易于用户理解的外部表示形式显示给用户。

5. 解释机构

解释模块负责回答用户提出的各种问题,包括"为什么"等与系统推理有关的问题和"结论是如何得出的"等与系统推理无关的关于系统自身的问题,它是专家系统区别于一般程序的重要特征之一。它可对推理路线和提问的含义给出必要的、清晰的解释,为用户了解推理过程以及系统维护提供方便的手段,是实现系统透明性的主要模块。

6.知识获取模块

这是专家系统中能将某专业领域内的事实性知识和领域专家所特有的经验性知识转化为计算机可利用的形式并送入知识库的功能模块,同时也负责知识库中知识的修改、删除和更新,并对知识库的完整性和一致性进行维护。知识获取模块是实现系统灵活性的主要部分,通过此模块领域专家可以修改知识库而不必了解知识库中知识的表示方法、知识库的组织结构等实现上的细节问题,这大大地提高了系统的可扩充性。

早期的专家系统完全依靠领域专家和知识工程师共同合作把领域内的知识总结归纳出来,然后将它们规范化后输入知识库。此外,对知识库的修改和扩充也是在系统的调试和验证过程中人工进行的,这往往需要领域专家和知识工程师的长期合作,并要付出艰巨的劳动。

目前,一些专家系统已经或多或少地具有了自动知识获取的功能。自动知识获取包括两个方面:一是外部知识的获取,即通过向专家提问,以接受教导的方式接受专家的知识,然后把它转换成内部表示形式存入知识库;二是内部知识获取,即系统在运行中不断地从错误和失败中归纳总结经验,并修改和扩充自己的知识库。因此,知识获取实质上是一个机器学习的问题。

6.2.2　实际结构

在专家系统的基本结构中,只强调知识和推理这些主要特征。但是,一个实际问题往往是错综复杂的,需要多个专家的协作,他们在求解问题的过程中起着不同的作用,按照这样的作用,可把专家分为针对复杂问题中某一领域的子问题进行求解的领域专家和针对复杂问题进行总体决策、组织管理和协调的管理专家。例如,建造高层建筑,需要有设计、施工方面的专家和生产计划、供应、销售等方面的专家,他们都是领域专家;而负责组织高层建筑设计、施工的总建筑师、总工程师和负责协调管理的厂长、经理等则是管理专家。因此,在系统中可能需要多次推理或多路推理或多层推理才能解决问题,而知识库也可能是多块或多层的。另外,在系统中可能不仅需要推理,还需要做些其他处理。如在推理前可能需要做一些预处理(如计算),推理后也可能要做一些再处理(如绘图),或者处理和推理反复交替多次,或经多路进行等。这样一来,就使得专家系统的实际结构变得多式多样。

例如,对于前面述及的建筑问题,在实现时需要多个专家子系统来完成,它们可以以多层的、多重的或多路的结构形式组成多专家系统。另外,专家系统也可以只作为整个系统的一个模块(称专家模块)嵌套在一个实际的应用系统中,而整个应用系统除具有传统的计算、处理等功能外,还具有专家处理的功能,整个应用系统就成了一个专家系统。

6.2.3　分布式结构

分布式结构就是将专家系统的知识库和推理机分布在一个计算机网络上,或者对两者同时再进行分布的一种形式。这种结构形式可以是"客户机/服务器"(Client/Server)结构,或浏览器/服务器(Browser/Server)结构。这类专家系统(称分布式专家系统)除了要用到集中式专家系统(知识和推理采用集中管理的专家系统)的各种技术外还需要运用一些重要的特殊技术。例如,需要把待求解的问题分解为若干个子问题,然后把它们分别交给不同的系统进行处理,当各系统分别求出子问题的解时,还需要把它们综合为整体解;如果各子系统求出的解有矛盾,就需要根据某种原则进行选择或折中。

6.2.4　黑板结构

1. 基本原理

黑板结构系统模拟一组(围坐在桌子边讨论一个问题的)人类专家,对于同一个问题或者是一个问题的各个方面,每一位专家都根据自己的专业经验提出自己的看法,写在黑板上,其他专家都能看到,随意使用,从而共同解决好这个问题。当然,这需要一个协调者,使两个专家不同时发言,或不在黑板的同一块地方书写。

根据这个思想,我们把需要求解的问题分解成一个任务树。即一个问题由多个任务组成,每个任务又可分成子任务。对每一个具体任务分别用不同的知识源求解。每个知识源用到的推理机可以相同,也可以不同。每个知识源解决的具体问题可以看成是一个小专家系统。可见,黑板结构是使各种专家系统实现联合操作,共同解决复杂问题的一种结构形式。

问题任务树需要所有任务共同协作求解,这样问题才能得以解决。在任务树中,对每一个具体的系统项(任务、知识源、推理机)要有一个说明框架相联系。框架的槽值指示任务调用的知识源、推理机,以及该任务执行的前提条件和任务之间的相互联系。

控制各个任务的执行是由一个调度程序来完成的。调度程序根据各任务前提条件满足的情况以及任务之间的相互关系来控制任务的执行和悬挂。

黑板是存放问题求解中各种状态数据的全局数据库工作区,它分成不同的层次,各知识源所利用和修改的数据分别放在黑板的不同层次上。下层的信息经过相应的知识源处理后的结果放入黑板的上一层中,由调度程序激发上一层知识源进行处理。逐级上升,最后在黑板的最顶层得到问题的最后解答。

2. 基本组成

黑板结构主要由黑板、知识源和控制模块三部分组成。

(1)知识源

知识源一般表示为规则集成过程,利用知识源知识来修改黑板上的当前信息,各知识源共同来求出问题的解。每个知识源都存在激活条件,只有当该激活条件满足时,该知识源才能修改黑板。这样,我们把一个知识源看成是一个大规则。大规则的条件部分称知识源激活条件,动作部分称知识源体。当要激活该知识源时,在黑板上必须存在该知识源所需要的数据。

(2)黑板

黑板的目的是保存计算状态或求解状态的公共数据。这些数据由知识源产生,且被知识源利用。知识源使用黑板上的数据进行相互间的间接交互。黑板上的数据可以是输入数据、部分解、选择对象和最后的解,还包括激活知识源的控制数据。

黑板按分层组织,一层上的信息作为一组知识源的输入。此外,这些知识源为其他层提供新的信息。

(3)控制模块

控制模块监督黑板上的修改,并决定下一步要进行的操作,即用控制信息来决定注意的焦点。注意的焦点有三种：

①下一步激活的知识源：即先确定知识源，由知识源到黑板上选择能处理的信息。

②下一步要寻求的部分解：先确定黑板上的信息，再来选择求解该信息的知识源。

③上面两者的结合：决定哪个知识源应用于哪个部分解上。

解是一步一步构造出来的。在解形成的每一个阶段都可以使用任何类型的推理机（数据驱动——正向推理；目标驱动——逆向推理；模型驱动——过程求解）。知识源的调用序列是动态的且是适时的，而不是事先规定的。

一个知识源修改黑板上的信息所引起的变化，可以激活多个其他知识源，这些知识源都放入"调度队列"信息体中（存放的是知识源的说明框架，不是知识源实体）。同时，黑板上这个修改了的信息要和控制数据库的控制信息（说明每个知识源能够解决具体问题的解信息）组成选择和调度下一个最有用的知识源的信息，由"调度程序"调用和执行新的知识源。

一个知识源要提供它结束处理的准则，说明它必须找到一个可接受的解，或者是因为缺乏知识或数据系统无法继续执行，这些信息应该放在控制数据库中。

由上述内容可看出，黑板结构可以看作是产生式系统的特殊形式。

3. 黑板结构实例

黑板结构适合用于求解那些大型复杂且可分解为一系列层次化的子问题的问题。例如，在 HEARSAY－Ⅱ中，黑板被分为六个信息层，每个信息层对应着问题的一个中间表示层次。6 个信息层为：

（1）参数层

参数层从语音信号中提取有意义的参数。有 4 种不同的参数，统称 ZAPDASH 参数。

（2）片断层

片断层用于描述系统对语音信号的分割与归类。此层主要包含音素与单音等信息。

（3）音节层

音节层用于描述语音信号的音节划分。此层主要为由片断层上信息构成的音节信息。

（4）单词层

单词层用于记录根据音节划分所识别出的孤立词信息。

（5）词组层

词组层用于记录根据单词层中的词汇所生成的词组信息。

（6）短语层

短语层用于记录多个词汇或词组构成的短语和句子信息。

HEARSAY－Ⅱ中有 5 大类共 13 个知识源，每个知识源涉及黑板中的一个或几个信息层，用于完成某些特定的工作，例如抽取语音参数、将语音片断归类为音节、根据音节划分识别单词等。

6.3　知　识　获　取

6.3.1　知识获取的过程

知识获取主要是指把用于问题求解的专门知识从某些知识源中提炼出来,并转化为计算机内表示存入知识库。知识源包括专家、书本、相关数据库、实例研究和个人经验等。当今专家系统的知识源主要是领域专家,所以知识获取的过程需要知识工程师与领域专家反复交流、共同合作完成,如图6-2所示。

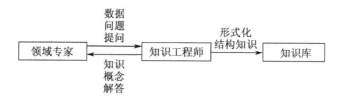

图6-2　知识获取的过程

6.3.2　知识获取的直接方法

知识获取的直接方法有交谈法、观察法、个案分析法和多维技术等,下面逐一进行介绍。

1. 交谈法

交谈是最常见的获取领域专家知识的方法,特别是在缺乏书面背景材料时,通过交谈可准确捕获和理解领域的概念和专门术语的内涵。知识工程师可以将领域的概念和问题分成不同的主题,针对每一个主题同专家进行集中式交谈。集中式交谈由三部分组成:

(1)专家对目标进行解释,阐述解决问题所需的数据,并将此问题划分成若干子问题。知识工程师从专家系统的实现角度进一步向专家探明问题之间的结构、数据的来源,以及问题求解的步骤。

(2)根据讨论的结果,可以得到新的问题表,逐一对每一个子问题或子目标的相关数据、问题之间的关系和求解方法加以探明。

(3)当表中的问题全部讨论完毕后,知识工程师和专家一起对已获取的信息进行总结和评估。

通过集中式交谈,知识工程师可以大致领会专家对问题的处理方法,并将这些知识和求解问题的方法形式地表述出来。为避免篡改领域知识,还需要进行反馈式交谈,知识工程师将领域知识反馈给专家,专家进行修改和完善,并借此评估知识工程师对领域概念和方法的理解。

为了更准确地获取专家领域知识,可以与不同的专家交谈,然后进行综合评估,把获得的领域知识给另外一个专家进行评估和修改。

2. 观察法

通过观察,知识工程师可以获得有关问题领域的感性认识,从而对问题的复杂性、问题的处理流程,以及涉及的环境因素有一个直观的理解。在专家缺乏足够时间与知识工程师充分交谈的情况下,观察法提供了知识获取的一种基本方法。

(1)直接观察

对于策略性知识,如果脱离具体背景,专家描述与实际使用存在差异。因此,直接观察专家的解题活动将是获取难以言传的知识的一种有效途径。其不足是:不能确定通过观察知识工程师是否真正理解了专家的行为,观察到的知识是否具有典型性,以及是否能够彻底掌握所有可能的情况。

其解决办法是结合交谈和观察两种方法,使二者获取的知识相互补充和完善。另外,通过认真分析专家与用户的对话,可为人机界面的设计提供依据。

(2)学徒式观察

学徒式观察指知识工程师作为一名学徒直接参与到专家处理问题的行为中。通过学徒式观察,知识工程师可以发现理论知识与经验知识之间的差别,了解在复杂环境下专家解题方法的灵活性、合理性和有效性。经过一段时间的学徒式观察,知识工程师可从专家那里得到许多宝贵的知识。

3. 个案分析法

个案分析,指记录专家在处理实际问题时所发生的所有情况,例如在某个时刻,专家正在想什么,哪些现象正引起他的注意,他正试图采用什么方法来解决,为什么遇到故障等。知识工程师将专家叙述的每一个细节都记录下来。研究者发现,专家解决问题的口述记录往往揭示了交谈过程中难以表述的问题求解过程,而且比交谈中描述的策略性知识更具体、更可行。

个案分析法的实质是让专家在现实的问题环境中通过不受约束的情景描述,体现专家实际求解问题的启发式知识。Welbank认为,个案分析法为理论导出的规则与专家在交谈中描述的知识的比较和校验提供了一种有效手段。

研究表明,通过个案分析可以了解问题求解的实际过程,通过交谈可以澄清其中的疑问,在实际中综合个案分析法和交谈法可以获得准确的知识。

4. 多维技术

多维技术主要用于获取专家的结构知识。任何对象都呈现出多方面的特性,多维技术逐一研究不同事物在某一特性上表现出的关联,然后将这些关联抽取为事物间的概念相关模型,从而获取专家知识的结构特征,如卡片分类、格栅分析等。

6.3.3 知识获取的新方法

专家系统实质上是一个问题求解系统,为专家系统提供知识的领域专家长期以来面向一个特定领域的经验世界,通过人脑的思维活动积累了大量有用信息。

首先,在研制一个专家系统时,知识工程师首先要从领域专家那里获取知识,这一过程实质上是归纳过程,是非常复杂的个人与个人之间的交互过程,有很强的个性和随机性。因此,知识获取成了专家系统研究中公认的瓶颈问题。

　　其次,知识工程师在整理表达从领域专家那里获得的知识时,用 IF-THEN 等规则表达约束性太大,用常规数理逻辑来表达社会现象和人的思维活动局限性太大,也太困难,勉强抽象出来的规则差异性极大,由此知识表示又成为一大难题。此外,即使某个领域的知识通过一定手段获取并表达出来,但这样的专家系统在常识和百科知识方面出奇地贫乏,而人类专家的知识是以拥有大量常识为基础的。人工智能专家 Feigenbaum 估计,一般人拥有的常识存入计算机大约有一百万条事实和抽象经验法则,离开常识的专家系统有时会比傻子还傻。例如,战场指挥员会根据"在某地发现一只刚死的波斯猫"的情报很快断定敌方高级指挥所的位置,而即使是最好的军事专家系统也难以顾全此类信息。

　　以上这些难题大大限制了专家系统的应用。人工智能学者开始着手基于案例的推理,尤其是从事机器学习的科学家们,不再满足自己构造的小样本学习模式的象牙塔,开始正视现实生活中大量的、不完全的、有噪声的、模糊的、随机的大数据样本,也走上了知识发现的道路。

　　知识获取一直是专家系统开发的瓶颈,它的最终解决取决于知识的自动获取。一方面,人们从专家那里获取领域知识;另一方面,人们注重从已有的普通的数据库中获取知识,用来指导工作,这就是人们常说的知识发现,并且这种过程是自动的。知识发现就是从大量的、不完全的、有噪声的、模糊的、随机的数据中,提取隐含在其中的人们事先不知道的但又是潜在有用的信息和知识的过程。

　　知识发现所能发现的知识有如下几种:

　　(1)广义型知识:反映同类事物共同性质的知识。

　　(2)特征型知识:反映事物各方面的特征的知识。

　　(3)差异型知识:反映不同事物之间属性差别的知识。

　　(4)关联型知识:反映事物之间依赖或关联的知识。

　　(5)预测型知识:根据历史的和当前的数据推测未来数据的知识。

　　(6)偏离型知识,揭示事物偏离常规的异常现象的知识。

　　所有这些知识都可以在不同的概念层次上被发现,随着概念树的提升,从微观到宏观,以满足不同用户、不同层次决策的需要。例如,从一家超市的数据仓库中,可以发现的一条典型关联规则可能是"买面包和黄油的顾客十有八九也买牛奶",也可能是"买食品的顾客几乎都用信用卡",这种规则对于商家开发和实施客户化的销售计划和策略是非常有用的。常用的知识发现方法主要有分类、聚类、减维、模式识别、可视化、决策树、遗传算法、不确定性处理等。

6.4　专家系统的建造与评价

　　专家系统是一种复杂的计算机软件系统,因此它的开发也应遵循软件工程的基本原则,要充分利用软件工程中的思想和方法。另一方面,它又是一种基于知识的软件系统,故它的开发又有很多区别于其他软件的开发的特点。

6.4.1　一般步骤与方法

专家系统要把知识从处理流程中独立出来,而且经验性知识的获取很困难,因此从获取的知识的水平和处理问题的过程来讲,开发专家系统的比开发一般程序系统更复杂。

1.专家系统的设计要求和准则

专家系统的性能需要从四方面来考虑,即方便性、有效性、可靠性和可维护性。

方便性指专家系统为用户使用时提供的方便程度,包括系统的提示、操作方式、显示方式、解释能力和表达形式。有效性简单地讲是指系统在实际解决问题时表现在时空方面的代价及所解决问题的复杂性,知识的种类,数量、知识的表示方式以及使用知识的方法或机构都是影响系统有效性的主要因素。可靠性指系统为用户提供的答案的可靠程度及系统的稳定性,知识库中知识的有效性、系统的解释能力及软件的正确性是影响可靠性的关键因素。可维护性指专家系统是否便于修改、扩充和完善。

关于专家系统设计的准则,考虑因素不同,角度不同,所给出的准则也不同。为了使所设计的专家系统便于实现,一般要求遵循以下基本原则:

(1)知识库和推理机分离。这是设计专家系统的基本原则。

(2)尽量使用统一的知识表示方法,以便于系统对知识进行统一的处理、解释和管理。

(3)推理机应尽量简化,把启发性知识也尽可能地独立出来,这样既便于推理机的实现,同时也便于对问题的解释。

J. A. Edosomwan 给出了专家系统设计的 10 条规则:

(1)获得正确的知识库。知识库必须根据准确的历史知识、工作经验和专家判断能力等来构成,而这些知识经实践检验是成功的。

(2)建立知识库规程。知识库规程应包括一致、正确的求解所涉及的方法,专家系统设计人员必须保证规程是建立在所建立的知识库的基础上的。

(3)系统和用户界面及解释有合适的结构。专家系统的提示和解释应当模仿人表达时使用的短语,不清晰或不易读可能会使系统应用受到限制。专家系统中所用的程序包也应向用户提供尽可能友好的接口。

(4)提供适当的专家系统响应时间。专家系统应能适应生产率的提高,响应时间越短越好。在程序设计中应当避免不必要的迭代过程、规则和 DO 循环。系统响应时间和分时选择应利用价值分析法在几个原型程序中进行评价选择。

(5)对整个系统的变量提供适当的说明和文档。包括指导用户在多个方案中进行选择,所涉及的文档通过简单有效的流程图、图形显示和符号等描述。

(6)提供适当的分时选择。系统必要时应考虑供多用户同时使用系统。

(7)提供适应的用户接口。为用户学习新的技巧或增强现有知识库提供方便,避免提供的控制选择给用户造成心理压力。

(8)提供系统内的通信能力。专家系统的各子系统应能有效地通信。

(9)提供自动程序设计和自动控制能力,能向用户报警以避免潜在事故的发生。

(10)对现行专家系统的维护或更新能力。解决问题的新技术、新手段和新方法层出不穷,专家系统设计必须考虑提供灵活的维护和更新手段。

2. 专家系统的开发步骤

开发专家系统一般所采取的步骤是一个传统程序开发的循环形式,这个循环由需求分析、知识获取、知识表示、初步设计、详细设计、实现编码、系统测试与评价这个序列构成,最后进行系统管理与维护。

在专家系统开发中,其最初不可能很好地被理解,定义也不可能很完整,开发过程只能自顶而下。而在每一过程的进行中,又往往需要不断反复回溯,以修改已经进行的过程。在过程的动态反复进行中,系统得以不断进化,最终形成能满足要求的实际系统。下面分别对其进行介绍。

（1）需求分析

在进行专家系统的构思和设计之前,首先必须搞清楚用户需要一个什么样的系统,对系统功能和各项性能的要求等。因此,需求分析做得好坏是系统最终成败的关键之一,而且是专家系统的艰难开发过程中的第一关。知识工程师要花很多时间反复向未来的用户和领域专家提出各种问题,并共同讨论解决各种问题的方法,写出需求分析报告,根据专家与用户们的评审意见,把需求分析报告改写成系统规格说明书,并做出系统开发计划。

（2）知识获取

知识获取是专家系统开发过程中最重要的一步,也是最困难的一步,被称为专家系统开发的“瓶颈”。因此,在做了需求分析之后,就要开始寻找该领域内合适的专家以及相应的资料来获取知识。知识获取不仅是知识工程师的主要工作之一,还必须取得领域专家的密切配合和支持,否则是不可能成功的。从某种意义上来说,知识是决定专家系统性能好坏的主要因素,知识获取的成功几乎就使系统成功了一半。知识获取将是一个反复进行,不断修改、扩充和完善的冗长过程。

（3）知识表示

前面介绍了多种知识表示方法,不同的表示方法适合于表达不同类型的知识。因此,根据所选定的领域范围和所获取的知识,选定或设计一两种表示方法来最合适地表示相应领域的知识是一项很重要的工作。值得指出的是,某些专家系统中的知识类型比较多,单一知识表示方法有时很难实现系统的任务要求。因此,在具体建造专家系统时,可采用多种知识表示方法有机结合的方法。这样,可对不同类型的知识采用最合适的方法来表示,发挥各种方法的优势。

（4）初步设计

这个阶段所要完成的任务是从宏观上初步确定系统的体系结构,进行功能模块的划分,确定各功能模块之间的相互关系（包括控制流和数据流等）,画出系统的总体结构图,确定主要的用户界面及相应的设计报告或说明书。在总体满足需求分析的前提下,最终确定系统或模块的性能指标,作为下一步详细设计时要达到的目标。

（5）详细设计

在详细设计阶段,知识工程师根据对各功能模块的要求,完成各模块的具体方案设计,以达到对其功能和性能的要求。这一步要具体设计出数据库、知识库、推理机、知识获取模块、解释机构和人机接口的实现方案。程序结构的模块化设计是详细设计阶段的主要方法。先将整个程序分解为若干模块,每个模块又分解为若干个子模块,有的子模块还可更进一步分解。明确各模块和子模块的功能及其入口和出口,以便不同的程序员可明确分工,分别编写不同的模块和子模块。完成各模块间接口的具体设计,要求界面清晰、互相联系方便和高效。

（6）实现编码

选择恰当的语言或工具，对它们的选择要根据具体情况而定，其中包括：是否可能实现上面确定的详细设计；软件编程人员对语言或工具的熟练程度以及实现人员的水平；是否能表达所获取的知识；可移植性和可维护性等。

如果是在某种"外壳"（Shell）系统中实现，这一步工作将比较简单，仅仅在于把按规定形式表示的知识库与外壳系统连接起来并做必要的测试工作。如果是采用某种知识处理语言由知识工程师自己来实现各个功能模块，则需要对各功能模块进行详细编码与调试，并将这些模块连接起来，进行系统调试。

（7）系统测试与评价

各功能模块的分别测试与评价工作在具体实现阶段已经完成。系统测试与评价的目的在于测试和评估整个系统的功能与性能，并进行必要的修改以达到在需求分析阶段确定的功能与性能指标。系统的测试与评价必须有领域专家和用户参加，不仅要对程序编码进行测试，同时也要对知识和推理、界面是否满足用户的要求等进行测试与评价。选用一些测试实例与专家的处理结果进行比较，若发现不合理或不够满意处，则由知识工程师或程序编码人员来具体修改，然后再进行下一轮测试，如此循环往复，使系统不断完善，直到最终达到预期目标为止。由此可见，专家系统的开发过程是一个漫长的"设计、实现、测试、修改、再设计、再实现、再测试、再修改……"的不断循环的反复过程。

通过系统测试与评价要检查整个专家系统的正确性与实用性，以便系统进行修改与完善，或者提供给用户使用。

（8）系统管理与维护

系统管理与维护是专家系统开发设计中的一个重要环节。专家系统经过一定时间的实际运行之后将不断积累某些经验和知识，并可能发现某些不足。特别是知识库的知识应不断增加与丰富，以提高专家系统的适应性和问题求解能力。因此，应允许对它继续进行修改与维护，这需要由有丰富经验的管理者完成。

上述各个开发阶段往往是不能截然分开的。例如，知识获取和表示与实现过程互相渗透，密切相关。在测试中知识工程师们可能要不断地修改系统的各个部分，也可能要不断地修改已获取的知识，从而有可能要重新形成规则，或需要重新设计知识表示方法，发现新概念或取消旧概念，甚至可能要重新进行需求分析。

6.4.2 知识表示

专家系统性能优劣与知识的数量与质量有关，而提高专家系统中知识的质量是在知识表示中需要加以关注和解决的问题。

一般而言，对专家系统知识表示有如下要求：

（1）可表示性：能够将问题求解所需的知识有效正确地表达出来。

（2）可理解性：所表达的知识简单、明了、易于理解。

（3）可访问性：能够有效地利用所表达的知识。

（4）可扩充性：能够方便、灵活地对知识进行扩充。

为了满足上述要求，在人工智能领域中已经发展了多种知识表示方法。这些方法从实现的技术特征上大致可分为两大类。一类是说明性方法,可把大多数的知识表示为一个稳定的事实集合。这种方法严密性强,易于模块化,具有推理的完备性,但推理的效率比较低。另一类为过程性方法,把一组知识表达为应用这些知识的过程。这种方法不易扩充,但推理效率比较高。采用哪种方法更好,要具体情况具体分析确定。

6.4.3 知识库及其管理系统

1. 知识库的设计

知识库是专家系统的核心,知识库的质量直接关系到整个系统的性能和效率。知识库的设计中,主要是设计知识库的结构,即知识的组织形式。专家系统中所涉及的知识库,一般采取层次结构模式或网状结构模式。这种结构模式把知识按某种原则进行分类,然后分块分层组织存放。例如按元知识、专家知识、领域知识等分层组织,而每一块和每一层还可以再分块分层。这样,整个知识库就呈树形或网状结构。知识库的这种结构可方便知识的调度和搜索,加快推理速度。此外,知识的分块存放便于更经济地利用知识库空间。

2. 知识库管理系统的设计

知识库的建立、删除、重组及维护和知识的录入、查询、更新、优化等,还有知识的完整性、一致性、冗余性检查和安全保护等方面的工作都是对知识的管理,是提高整个系统性能和效率的保证,对知识的管理是由知识库管理系统来完成的。因此,对知识库管理系统的设计包括以下 3 个方面:

(1)知识操作功能设计

知识操作功能包括知识的添加、删除、修改、查询和统计等。这些功能可采用两种方法来实现。一种方法是利用屏幕窗口,通过人机对话方式实现知识的增、删、改、查等;另一种方法是用全屏幕编辑方式,让用户直接用键盘按知识描述语言的语法格式编辑知识。

(2)知识检查功能设计

知识检查包括知识的一致性、完整性、冗余性等检查。

①知识的一致性

所谓知识的一致性,就是指知识库中的知识必须是相容的,即无矛盾。

例如,下面的两条规则:

R_1:IF P THEN Q

R_2:IF P THEN $\neg Q$

它们就是矛盾的。

再如,设有如下产生式规则

R_1:IF P THEN Q

R_2:IF Q THEN R

R_3:IF R THEN S

R_4:IF P THEN T

R_5:IF T THEN $\neg S$

其中,R_1,R_2,R_3是一条规则链;R_4,R_5是另一条规则链。它们有相同的初始条件,即 P。此时,这两条规则链也是矛盾的。

那么,对于这样的矛盾规则或矛盾规则链,不能让它们共处同一个知识库中,必须从中舍弃一个。至于舍弃哪一个,需要征求领域专家的意见。

②知识的完整性

所谓完整性,是指知识中的约束条件应为完整性约束。例如,小王身高 x 米,则必须满足 $x<3$;又如,弟弟今年 m 岁,哥哥今年 n 岁,则必须满足 $m<n$。否则就破坏了知识的完整性。

③知识的冗余性

所谓冗余性,就是指知识库中存在多余的知识或者存在多余的约束条件。冗余性检查就是检查知识库中的知识是否存在冗余,通过检查对冗余内容进行修改或删除,使得系统中不存在冗余现象。

例如,下面的三条规则:

R_1:IF P THEN Q

R_2:IF Q THEN R

R_3:IF P THEN R

若它们同时存在于一个知识库中,就出现了冗余。因为由 R_1 和 R_2 就可推出 R_3,所以 R_3 实际是多余的。

再如,设有如下两条产生式规则:

R_1:IF P and Q THEN R

R_2:IF P and $\neg Q$ THEN R

则子条件 Q 与 $\neg Q$ 都是多余的,此时需要从知识库中删去这两条规则,并增加如下一条规则:

IF P THEN R

(3)知识库操作设计

知识库操作包括知识库(文件)的建立、删除、分解、合并等。其中,知识库的分解和合并这两种功能类似于关系数据库的投影、选择和连接操作,它们实现的是知识库的重组。随着系统的运行,可能会发现原先的知识组合不合理,因此就需要重新组合,这时就需要使用知识库的分解与合并功能。

6.4.4 推理机及解释机构

1.推理机的设计

推理机的设计,就是根据知识表达、知识推理方法和推理控制策略,设计具有求解专门问题、进行推理功能的自动推理计算机软件系统。

推理机与知识库是专家系统的两个核心部件。推理机功能的强弱将直接影响到专家系统的性能,同时它也是一个较复杂的部件。

推理机的推理是基于知识库中的知识进行的。因此,推理机必须与知识库及其知识相适应、相配套。具体来讲,就是推理机必须与知识库的结构、层次以及其中知识的具体表示形式等相协调、相匹配,否则推理机与知识库将无法接轨。因此,在设计推理机时,首先要对知识库有所了解。同时要考虑以下几点:

(1)控制策略与推理方向选择

①数据驱动控制,即正向推理。其优点是用户可主动提供数据信息,适用于"解空间"

大的问题,如设计、管理。

②目标驱动控制,即反向推理。其优点是推理目的明确,便于对推理过程进行解释。

③混合控制,即数据驱动与目标驱动相结合,由数据驱动选择目标,由目标驱动进行求解。

(2)推理方法的选择与结合

知识推理方法的选择与知识表达方法有关,表达方法的结合也导致推理方法的结合。启发推理与算法推理相结合可以取长补短。

①启发推理:用于浅层知识、常识性知识、不确定知识推理等。

②算法推理:用于深层知识、数学模型、确定性逻辑推理等。

(3)推理效果与推理效率

①推理效果:即推理的正确性和有效性。对可解的问题能求得解答,能正确地利用和选取知识控制和中止推理过程,避免"死循环"。

②推理效率:即推理速度和求解时间的问题。为了提高推理效率,要充分利用启发信息,延缓或避免"组合爆炸",降低推理和控制的代价(时间耗费),实现最经济推理。

另外,在设计推理机时,还要考虑是采用精确推理还是不精确推理,是串行推理还是并行推理,是单调推理还是非单调推理,是用归纳法还是用自然演绎法等问题。

2.解释机构的设计

专家系统一般要求要有解释功能,在推理过程中回答用户"为什么"之类的问题及在推理结束后回答用户"怎么样(得到结果)"之类的问题。从系统功能上讲,一般是将解释作为一个独立的模块来处理,但在结构上,由于要解释就必须对推理进行实时跟踪,所以解释机构常与推理机的设计同时考虑和进行。也就是说,解释机构模块应作为推理机的一部分进行设计。

6.4.5　接口设计

人机界面设计得好坏对专家系统的可用性有着很大的影响。专家系统中的用户界面担负着双重任务。

1.专家系统与用户的接口

系统向用户提出各种问题,请求用户交互地给予回答。其目的是专家系统在执行过程中对任何需要解决而系统中不能自身解决的问题都可求助于向用户提问。

各种问题求解结论的输出(显示、打印或绘图等)可以是文字或图表等,实现对用户要求的解释信息的输出。

2.专家系统与知识工程师或领域专家的接口

这里通常指知识获取界面,其功能为:输入知识,包括对知识库内容的插入、删除和修改等,以便扩充、更新知识库;显示知识库的内容,以便进行检索和抽取,并对知识库进行维护。

6.4.6　专家系统的评价

专家系统的评价是指对建造完成的专家系统原型或初步完成的专家系统的各个性能指标进行全面测试,以检查系统是否达到原先制定的性能标准。

1. 评价的内容

对专家系统的评价,大致包括以下几个方面:

(1)评价系统的性能,看其是否达到性能标准,具有领域专家的水平,是否达到实用程度。

(2)评价系统的灵活性,看知识库的知识是否便于修改、扩充。

(3)评价系统的易了解性,即专家系统的解题过程和系统本身是否容易被用户和系统维护人员了解。

(4)评价系统的可用性,主要从系统使用方法的简单易行、人机交互手段的直观性、系统效率以及推广应用前景等方面进行评价。

(5)评价系统的效益,即系统的应用能否产生经济效益和社会效益,产出是否大于投入。

(6)评价系统的意义,看系统的实现技术对促进专家系统的发展和推广是否有积极意义,系统的应用对国民经济的发展能否产生重大的影响。

上述评价内容按次序形成一个由低到高的层次结构,只有通过较低级的评价才能进入较高级的评价。例如,若系统的性能很差,评价其他方面就失去了意义。

2. 评价的步骤

专家系统的评价一般可分为 3 个阶段,分别由不同的人员参加。这 3 个阶段为:

(1)系统开发过程中的评价。由参加系统开发工作的知识工程师和领域专家对系统进行评价。这一工作从系统开发初期一直进行到系统基本完成,只是领域专家关心的是系统的性能和解题效率,而知识工程师还要考虑系统开发技术对系统工作情况的影响。

(2)系统基本完成后的评价。请同行专家和专业人员对系统进行正式评价,其目的是对系统进行较为广泛而客观的评价。评价的方法可以采用鉴定会或散发调查表的方法。

(3)在用户环境下进行测试和评价。这一工作在专家系统鉴定后,主要由各种用户在系统上运行大量实例来评价系统的性能和实用性,这是系统正式投入运行之前必不可少的工作。

3. 评价的方法

评价专家系统有多种多样的方法。一般来讲,评价系统时应根据评价内容的层次,由低到高逐级进行,即先评价系统的性能,后评价系统的灵活性等。逐级评价的优点是便于确定未能通过评价的原因所在。

评价专家系统的性能有两种方法:

(1)利用实际的反馈信息评价系统

用实际反馈信息评价系统的优点是客观,但是有些问题在短期内不容易获得实际反馈信息,这种方法的使用便受到限制。

(2)同行专家的评议

一种常用的方法是请同行专家评议专家系统所得的结论的正确性。另一种比较客观的方法为"双盲测试法",即系统和评议专家在互不知道对方结论的情况下,各自求解相同的问题,然后比较结论,看是否一致。

由于评价专家系统的工作量比较大,现在已开始借助一些评价工具来评价专家系统。例如已研制成功的用于分析似然推理算法准确性的程序,用来比较系统计算的结果和实际统计数据的差别等。

6.5　专家系统的开发工具与开发环境

为了加速专家系统的建造,缩短研制周期,提高开发效率,专家系统的开发工具与开发环境也应运而生。到现在已有数以百计的各种各样的专家系统开发工具投入使用。常用的有面向 AI 的程序设计语言、知识表示语言、外壳系统、组合式构造工具、EST 工具等。

随着专家系统技术的普及与发展,人们对开发工具的要求也越来越高。一个好的专家系统开发工具应向用户提供多方面的支持,包括从系统分析、知识获取、程序设计到系统调试与维护的一条龙服务。于是,专家系统开发环境便应运而生。专家系统开发环境就是集成化了的专家系统开发工具包,提供的功能主要有:

(1)多种知识表示:至少提供两三种以上的知识表示方法,如逻辑、框架、对象、过程等。

(2)多种不精确推理模型:即提供多种不精确推理模型,可供用户选用。最好还留有用户自定义接口。

(3)多种知识获取手段:除了必需的知识编辑工具外,还应有自动知识获取即机器学习功能,以及知识求精手段。

(4)多样的辅助工具:包括数据库访问、电子表格、作图等工具。

(5)多样的友好用户界面:包括开发界面和专家系统产品的用户界面,应该是多媒体的,并且有自然语言接口。

(6)广泛的适应性:能满足多种应用领域的特殊需求,具有很好的通用性。

随着计算机软件开发方法向工具化方向的迅猛发展,应用工具与环境开发知识系统已是必然。所以,研制知识系统开发工具与开发环境,也是当前和今后的一个热门课题。然而,知识系统开发工具实际上是知识系统技术之集成,其水平是知识工程技术水平的综合反映。所以,知识系统开发工具的功能、性能和技术水平的发展和提高,仍有赖于知识系统本身技术水平的发展和提高。

6.6　新型专家系统介绍

自从世界上第一个专家系统 DENDRAL 问世以来,专家系统已经走过了许多年的发展历程。从技术角度看,基于知识库(特别是规则库)的传统专家系统已趋于成熟,但仍存在不少问题,诸如知识获取问题、知识的深层化问题、不确定性推理问题、系统的优化和发展问题、人机界面问题、同其他应用系统的融合与接口问题等,都还未得到满意解决。为此,人们针对这些问题对专家系统做了进一步研究,引入了多种新思想、新技术,提出了形形色色的新型专家系统。

1. 深层知识专家系统

深层知识专家系统,即不仅具有专家经验性表层知识,而且具有深层次的专业知识。这样,系统的智能就更强了,也更接近于专家水平了。例如,一个故障诊断专家系统,如果不仅有专家的经验知识,而且也有设备本身的原理性知识,那么,对于故障判断的准确性将会进一步提高。要做到这一点,这里存在一个如何把专家知识与领域知识融合的问题。

2. 模糊专家系统

模糊专家系统的主要特点是通过模糊推理解决问题。这种系统善于解决那些含有模糊性数据、信息或知识的复杂问题,但也可以通过把精确数据或信息模糊化,然后通过模糊推理对复杂问题进行处理。

这里所说的模糊推理包括基于模糊规则的串行演绎推理和基于模糊集并行计算(即模糊关系合成)的推理。对于后一种模糊推理,其模糊关系矩阵相当于通常的知识库,模糊矩阵的运算方法也就相当于通常的推理机。

模糊专家系统在控制领域非常有用,它现已发展成为智能控制的一个分支领域。

3. 神经网络专家系统

其原理是利用神经网络的自学习、自适应、分布存储、联想记忆、并行处理,以及鲁棒性和容错性强等一系列特点,用神经网络来实现专家系统的功能模块。

这种专家系统的建造过程是:先根据问题的规模,构造一个神经网络;再用专家提供的典型样本规则,对网络进行训练;然后利用学成的网络,对输入数据进行处理,便得到所期望的输出。

可以看出,这种系统把知识库融入网络之中,而推理过程就是沿着网络的计算过程。而基于神经网络的这种推理,实际是一种并行推理。

这种系统实际上是自学习的,它将知识获取和知识利用融为一体。而且它所获得的知识往往还高于专家知识,因为它所获得的知识是从专家提供的特殊知识中归纳出的一般知识。

这种专家系统还有一个重要特点,那就是它具有很好的鲁棒性和容错性。

还需指出的是,用神经网络专家系统也可构成神经网络控制器,进而构成另一种智能控制器和智能控制系统。

上面我们简单介绍了模糊专家系统和神经网络专家系统,研究发现,模糊技术与神经网络存在某种等价和互补关系。于是,人们就将二者结合起来,构造模糊神经系统或神经模糊系统,从而开辟了将模糊技术与神经网络技术相结合、将模糊系统与神经网络系统相融合的新方向。由于篇幅所限,这里不进行详述,有兴趣的读者可参阅有关文献。

4. 大型协同分布式专家系统

这是一种多学科、多专家联合作业,协同解题的大型专家系统,其体系结构又是分布式的,可适应分布式网络环境。

具体来讲,分布式专家系统的构成可以把知识库分布在计算机网络上,或者把推理机制分布在网络上,或者两者兼而有之。此外,分布式专家系统还涉及问题分解、问题分布和合作推理等技术。

问题分解就是把所要处理的问题按某种原则分解为若干子问题。问题分布是把分解好的子问题分配给各专家系统去解决。合作推理是指分布在各节点的专家系统通过通信,进行协调工作,当发生意见分歧时,甚至还要辩论和折中。

需指出的是,随着分布式人工智能技术的发展,多 Agent 系统将是分布式专家系统的理想结构模型。

5. 网上(多媒体)专家系统

网上专家系统就是建在 Internet 上的专家系统,其结构可取浏览器/服务器模式,用浏览器(如 Web 的浏览器)作为人机接口,而知识库、推理机和解释模块等则安装在服务器上。

多媒体专家系统就是把多媒体技术引入人机界面,使其具有多媒体信息处理功能,并改善人机交互方式,进一步增强专家系统的拟人性效果。

将网络与多媒体相结合,是专家系统的一种理想应用模式,这样的网上多媒体效果将使专家系统的实用性大大提高。

6. 事务处理专家系统

事务处理专家系统是指融入专家模块的各种计算机应用系统,如财务处理系统、管理信息系统,决策支持系统、CAD 系统、CAI 系统等。这种思想和系统,打破了将专家系统孤立于主流的数据处理应用之外的局面,将两者有机地融合在一起。事实上,也应该如此,因为专家系统并不是什么神秘的东西,它只是一种高性能的计算机应用系统。这种系统也就是要把基于知识的推理,与通常的各种数据处理过程有机地结合在一起。当前迅速发展的面向对象方法,将会给这种系统的建造提供强有力的支持。

第7章 机器学习

7.1 相关概念

机器学习(machine learning)是继专家系统之后人工智能应用的又一重要领域,也是人工智能研究的核心课题之一。机器学习一直受到人工智能及认知心理学家们的普遍关注。机器学习一直被公认为是设计和建造高性能专家系统的"瓶颈",如果在这一研究领域中有所突破,将成为人工智能发展史上的一个里程碑。

近年来,随着专家系统的发展,需要系统具有学习能力,这促进了机器学习的研究,使之获得了较快的发展,研制出了多种学习系统。机器学习与计算机科学、心理学等多个学科都有密切的关系,牵涉的面比较宽,而且许多理论及技术上的问题尚处于研究之中。因此,本章对它的一些基本概念和研究方法进行探讨,以便对它有一个初步的认识。

7.1.1 机器学习的定义

学习是人类具有的一种重要的智能行为,但究竟什么是学习,这仍然是一个正在研究之中的问题。社会学家、逻辑学家、心理学家和人工智能专家都在不断地探讨这个问题。

什么是机器学习? 目前很难给出一个统一和公认准确的定义。从字面上理解,机器学习是研究如何使用机器来模拟人类学习活动的一门科学。从人工智能的角度出发,则认为机器学习是一门研究使用计算机获取新知识和技能,并能够识别现有知识的科学。

使计算机系统具有某种学习能力是人工智能研究的一个热点。但是,由于机器学习本身的难度及相关学科研究水平的限制,它的发展比较艰难。多年来,人们从不同的角度,提出了许多引人注目的机器学习的研究方法,取得了较大的进展。

目前,对"学习"的定义中有较大影响的观点主要有:

1. 学习是系统改进其性能的过程

这是西蒙(Simon)关于"学习"的观点。1980 年,他在卡耐基梅隆大学召开的机器学习研讨会上做了"为什么机器应该学习"的发言。在此发言中,他把学习定义为系统中的任何改进,这种改进使得系统在重复同样的工作或进行类似的工作时,能完成得更好。这一观点在机器学习研究领域中有较大的影响。机器学习的基本模型就是基于这一观点建立起来的。

2. 学习是获取知识的过程

这是专家系统研究人员提出的观点。知识获取一直是专家系统建造中的困难问题,因此他们把机器学习与知识获取联系起来,希望通过对机器学习的研究实现知识的自动获取。

3. 学习是技能的获取

这是心理学家关于如何通过学习获得熟练技能的观点。人们通过大量实践和反复训练可以改进机制和技能,如像骑自行车、弹钢琴等都是这样。但是,学习并不仅仅只是获得技能,这一观点只是反映了学习的一方面。

4. 学习是事物规律的发现过程

在 20 世纪 80 年代,由于对智能机器人的研究取得了一定的进展,同时又出现了一些发现系统,于是人们开始把学习看作是从感性知识到理性知识的认识过程、从表层知识到深层知识的转化过程,即发现事物规律、形成理论的过程。

综合上述各种观点,可以将学习定义为一个有特定目的的知识获取过程,其内在行为是获取知识、积累经验、发现规律,其外部表现是改进性能、适应环境、实现系统的自我完善。

7.1.2 机器学习发展简史

机器学习的研究有助于发现人类学习的机理和揭示人脑的奥秘,因此在人工智能发展的早期阶段,机器学习的研究就占有重要的地位。它的发展过程大体可分为以下几个阶段。

第一阶段的机器学习侧重于非符号的神经元模型的研究,主要是研制通用学习系统,即神经网络或自组织系统。1957 年,Rosenblatt 首次引进了感知器(perceptron)的概念,它由阈值性神经元组成,试图模拟动物和人脑的感知和学习能力。这与当时占主导地位的以顺序离散符号推理为基本特征的人工智能途径完全不同,因而引起了很大的争议。人工智能的创始人中的 Minskey 和 Papert 潜心研究数年,对以感知器为代表的网络系统的功能受其局限性从数学上进行了深入的研究,于 1969 年出版了颇有影响的《Perceptron》一书,他们的结论是悲观的。他们悲观的结论致使这一研究方向陷入低潮。

第二阶段为 20 世纪 70 年代中期至 80 年代后期,机器学习主要侧重于符号学习的研究。由于人工智能的新分支——专家系统的蓬勃发展,知识获取变成当务之急。这给机器学习的研究带来了新的契机,并产生了许多相关的学习系统,其中具有代表性的有 Michalski 的 AQVAL(1973),Buchana 等人的 Meta-Dendral(1978),Lenat 的 AM(1976),Langley 的 BACON(1978),Quinlan 的 ID3(1983)等。

1980 年,第一届机器学习研讨会在卡耐基梅隆大学举行(以后每两年举行一次,1983 年在 Illinois 大学,1985 年在 Rutgers 大学,1987 年在加州大学,从 1988 年起发展成为正式的机器学习年会 ICML),同年,在 *International Journal of Policy Analysis and Information Systems* 杂志上连续三期出版了以机器学习为主题的专刊(1980 年第 2,3,4 期);1981 年,*SIGART Newsletter* 第 76 期又专题回顾了机器学习领域的研究工作;1983 年,由 Michalski 等人编辑出版了第一本有关机器学习的读物 *Machine Learning:An Artificial Intelligence Approach* 第 1 卷(1986 年和 1990 年又分别出版了第 2 卷和第 3 卷)。

1986 年,第一份机器学习杂志 *Machine Learning* 正式创刊。此外,在有关人工智能的各种学术会议(如 IJCAI 和 AAAI)上也不乏机器学习的研究报告。这一阶段,符号学习的研究兴旺发达,并出现了许多相关的学习策略,如传授式学习、实例学习、观察和发现式学习、类比学习、解释学习等。

第三阶段为20世纪80年代后期至今,机器学习的研究进入了一个全面化、系统化的时期。一方面,传统符号学习的各种方法已全面发展并且日臻完善,应用领域不断扩大,达到了一个巅峰时期。同时,由于发现了用隐单元来计算与学习非线性函数的方法,克服了早期神经元模型的局限性。计算机硬件的飞速发展使神经网络迅速崛起,并广泛用于声音识别、图像处理等诸多领域。计算机运行速度的提高和并行计算机的不断普及也使得演化计算的研究突飞猛进,并在机器学习领域应用取得了很大的成功。这些使得神经网络学习、演化学习和符号学习呈现出争奇斗艳的态势。另一方面,机器学习基础理论的研究越来越引起人们的高度重视,从1988年起,美、德、日等国连续召开计算学习理论的学术会议。近年来,各种关于机器学习的杂志上也不乏这方面的学术论文。随着机器学习技术的不断成熟和计算学习理论的不断完善,机器学习必将会给人工智能的研究带来重大突破。

7.1.3　机器学习的分类

根据不同的角度,机器学习有不同的分类。例如,按照应用领域,可分为专家系统学习、问题求解、认知模拟等;按获取知识的表示,可分为逻辑表达式、产生式规则、决策树、框架、神经网络等;按推理策略,可分为演绎学习和归纳学习;按系统性,可分为历史渊源和现代应用领域等。这里,按照机器学习实现途径来进行分类,具体可分为符号学习、连接学习、遗传算法学习等几种类型。

1. 符号学习

符号学习就是采用符号表达的机制,使用相关的知识表示方法及学习策略,实施机器学习。根据机器学习使用的策略、表示方法及应用领域的不同,符号学习具体又可分为记忆学习、示教学习、演绎学习、类比学习、示例学习、发现学习、解释学习等类型。

2. 连接学习

连接学习即基于神经元网络的机器学习。神经计算连接的模型由一些相同单元及单元间带权的连接组成,通过训练实例来调整网络中的连接权。这种连接机制是一种非符号的、并行的、分布式的处理机制。比较有名的神经网络模型和学习算法有:感知机、Hopfield模型和反向传播BP网络算法等。

3. 遗传算法学习

遗传算法是一种优化算法,它模拟了生物的遗传机制和生物进化的自然选择——适者生存,优胜劣汰。具体地说,一个概念描述的变形对应于一个物种的个体,这些概念的诱导变化和重组,可用一个对应自然选择的准则目标函数来衡量,将其中那些优胜者保留在基因库中。遗传算法适用于非常复杂的环境,例如带有大量噪声和无关数据的不断更新的事物,不能明显和精确定义的目标,以及要通过很长的执行过程才能确定当前行为的价值等。

7.2 机 械 学 习

7.2.1 机械学习的模式及主要问题

机械学习是最简单的机器学习方法。机械学习就是记忆,即把新的知识存储起来供需要时检索调用,而不需要进行计算和推理。

机械学习也是最基本的学习过程。任何学习系统都必须记住它们获取的知识。在机械学习系统中,知识的获取是以较为稳定和直接的方式进行的,不需要系统进行过多的加工。而对于其他学习系统,需要对各种建议和训练例子等信息进行加工处理后才能存储起来。

当机械学习系统的执行部分解决好问题之后,系统就记住该问题及其解。可把学习系统的执行部分抽象地看成某个函数,该函数在得到自变量输入值$(X_1, X_2, \cdots, X_n)$之后,计算并输出函数值$(Y_1, Y_2, \cdots, Y_p)$。机械学习在存储器中简单地记忆存储对$(X_1, X_2, \cdots, X_n)$,$(Y_1, Y_2, \cdots, Y_p)$。当需要$f(X_1, X_2, \cdots, X_n)$时,执行部分就从存储器中把$(Y_1, Y_2, \cdots, Y_p)$简单地检索出来,而不是重新计算它。

例如,考虑一个决定受损汽车修理费用的汽车保险程序。这个程序的输入是被损坏的汽车的描述,包括制造厂家、生产年代、汽车的种类以及记录汽车被损坏部位和损坏程度的一个表,程序的输出是保险公司应付的修理费用。这个系统是一个机械记忆系统。为了估算受损汽车的修理费用,程序系统必须在存储器中查找同一厂家、同一生产年代、损坏的部位和程度相同的汽车,然后把对应的费用提交给用户。系统如果没有发现这样的汽车,则使用保险公司公布的赔偿规则估算出一个修理费用,然后把厂家、生产日期和损坏情况等特征与估算出的费用保存起来,以便将来查找使用。

正像计算问题可以简化成存取问题一样,其他的推理过程也可以简化成较为简单的任务,例如推导可以简化成计算。比方说,第一次要解一个一元二次方程的时候,必须使用很长的一段推导才能得出解方程的求根公式。但是一旦有了求根公式,以后再解一元二次方程时,就不必重复以前的推导过程,可以直接使用求根公式计算出根,这样就把推导问题简化成了计算问题。同样地,归纳过程可以简化成推导过程。例如,可以在大量病例的基础上归纳总结出治疗的一般规律,形成规则,当遇见一个新病例时,就使用规则去处理它,而不必参照以前的众多病例推断解决办法。简化的目的主要是为了提高工作效率。

对于机械学习,需要注意以下3个重要的问题:

1. 存储组织信息

显然,只有当检索一个项目所用的时间比重新计算一个项目所用的时间短时,机械学习才有意义,检索得越快,其意义也越大。因此,采用适当的存储方式,使检索速度尽可能地快,是机械学习中的重要问题。在数据结构与数据库领域,为提高检索速度,人们研究了许多卓有成效的数据存储方式,如索引、排序、杂凑等。

2. 环境的稳定性与存储信息的适用性问题

在急剧变化的环境中,机械学习策略是不适用的。作为机械学习基础的一个重要假定是在某一时刻存储的信息必须适用于后来的情况。然而,如果信息变换得特别频繁,这个假定就被破坏了。

3. 存储与计算之间的权衡

因为机械学习的根本目的是改进系统的执行能力,所以对于机械学习来说很重要的一点是它不能降低系统的效率。比方说,如果检索一个数据比重新计算一个数据所花的时间还要多,那么机械学习就失去了意义。

对这种存储与计算之间的权衡问题,解决方法有两种。一种方法是估算一下存储信息所要花费的存储空间以及检索信息时所花费的时间,然后将其代价与重新计算的代价进行比较,再决定存储信息是否有利。另一种方法是把信息先存储起来,但为了保证有足够的检索速度限制了存储信息的量,系统只保留那些最常使用的信息,"忘记"那些不常使用的信息。这种方法也叫"选择忘却"技术。

7.2.2 机械学习应用举例

虽然机械学习是机器学习中最简单的策略,但是正确使用这种策略却能对提高应用软件系统的质量起着重要作用。下面介绍吉林大学开发的建筑工程预算软件系统中采用的机械学习策略。其成功地解决了工程预算中较难处理的图集问题。

建筑工程预算是建筑工程中一项困难而又重要的任务,工作量大,要求高。过去用手工编制,要花费很多时间。对于 3 000 m^2 的民用建筑,一个技术人员手工编制预算需要 15 ~ 20 天,加上工料分析、取费计算等,需要近一个月时间,而且容易出错,影响预算的质量,造成资金、人员和材料的浪费与损失。近年来,建筑预算系统减轻了建筑工程预算人员的繁重的脑力劳动,提高了工程预算的速度与准确性。但是,建筑预算中的关键问题——工程量计算问题,却始终没有得到很好的解决。这个问题的困难之一在于现行使用的建筑工程设计图纸上的数据与计算机要求的初始输入数据之间存在着很大的差距,只有靠建筑工程人员分析观察图纸,形成计算机可接受的初始输入,才能开始计算。造成工程量计算困难的第二个原因是设计图纸中出现的大量的门窗及预制件型号。预算中,工程技术人员需要不断查阅有关资料,决定这些预制件所需工时及材料。其所采用的机械学习方法主要用来解决这一困难。

建筑工程中使用的门窗,大都采用国家或省市的标准设计,例如,某建工部规定的标准木窗,其宽度 1 m、高度 1.6 m,此外还确定了窗的式样,如该窗子是亮的、3 开扇、中间固定、有小气窗。根据这种标准设计图纸,人们预先计算出建造一个这种窗子所需的木料、玻璃、油漆、拉手等和所需木工量和油漆工时等。在建筑工程图纸上,并不画出具体的窗子和门,只标明窗子和门的型号;预算时,只要数出各种窗子和门分别有多少个,然后根据标准图集查出每种窗子和门各需要多少原材料及人工,即可求出建造门窗所需总的建筑材料及费用。

从问题的性质来看,采用计算机检索是最适宜不过了。但事情并不那么简单,问题的难点在于门窗的标准型号太多。这些标准型号的门窗,按规定标准的部门及门窗的种类编成许多厚厚的标准图集。虽然在工程预算程序内部保存了大量的标准图集,但仍不能满足预算的实际需要,一旦遇见一个先前未装入的新型号,系统只好暂时停止运行,把新型号门窗及有关数据装入后再行计算。这样算算停停,很不方便,而且使预算时间拖得很长。

建筑工程所用的门窗及预制构件虽多,但也有其规律性。一般说来,一个建筑工程设计部门经常使用某些型号,对另外一些型号却较少涉及,一个工程项目通常只采用几种至几十种型号的门窗和预制件,并不是杂乱无章的。因此可采用机械学习方法解决这一问题。当程序运行中遇见未曾装入的门窗型号或预制构件型号时,不是停下来待装入后重新计算,而是向用户提出询问,根据用户提供的数据,程序算出一个窗或门等标准构件所需木材、玻璃、铁角等材料及所需各工种工时数,然后把计算的数据提供给预算系统继续计算,并把门窗等标准构件型号与所需材料及工时保存起来,以后再遇到同种型号的标准构件,建筑工程系统只要通过检索就能获得数据,可以顺利进行下去,不再需要用户干预。因为大多数工程项目为了采购、制造、运输与管理上的方便,只采用几种至几十种的标准预制构件,所以预算系统在询问几次之后,就不必再进行询问,直至计算得出最终预算结果,从而方便了用户,缩短了运行时间。

这种预算方法的另一个优点是具有广泛的适应性和自我完善能力,一个建筑设计部门通常与几个门窗生产厂家与预制件厂家有业务联系,因此通常采用某些型号的标准预制件。一旦这些型号的数据装入计算机,系统就能在大多数情况下独立完成预算。因此,上面采用的图集处理方法不仅适用于一个省,其他省份与建筑部门也可同样采用,只要使用一段时间之后,系统所积累的型号就基本上能满足要求。这种系统便于推广,而且使用的次数越多,积累的标准构件型号越多,系统提出询问的情况越少,计算的速度也越来越快。

7.3 归 纳 学 习

从实验数据中通过归纳发现知识,即为归纳学习。归纳学习从特例推导出一般规则,是目前符号学习中研究得最多也最为广泛的一种方法。归纳学习通过给定关于某个概念的一系列正例和反例,从中归纳出一个通用的概念描述。通过归纳学习,能够获得新的概念,创立新的规则,发现新的理论。人类知识的增长主要得益于归纳学习,例如,通过观察"燕子会飞""麻雀会飞"等大量事实,归纳得到"鸟会飞"的结论。虽然有时归纳得到的结论不如演绎推理得到的结论可靠,但对于认识的发展与完善具有重要的启发意义。

7.3.1 归纳学习概述

1. 归纳学习系统的模型

在机器学习领域中,可把归纳学习形式化地描述为使用训练实例,从而导出一般规则的搜索问题。全体可能的实例构成实例空间,全体可能的一般规则构成规则空间,归纳的过程就是完成实例空间与规则空间之间协调的搜索比较过程。按照该模型,归纳学习系统的执行过程可大致描述为:根据规则空间提供的一般规则,由实验规划过程通过对实例空间的搜索,完成实例选择,并将选中的活跃实例提交解释过程;解释过程对实例经过适当的转换,将活跃实例变换为规则空间中的特定概念,以引导对规则空间的搜索。

2. 归纳学习的一般模式

按照归纳学习的模式,给定:

(1)一组从观测得出的陈述事实 E,即获得关于对象的情况及过程等的知识表示;

（2）一个试探性的归纳断言（也可能不成立而为空）；

（3）背景知识，包括有关领域知识、对于上述 E 的约束条件、假定、可供参考的归纳断言以及表征该断言期望性质的参考准则等。

求：归纳断言（假说）H，使重言蕴涵或弱蕴涵的事实集 E，并满足背景知识。

若在所有解释下，$H \to E$ 为真，即 H 永真蕴涵 E，则有 $H \mid > E$，读作 H 特殊化为 E；或 $E \mid < H$，读作 E 一般化为 H。

其中，"$\mid >$" 表示特殊化算符，"$\mid <$" 表示一般化算符。

H 弱蕴涵 E 的意思，指 H 蕴涵的 E 不完全确实，即仅仅是似然的或是 H 的部分结论。因为从任一给定事实集 E，可以归纳产生无限多个可能蕴涵 E 的 H，却无法证明每一个这样的蕴涵是否都为真。例如，从"麻雀会飞""燕子会飞"……这样的事实集 E 中，有可能归纳出"有翅膀的动物会飞""长羽毛的动物会飞""长着两条细腿的动物会飞"……这些假设 H，其潜在数目可能很大。在一般情况下，这些假设是可信的。但只要后来发现有一个例外事实，就可能使一些 H 失效，而且事先也无法判定将使哪个或哪些 H 失效。

7.3.2 归纳学习方法

一般的归纳学习方法有两种：示例学习以及发现和观察学习。

1. 示例学习

示例学习（learning from examples），又称实例学习或从例子中学习。它是通过环境取得的若干实例中，包括一些相关的正例和反例，而归纳出一般性概念或规则的方法。

示例学习针对产生概念的正例集合与反例集合，由归纳推理，得出覆盖所有正例并排除所有反例的概念描述，并可用规则形式或决策树的方法来表示这种概念的描述。例如，要让示例学习系统学到关于虎的概念，可以先提供给程序各种动物，并告知程序哪种动物是虎，哪些不是虎，系统学习后便概括出虎的概念模型和类型定义。利用这个类型定义，就可作为动物世界中识别虎的分类准则。这种构造类型定义的学习，又称概念学习。

示例学习不仅可以学习概念，也可获得规则。它一般也是采用实例空间和规则空间实施学习。实例空间存放着系统提供的实例和训练事件，规则空间存放着由实例归纳成的规则。一方面，运用实例空间的实例提供的启发性信息，来引导对规则空间的搜索；另一方面，这些规则又需要进一步用实例空间的实例来检验。因此，示例学习可以看作是实例空间和规则空间相互作用的过程。

2. 发现和观察学习

发现和观察学习（learning from discovery and observation）过程，观察取自有关环境的大量数据、实例以及对经验数据的了解与分析，发现即经过搜索而归纳出规则，机器学习系统由此推导、归纳总结出一般规律性的结论知识。这是一种没有教师指导的归纳学习，其学习形式包括概念聚类、结构分类、数据拟合、发现自然定律以至建立系统行为的理论。这类系统有时不仅能发现人们所知而未见的规律或规则，甚至能发现客观事物中被人们忽略的新概念。例如，利用 BACON 实验数据分析的学习系统，人们不仅发现了欧姆定律、牛顿万有引力定律、开普勒行星运动定律等，还发现了一些早期化学家发现的定理，如普罗斯特定律、吕萨克定律等。

代表性的发现和观察学习系统主要有：

（1）AM 系统（1977 年）

该系统能从集合论的几个基本概念出发，经过学习可以发现标准数论的一些概念和定理，甚至有一些是数学家未提出过的概念。

在 AM 系统中，通过框架表示知识，以启发式搜索做指导来发现新概念。它的基本工作过程包括：

①知识表达

用框架表示知识，每个框架表示一个概念。AM 的主要活动之一是创造新概念并填写其槽。

②问题求解

主要包括如下一些步骤：

a. 启发式搜索：它是在 250 个启发式规则的指导下进行的。这些规则对学习程序进行动作提示，该动作可能导致"有趣"的发现。

b. 生成测试：在少数实例的基础上形成假设，然后再在大量实例集中测试这些假设，看它们是否都能成立。

c. 日程表：用以控制发现过程的一张表。当启发式规则提出一个任务时，便将任务置于中央日程表中，并同时放入提出该任务的理由和权，AM 据此循环操作，每次从日程表中挑选最有希望的任务来执行。

AM 采用循环操作。每循环一次，就从日程表中选出一个任务并执行。每当一个任务被选出后，就赋给它一个号码。

（2）BACON 系统（1980 年）

该系统是一个发现物理学中经验性定理的机器学习系统，它能重新发现波义耳定律、欧姆定律、牛顿万有引力定律和开普勒行星运动定律等。

例如，如果给程序提供一系列气体体积随温度、压力变化的实验数据，系统经过学习概括和归纳推理，可以得出理想气体的波义耳定律。

BACON 系统的思想是利用一些算子反复构造一些新的项，当这些项中有一个是常数时，就得到概念"项＝常数"。

7.3.3　决策树学习

决策树（decision tree）学习是一种以实例为基础的归纳学习算法。该算法采用自顶向下的递归方式，着眼于从一组无次序、无规则的实例中，推理出决策树形式的分类规则。决策树算法从内部节点进行属性值比较开始，并根据不同的属性值判断每一个节点向下的分支，在决策树的叶节点得到结论。因此，每一条根到叶节点的路径，就对应着一条合取规则，整棵决策树就对应着一组析取表达式规则。基于决策树的学习算法的最大优点在于：在学习过程中，使用者无须了解很多背景知识，只要训练例子能够用"属性－结论"产生式表达出来，就能使用该算法来学习。

一棵决策树的内部节点表示了属性或属性的集合，其中，内部节点的属性又称测试属性，叶节点则是所要学习划分的类。要对一批实例集进行训练来产生决策树，就从树根开始，对其内部节点逐点测试属性值，顺着分支向下走，直至到达某个叶节点，也就确定了该节点所表示的类。

根据决策树的各种不同属性,有以下几种不同的决策树:

(1)决策树的内部节点的测试属性可以为单变量,也可以是多变量的。即每个内节点可以只有一个属性,也存在包含多个属性的情况。

(2)根据测试属性值的个数,可能使得每个内部节点至少有一个或多个分支。如果每个内部节点只有两个分支,则把该决策树称为二叉决策树。

(3)每个属性可能是数值型,也可能是概念型。其中,二叉决策树可以是前者,也可以是后者。

(4)分类结果既可能是两类,也可能是多类。如果二叉决策树的结果只能有两类,则又称之为布尔决策树。

决策树有不同的等价表示形式,因此就有不同的算法来实现其功能。

7.4 类 比 学 习

类比(analogy)是人们求解问题常用的一种基本方法。通过类比学习,人们可以把两个不同领域中的理论的相似性抽取出来,用其中一个领域求解问题的推理思想和方法,指导另一个领域的问题求解。因此,类比学习在科学技术发展的历史中起着重要的作用,很多发明和发现就是通过类比学习获得的。例如,卢瑟福将原子结构和太阳系进行类比,发现了原子结构;水管中的水压计算公式和电路中电压计算公式相似等。

7.4.1 类比学习概述

类比学习(learning by analogy)的一般含义是:对于两个对象,如果它们之间有某些相似属性,那么它们之间就存在基于该属性知识的推理关系。类比学习系统就是通过在几个对象之间检测相似性,根据一方对象所具有的事实和知识,推论出相似对象所应具有的事实和知识。类比学习的核心技术是相似性的定义和度量,使学习系统能根据环境提供的信息和已知的相似性知识,推论出未知领域问题的相关知识并进行求解。

7.4.2 属性类比学习

属性类比学习是根据两个相似事物的属性实现类比学习的。

1979 年,温斯顿研究开发了一个属性类比学习系统。通过对这个系统的讨论可具体地了解属性类比学习的过程。在该系统中,源域和目标域都是用框架表示的,分别称源框架和目标框架。框架的槽用于表示事物的属性。其学习过程是把源框架中的某些槽值传递到目标框架的相应槽中去。传递分以下两步进行:

1. 从源框架中选择若干槽作为候选槽

所谓候选槽是指其槽值有可能要传递给目标框架的那些槽。选择的方法是相继使用如下启发式规则:

(1)选择那些具有极端槽值的槽作为候选槽。如果在源框架中有某些槽是用极端值作为槽值的,例如"很大""很小""非常高"等,则首先选择这些槽作为候选槽。

(2)选择那些已经被确认为"重要槽"的槽作为候选槽。如果某些槽所描述的属性对事物的特性描述占有重要地位,则这些槽可被确认为重要的槽,从而被选作候选槽。

(3)选择那些与源框架相似的框架中不具有的槽作为候选槽。设 S 为源框架,S' 是任一与 S 相似的框架,如果在 S 中有某些槽,但 S' 不具有这些槽,则就选这些槽作为候选槽。

(4)选择那些相似框架中不具有这种槽值的槽作为候选槽。设 S 为源框架,S' 是任一与 S 相似的框架,如果 S 有某槽,其槽值为 a,而 S' 虽有这个槽但其槽值不是 a,则这个槽可被选为候选槽。

(5)把源框架中的所有槽都作为候选槽。当用上述启发式规则都无法确定候选槽,或者所确定的候选槽不够用时,可把源框架中的所有槽都作为候选槽,供下一步进行筛选。

2.根据目标框架对候选槽进行筛选

筛选按以下启发式规则进行:

(1)选择那些在目标框架中还未填值的槽。

(2)选择那些在目标框架中为典型事例的槽。

(3)选择那些在目标框架有紧密关系的槽,或者与目标框架的槽类似的槽。

通过上述筛选,一般都可得到一组槽值,分别把它们填入到目标框架的相应槽中,就实现了源框架中某些槽值向目标框架的传递。

7.4.3 转换类比学习

转换类比学习系统由 J. G. Carbonell 于 1981 年提出。下面简单介绍其基本原理与结构。

1.转换类比学习系统的基本原理

转换类比学习系统是基于"手段 – 目的分析"(means-ends analysis,MEA)的。这是一种通用的问题求解方法,其基本思想是:首先检测当前状态与目标状态的差别,然后寻找一个操作去减小这种差别;如果当前状态不能应用该操作,则建立一个从当前状态到该操作所需状态的子问题;如果该操作的结果不能精确地产生目标状态,则建立一个从该操作的结果状态到目标状态的子问题。如果操作选得合适,则这两个子问题将比原问题容易求解。子问题分解的方法还可递归地应用下去,直到整个问题获得解决。

但是,人类在求解一个问题时,往往不是从头考虑的,而是充分利用以前求解类似问题时所采用的方法。力求将类似问题的解法转换到新问题上,如果没有类似问题的解法可用,再使用 MEA 方法求解。这种在相似问题之间实施经验转移的类比方法,能很好地提高问题的求解效率。

2.MEA 方法的问题求解模型

MEA 方法的问题求解模型由两部分组成:问题空间和在此空间进行的问题求解动作。

问题空间包括:

(1)一组可能的问题组合状态集。

(2)一个初始状态。

(3)一个或多个目标状态,即终止状态。为简便起见,假设只有一个目标状态。

(4)当满足预置条件时,可将一个状态作为另一个状态的一组变换规则集或操作符。

（5）计算状态间的差别函数，往往用于当前状态与目标状态的比较，得出两者间的差别。

（6）对可用的变换规则进行编序，以便选择一个能最大限度减小差别的索引函数。

（7）一组全局的路径限制。其目标路径必须满足的条件是解有效，路径限制本质上要求有利于找到最多的解序列，而不以单个状态或者操作符来影响决策。

（8）一个用于指示什么条件下可用何种变换规则的差别表。

在此空间使用 MEA 求解技术来选择问题的求解操作序列，按照状态空间转换方法设法找到一条从初始状态到目标状态的解路径。标准的 MEA 算法如下：

（1）比较当前状态和目标状态，得出差别。

（2）选择合适的规则或算子，以减少两个状态间的差别。

（3）尽可能应用前一步选中的转换规则，直至完成状态转换，否则保存当前状态并将 MEA 算法递归地用于其他子问题，直到该子问题确认不能满足该规则的前提条件为止。

（4）子问题求解后，恢复被保存的当前状态，再继续求解原来的问题。

7.5 解释学习

解释学习（explanation-based learning）是 20 世纪 80 年代兴起的一种机器学习方法，是一种演绎学习方法。它是通过运用相关的领域知识，对当前提供的单个问题求解实例进行分析，从而构造解释并产生相应知识的。目前，已经建立了一些解释学习系统，如米切尔等人研制的 LEX 和 LEAP 系统以及明顿（S. Minton）等人研制的 PRODIGY 系统等。

7.5.1 解释学习概述

解释学习与前面讨论过的归纳学习及类比学习不同，它不是通过归纳或类比进行学习的，而是通过运用相关的领域知识及一个训练实例来对某一目标概念进行学习，并最终生成这个目标概念的一般性描述。该一般描述是一个可形式化表示的一般性知识。

提出解释学习方法的主要原因是：

（1）人们经常能从观察或执行的单个实例中得到一个一般性的概念及规则，这就为提出解释学习提供了可能性。

（2）归纳学习虽然是人们常用的一种学习方法，但由于它在学习中不使用领域知识分析、判断实例的属性，而仅仅通过实例间的比较来提取共性，所以无法保证推理的正确性，而解释学习因在其学习过程中运用领域知识对提供给系统的实例进行分析，避免了类似问题的发生。

（3）应用解释学习方法进行学习，有望提高学习的效率。

7.5.2 解释学习框架

基于解释的学习过程将大量的观察事例汇集在一个统一、简单的框架内，通过分析为什么实例是某个目标概念的例子，对分析过程（一个解释）加以推广，剔去与具体例子有关的成分,从而产生目标概念的一个描述。通过对一个实例的分析学习,抽象的目标概念被具体化了,从而变得更易理解与操作,为类似问题的求解提供有效的经验。

基于解释的学习的一般框架可以用一个四元组 < DT,TC,E,C > 来表示,其中,DT 代表域理论(domain theory),它包含一组事实和规则,用于证明或解释训练实例如何满足目标概念;TC(target concept)为目标概念的非操作性描述;E 为训练实例,即相应的 TC 的一个例子;C 为操作性准则(operationality criterion),用以表示学习得到的目标概念可用其基本的可操作的概念表示。C 是定义在概念描述上的一个二阶谓词。基于解释的学习的任务是从训练实例中找出一个一般描述。该描述中的谓词均是可操作的,且构成目标概念成立的充分条件。

下面的例子是一个用 Prolog 描述的基于解释的学习系统的实例。

有一个自杀事件,其应用模型如下。

(1)领域理论

如果一个人感到沮丧,他会恨自己:

hate(x,x):——depressed(x)

如果一个人买了某物,那么他就拥有该物:

possess(x,y):——buy(x,y)

猎枪是武器,手枪也是武器:

weapon(x):——shotgun(x)

weapon(x):——pistol(x)

(2)目标概念

如果 x 恨 y,并且 x 拥有武器 z,那么 y 可能被 x 所杀,即

kill(x,y):——hate(x,y),weapon(z),possess(x,z)

(3)操作准则

谓词 depressed,buy,shotgun,pistol 均为可操作性谓词,即

operational$(depressed(x))$

operational$(buy(x,y))$

operational$(shotgun(x))$

operational$(pistoi(x))$

在操作准则中,operational 是谓词,它的变元也是谓词,所以操作准则是二阶谓词。在这一例子中,学习任务是获得一条判断自杀的法则,所使用的实例为 John 自杀事件中 3 条事实。

7.5.3 解释学习过程

基于解释的学习过程可分为如下两个步骤:

(1)分析阶段,生成一棵证明树,解释为什么该实例是目标概念的一个实例;

(2)基于解释的抽象(explanation-based generalization,EBG)阶段。

通过将实例证明树中的常量用变量进行替换,形成一棵基于解释的抽象树(简称 EBG 树),得到目标概念的一个充分条件。

在前面的例子中,因为系统要学习关于"自杀"的概念,首先在分析阶段求解的目标为

kill(John,John)，即判定 John 是否自杀，得到如图 7-1 所示的证明树。

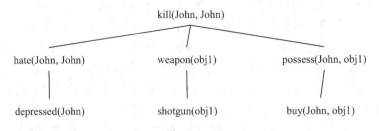

图 7-1 自杀实例的证明树

在基于解释的抽象阶段，通过实例证明比较，基于解释学习 EBG 树将实例证明树中所有常量均用变量加以替换，并且保持一致替换，得到图 7-2 所示的 EBG 树。

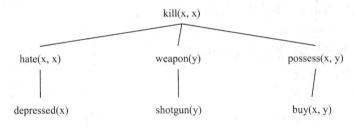

图 7-2 自杀实例的 EBG 树

由于这个 EBG 树中每个叶结点对应的概念均是可操作的，因此可以得到判断"自杀"的一个充分性条件："如果某人感到沮丧，且买了猎枪，则某人可能是自杀而死。"相应的规则为

kill(x,x):-depressed(x),shotgun(y),buy(x,y)

基于解释的学习方法的另一个较为复杂的例子是通过检查莎士比亚剧本的精确性过程的 MACBETH 学习方法。该方法是联系描述与先例描述（precedent description）相匹配，然后用对先例的解释来解释联系。这种被转换了的解释使得 MACBETH 能够处理联系，并构造出一条前项-后项规则（antecedent-consequent rule），即 IF-THEN 规则，这样就完成了一类基于解释的学习。

这种基于解释的学习过程可以归纳为：

（1）学习的一种方法是综合解释有先例变换的因果链，用于处理新问题。

（2）将概念具体化，也就是把某些抽象的事物当作具体事物来处理。具体化一条链就是把它当作一个节点来处理，以便于描述。

（3）基于解释的学习过程运用从事例中发现的因果链和物体描述来求解问题并产生规则。

（4）基于解释的学习过程采用重叠的因果链作为上下文的证据。

（5）基于解释的学习过程应用一个匹配程序，规约匹配为一种逆向链式推理形式。

（6）基于解释的学习过程特别有益于教师指导学生寻找适当的先例组合。如果没有这种指导，学习过程就可能把错误的事物堆放在一起，犯一些愚蠢的错误。

7.6　加强学习

7.6.1　基本方法

加强学习由于其方法的通用性,对学习的背景知识要求较少,以及其适用于复杂、动态的环境等特点,在近十几年内,引起了许多研究者的注意,并成为机器学习的主要方式之一。

许多加强学习方法都是基于一种假设的,即系统与环境的交互可以用一个马尔可夫决策过程(MDP)来刻画。

(1)可将系统和环境刻画为同步的有限状态自动机;

(2)系统和环境在离散的时间段内交互;

(3)系统能感知到环境的状态,并做出反应性动作;

(4)在系统执行完动作后,环境的状态会发生变化;

(5)系统执行完动作,会得到某种回报。

马尔可夫决策过程(MDP)的本质在于:设系统在某个任意时刻 t 的状态为 s,则事件(执行动作 a)发生后转变到某个下一状态 s' 的可能性仅仅依赖于状态 s 和动作 a,而不依赖于时间和过去的事件。即"将来"与"现在"有关,而与"过去"无关。

所有的加强学习方法都有一个共同的特点,那就是通过与环境的试探性交互来确定和优化动作的选择,以实现所谓的序列决策任务。在这种任务中,系统通过选择并执行适当的动作,导致环境状态的变换,并有可能得到某种所谓的强化信号(称立即回报),从而实现与环境的交互。强化信号就是对系统行为的一种标量化奖惩。系统学习的目标是寻找一个合适的动作选择策略,使基于该策略而产生的动作序列可获得某种最优的结果(如累积回报最大)。

在加强学习方法中,强化信号 r 的选取很关键。强化信号是对系统行为的奖惩,因而如何奖惩也必然与问题的性质有关。一般来说,问题的类型可分以下 3 种:

1. 纯目标问题

这类问题将达到某种状态(如八数码难题)或避免达到某种状态(如车辆避撞问题)作为目标,所以奖惩信号往往直到最终才能够确定性地给出,即达到目标状态时给出一个奖励信号,达不到时则给出一个处罚信号。

通常,强化信号的设计可以是:目标状态为非零值,其他状态为 0。学习的目标是使强化信号的积累最大化。例如,对八数码难题,当达到目标时强化信号为 1,其他状态为 0;又例如,在倒立摆控制问题中,可认为杆的倾斜带来了一个奖惩信号,强化信号选为 -1,其余时候都为 0。

当然,这些都是典型的滞后评价问题。作为改进的措施,要重点考虑的是如何将强化信号传达到先前的行为中,而不是仅对产生最后状态的行为进行奖惩。例如,随着反复的尝试,对杆的直立控制会有进一步的认识。比如,一旦倾斜角度大于某个值,杆必将面临无可挽回的倾倒局面。这些逐步建立起来的认识,事实上就变成后续学习的新的强化信号,而不是等到杆最后倾倒。从这一角度看,一个状态/动作序列获得的反馈评价应随着知识和经验的积累慢慢建立起来。这个思想就是基于时差的学习原则:人们在学习中总是试图建立准确的预测关系,对实验结果的预测也会随着实验的增加而收敛。

2. 受限资源问题

这类问题不仅仅是要达到目标状态,而且要求使用的资源最少。例如要求汽车在最短的时间内达到某种状态,或使用最少的燃料到达目的地。对这类问题,其相应强化信号的设计可以是:将达到目标状态时所用资源的负值作为强化信号值,其他状态为0;学习的目标则是使强化信号的累积最大化。当然也可以将达到目标状态时所用的资源值作为强化信号值,其他状态为0,学习的目标则是使强化信号的积累最小化。

3. 博弈问题

前面讨论的问题基本上是使强化信号的积累最大化或最小化。对于博弈问题(双人博弈),学习的目标则是使一方最大化,而另一方最小化,即寻求双策略的鞍点。

强化信号可以从环境的状态中直接获得。例如,倒立摆的角度大于一定值时就可以产生一个失败信号;当机器人与障碍物相撞,即传感器的距离信息小于给定值时都可看作是一个失败信号。另一方面,强化信号也可以从环境的状态信息中间接地得到:当环境的状态值达不到预期的要求时,也可以认为产生了一个失败的强化信号。强化信号不但来自环境的状态,而且和主观的目标状态密切相关。

强化信号 r 可以是下列形式中的一种:

(1)二值,$r \in \{-1,0\}$,这里 -1 表示失败,0 表示成功;

(2)介于 $[-1,1]$ 间的多个离散值,分段表示失败或成功的程度;

(3)介于 $[-1,1]$ 间的实数连续值,更加细致地刻画成功和失败的程度。

从获得的时间上看,强化信号可分为立即回报和延时回报。前者指学习系统执行完动作后立即从环境中获得的回报;后者则指学习系统在以后的某个时机,将从环境中获得的回报传递给先前的决策步骤,作为先前决策(动作)的回报。一般来说,立即回报越多,系统的学习速度就越快。一种极端的延时回报情况是:只有在结束时(如实现了目标,或完全失败),才产生回报。对于这种情况,为了提高学习速度,往往可以在中间状态时,通过分析中间状态的情况或靠近目标的程度,产生一些估计性的汇报。

在加强学习中的另一个重要概念是状态的值函数。这里,状态的值指从该状态出发,应用某种策略达到终结状态时,所获得的累计强化信号(或称积累回报),其是立即回报与延时回报之和。状态的值反映了在指定策略下状态的价值(或称效用),而状态的值函数则在一定的策略下将状态映射为状态的值。

一般来说,加强学习的目的是为了给相应的问题寻找一个最优的动作选择策略,即状态到动作的映射,使累计强化信号最大。许多典型的加强学习方法都将上述目标转化为求最优的状态值函数,因为知道了状态的值函数,其相应的动作序列也很容易确定。因此,许多加强学习问题变成了如何设计一种算法,使其能有效地找出最优的状态值函数。

在状态空间元素较少、强化信号确定、状态转化映射确定的情况下,可应用动态规划算法求得各状态的值。但在状态空间很大,强化信号不准确、状态转化映射不确定的情况下,动态规划法就无能为力了。通过与环境的试探性交互,加强学习可以逐步精化的方式求得各状态的值。如前所述,状态值指示积累回报,但其延时回报部分的确切值在学习过程结束之前是无法获得的。为此,可给各状态设定一个适当(或随意)的初值,并通过不断试探

（动作选取）来修正原有对各状态的估计值，最终获得最优值，从而学习到最优的策略。

目前在加强学习技术中，基于时差（TD）的方法是一类主要的算法。TD 方法通过预测当前动作的长期影响（即预测未来回报）将奖惩信号传递到先前的动作中，像霍勒德的桶相式算法及在加强学习领域中著名的 Q 学习算法均是 TD 思想的例子。

7.6.2　Q 学习

沃克廷斯（Waktins）于 1989 年提出了一类通过引入期望的延时回报，求解无完全信息的 MDP 类问题的方法，称 Q 学习。Q 学习是基于时差策略的加强学习方法。

Q 学习的积累回报函数 $Q(s,a)$，是指在状态 s 执行完动作 a 后希望获得的积累回报，它取决于当前的立即回报和期望的延时回报。所有状态 – 动作对的 Q 值存放在一二维的 Q 表中，其值在每个时步中被修改一次。Q 表作为动作选择的依据，而动作选择的策略则是选取当前状态 s 下具有最大 Q 值的动作。该 Q 值也代表了状态 s 的效用 E，即期望的最大积累回报。因而，有：

$E(s) = \max_a Q(s,a)$，状态 s 的效用——期望的最大积累回报；$T(s,a) \to s'$，指示状态转换，s' 为执行动作 a（s 状态下产生最大积累回报的动作）后的新状态。

从上述公式可知：一旦知道了各状态 – 动作对相应的立即回报 r（由应用域给定），及终极状态的环境回报（一种简单的处理方式就是成功为 1，不成功为 0），就可以用求解动态规划的数学模型递推出所有状态 – 动作对的 Q 值，从而可容易地确定一个最优的关于动作选择的决策序列。但实际上这种递推方式对于大状态空间（其只能隐含地表示）来说是不现实的。

Q 学习旨在获取优化的 Q 表。学习开始时可随机或按某种策略设置 Q 表中各元素的初始值，然后在问题求解中利用 *TD* 思想动态地修改 Q 值，直到满足结束条件为止。典型的结束条件是 Q 表收敛（Q 值的变化小于某个设定值）或学习的循环次数达到设定值。优化 Q 表的获得相当于找到了最优的状态值函数，其将每个状态映射到该状态下能产生最大积累回报的动作。进而，系统学到了最优的动作选择策略（基于优化 Q 表的动作选择）。Q 值的修改方法为

$$Q(s,\alpha) = (1-\beta) * Q(s,\alpha) + \beta * (\gamma + \gamma E(s'))\quad 0 \leqslant \gamma, \beta \leqslant 1$$

或表示为

$$Q(s,\alpha) = Q(s,\alpha) + \beta * (\gamma + \gamma E(s') - Q(s,\alpha))$$

其中，γ 是当前的立即回报，$\gamma E(s')$ 指示期望的延时回报。β 代表学习率，它随学习的进度而逐步变小，直到为 0。γ 是一个对延时回报（下一状态 s' 的效用 E）的折扣因子，γ 越大未来回报的比重越大。实际上，$Q(s,\alpha)$ 的新值就是原 Q 值和新 Q 估计值（即 $\gamma + \gamma E(s')$）的组合，组合的比例依赖于学习率 β。

Q 学习的一般算法如下：

（1）以随机或某种策略方式初始化所有的 $Q(s,a)$，选择初始状态 $s0$。

（2）循环做以下步骤，直到满足结束条件：观察当前环境状态，设为 s；利用 Q 表选择一个动作 a，使 a 对应的 $Q(s,a)$ 最大；执行该动作；设 γ 为在状态 s 执行完动作 a 后所获得的立即回报；根据上述方法更新 $Q(s,a)$ 值，同时进入下一新状态 $s' \leftarrow T(s,a)$。

注意　该算法往往需跨越多个学习例子，而且上述 β 和 γ 都是可调的学习参数。当 β

为 l 时,原有 $Q(s,a)$ 的值对新值没有任何影响,学习率很高,但容易造成 Q 值不稳定;若 β 为 0,则 $Q(s,a)$ 保持不变,学习过程停止。另外,Q 的初值越靠近最优值,学习的过程会越短,即收敛得越快。对于 Q 学习,有一个很好的理论结果,即 Q 学习可最终收敛于最优值。

下面看一个简单的例子——4×4 棋盘中单一棋子的移步问题。依据棋子在棋盘中的位置(格子),该问题共有 16 种状态,以棋子所在格子指示相应状态(如图 7-3 所示)。棋子的动作为在棋盘内向相邻的格子上移、下移、左移或右移;问题的目标是棋子以最少的移步从初始位置到达棋盘的左上角或右下角;问题的初始状态(初始位置)可任意。图 7-3 中的数值是为该问题各状态设置的立即回报,即若到达目标状态回报为 0,其他状态回报为 -1。因此,该问题就转化为求一个动作序列,使其积累回报最大的问题。

0	-1	-1	-1
-1	-1	-1	-1
-1	-1	-1	-1
-1	-1	-1	0

图 7-3　一个 16 种状态的决策问题及回报值设置

若用 Q 学习方法求解上述问题,可设置一个 16×4 的矩阵作为 Q 表,将其初始化(如全部合法操作所对应的矩阵元素均设为 l,其余为某个负大数),并设计相关参数(如 γ,β 等)。然后,随机生成一些试探例子(即随机生成初始状态),按照前面的算法用 Q 表的值选择相应动作,且同时修改 Q 值。由于一开始 Q 值大都一样(为 1),此时的搜索策略实际上是一种随机策略。经过若干个例子的运行后,Q 表将逐步收敛,此时 $E(s) = \max_a Q(s,a)$ 基本形成如图 7-4 所示的分布,其中 $A0 > A1 > A2 > A3$(Ai 指示 $E(s)$ 值)。

A0	A1	A2	A3
A1	A2	A3	A2
A2	A3	A2	A1
A3	A2	A1	A0

图 7-4　Q 表收敛时,$E(s)$ 的情况

$E(s)$ 实际上反映了相应状态 s 的期望价值(即估计的积累回报)。逐步收敛后的 Q 表将显示如图 7-5 所示的最优决策策略。

↑ 表示处于该状态时最优动作为上移,◥ 表示最优动作为下移或左移,◆ 表示最优动作为 4 个方向移动均可。之所以某个状态下(格子中)的棋子可以有多个最优动作,是因为相应于这些动作的 Q 值十分接近(也符合问题的特征)。

图 7-5　最优决策策略

7.6.3　进一步讨论

加强学习方法作为一种研究机器学习方法的重要理论工具,它在实际问题中也得到了应用。目前,加强学习方法的主要应用有:

(1)博弈问题

1994 年,利特蒙(Littman)专门研究了博弈问题中极大极小目标的加强学习算法。1995 年,坦索罗(Tesauro)将时差法应用于西洋陆战棋中。

（2）机器人控制问题

目前，许多机器人的控制系统采用加强学习方法。例如：1996 年，克赖兹（Crites）将 Q 学习用于电梯控制；1991 年，麦赫德弗（Mahadevan）将 Q 学习用于移动机器人推箱子的实验中。

（3）互联网信息搜寻

为了帮助互联网用户搜寻所需的信息，搜索引擎必须能自动地适应用户的要求，这类问题也是一种无背景模型的学习问题。有些研究者已将加强学习方法应用于此类问题中，如贝勒巴纳维（Balabanovi）等。

尽管加强学习方法的优点很多，1994 年，马塔林科（Mataric）也指出了加强学习方法存在的主要问题：

（1）概括问题。典型的加强学习方法，如 Q 学习，都假定状态空间是有限的，且允许用状态 – 动作表记录其 Q 值。而许多实际问题，往往对应的状态空间很大，甚至状态是连续的；当然也有可能状态空间并不大，但动作很多。另一方面，对有些问题，不同的状态可能具有某种共性，从而对应这些状态的最优动作是一样的，或不同的动作可能具有某种联系从而要求连续地应用于某类状态。因此，在加强学习方法中研究状态 – 动作对的概括表示是很有意义的。为了进行概括，传统的泛化学习方法可以得到应用，包括基于例子的归纳方法、基于神经网络的学习方法等。

（2）动态和不确定环境。加强学习通过与环境的试探性交互，获取环境状态信息和强化信号来进行学习，使得能否准确地观察到状态信息成为影响系统学习性能的关键。然而，许多实际问题的环境往往含有大量的噪声，无法准确地获得环境的状态信息，若不抑制噪声，就可能无法使加强学习算法收敛，如 Q 值摇摆不定。

（3）当状态空间较大时，算法收敛前的实验次数可能要求极多。

（4）多目标的学习。大多数加强学习模型仅针对单目标的问题学习相应的决策策略，难以适应多目标、多策略的学习需求。可以把多目标组合成为一个单目标，但回报可能只在问题求解结束后才有，因而将影响多目标问题的学习速度。一种解决多目标问题的方式是将问题空间分解为若干小空间，在每个小空间中用加强学习方法求解子问题，然后再进行合成。

（5）许多问题面临的是动态变化的环境，其问题求解目标本身可能也会发生变化。一旦发生变化，已学习到的策略有可能变得无用，整个学习过程又要从头开始。为适应动态变化的环境，出现了两类加强学习的方法：基于值函数空间的方法和基于策略空间的方法。前者并不显式地表示策略，而是通过学习求得各状态（动作）的积累回报，以时差法为代表；后者则显式地表示策略，并通过搜索操作修改这些策略，以遗传算法为代表。

7.7 基于范例的学习

基于范例的推理（case-based reasoning，CBR）是指利用过去经历的典型事例（称范例）求解或理解当前问题。这种推理形式在现实生活中非常常见。例如，有经验的建筑设计师在设计新的建筑结构时，往往会回想起以往类似的例子。在烹饪、日常活动安排及其他许多方面都存在类似情况，即处理问题时不是从头开始考虑各种细节及其关系，而是依据过去典型的事例,做适当调整以处理当前问题。因而基于范例的推理又被称为"即时推理"(instant reasoning),特别适合知识缺乏或知识太复杂而经验又相对丰富、稳定的领域。

基于范例的推理是一种类比推理方式。与一般的类比推理相比,基于范例推理有以下两个特点:

(1)作为过去经验的范例一般有比较固定的表示结构,通常用框架形式表示;

(2)欲求解的问题与范例中的问题同属于一个领域,且一般是同性质的,即是两类同性质问题的类比。

基于范例的推理不仅是一种有效的推理方法,也可用于建立一种很好的机器学习方法——基于范例的学习(case-based learning,CBL),其学习能力主要表现在:

(1)通过记忆和调整老问题的解,使得新问题的求解不必从头做起,因而推理更有效率;

(2)通过记忆更多的正、反范例,使得系统的推理能力更强;

(3)通过对范例库中同类范例的归纳,可抽象出更一般、有用的结论。

以下,若无特别指明,将对基于范例的推理和基于范例的学习不加区分。

7.7.1 基于范例的推理的过程

与一般的推理方式相比,基于范例的推理主要是回忆一个或几个具体事例(即范例),进而通过新、旧问题的对比,提出解决新问题的方案。

1992年,科洛德普(Kolodner)将基于范例的推理的一般过程细分为以下6个步骤:范例检索、提出初始解、调整/证明(adapt/justify)、评论、评价和范例存储。以上6个步骤包含了一般类比推理过程的4个构成阶段:选择、映射、评价和巩固,即范例检索相当于类比源的选择过程;提出初始解和调整/证明相当于映射过程;评论和评价相当于类比的评价过程;而新范例的存储则相当于类比推理结果的巩固。调整/证明过程针对范例推理的两种形式:解答改编和问题解释,前者强调通过改编范例提供的解答来获得新问题的解答,后者则应用范例来分析和理解新问题。

在基于范例推理的过程中,评论和评价的结果有可能导致对解答改编环节的修补。下面从问题求解的角度,简述这6个步骤。

(1)范例检索

即从范例库中检索出一个或几个与新问题最相似的范例。新问题与范例的相似性往往取决于两者主要特性的比较,也可以在适当的抽象层次上通过间接比较(如根据所属类别)来决定。这一过程涉及的另一个问题是范例库的组织,即如何组织范例并提供适当索引,以便快速、准确地检索范例。

(2)提出初始解

即从检索出的范例中找出与新问题相关的部分,以形成有待于进一步改编的初始解。特别是范例涉及范围比新问题范围更广时,此步比较有用。

(3)调整/证明

将初始解改编为适合于新问题的解答,或用初始解分析和理解新问题。这是基于范例做推理的关键步骤。这一步的基础工作是比较范例与新问题的差异,以支持解答改编和问题解释。

（4）评论

在把推理结果（改编后的解答或对新问题的解释）拿去实际应用前进行评论。一种做法是将所得结果与范例库中的其他近似例子（包含正、反例）做比较，以发现是否存在问题。另一种做法是提出一种假想（模拟）环境直接测试所得结果。不理想的评论结果可能导致对解答改编环节的修补。

（5）评价

通过实际应用后，从环境反馈中分析、评价推理结果。比较实际结果与期望结果，若它们间有差异，则试图解释这种差异，进而对解答改编环节做出相应的修补。

（6）范例存储

即把推理结果作为一个新范例存入范例库中，供以后使用。所需存储的内容（范例）一般包括问题描述、相应解等。这一过程需考虑的首要问题是如何建立新范例的索引。同时，不合适的存储结构和索引方式也可能在这一步加以修改。

基于范例的推理的质量依赖于以下4个因素：

（1）系统所具有的经验，即范例库的内容。范例库所具有的范例越多、覆盖面越广，越有利于推理质量的提高。

（2）应用范例理解当前问题的能力，取决于能否从范例库中找到最合适的范例，以及对于范例与新问题的差异分析。

（3）解答改编的灵活性，即能否有效地将范例提供的解答改编为符合新问题的解答。

（4）推理结果的评价能力。高质量的范例推理应能善于从环境的反馈中评价推理结果，并依据不足之处对解答改编环节做出相应修补，使以后的推理能力更强。

7.7.2 应用实例：智能饲料配方系统 ICMIX

传统的专家系统采用的推理方式一般是基于规则的推理（rule-based reasoning，RBR）。同基于规则的推理方法相比，基于范例的推理方法有以下优点：

（1）比单纯的 RBR 更接近于人类的决策过程，是一种自然的方法。专家解决问题时，总是试图回忆曾遇到过的类似问题，并借助以往的解决办法来求得新的解决方法。

（2）范例库比知识库容易构造。应用领域总会有些解决问题的先例，这些先例可以作为范例库的"种子"。许多领域往往已有这些先例的成文材料，稍加整理即可利用。同时，范例是相对独立的，每个范例均有其自身的结构完整性，相互间没有依赖关系。而规则库的建造有赖于知识工程师从领域专家那里收集、整理和编码的规则，这是一项繁重而费时的工作。

（3）范例库比规则库容易维护，更具灵活性。范例的相对独立性使得增减一个范例不会影响其他范例的存在。在规则库中，一条规则的增删可能引起规则库一致性、完全性问题。因此，对大型规则库的维护工作十分困难。

（4）CBR 比 RBR 有更快的执行速度。RBR 是一种链式推理，简单的推理可能触发多条规则，而链式的检测更是费时。CBR 则不同，其推理只涉及与当前问题相关的若干范例，改编、评价、修补等只围绕有限的范例进行，加上硬件发展和并行算法的实施，可使范例检索非常迅捷。这就像一个"知道"答案的专家和一个需要"想一想"的专家之间的差异。遇到过类似问题的专家有足够的经验将推理快速聚焦到问题的可能解答，而缺乏这种经验的专家则被迫在大的问题空间中寻找可能解。因此,有人称 CBR 为一种即时推理。

(5)拥有学习能力。CBR 能够自动地将新问题的解决(无论成功或失败)作为范例加入范例库,从而使系统的"经验"不断丰富,求解问题的能力逐渐增强。失败的范例能使系统避免重犯过去的错误。更进一步地,借助其他机器学习技术,可从各种范例中抽象出一般的原理和方法,使知识获取的自动化成为可能。

当然,CBR 的问题求解性能和效率依赖于范例库的覆盖范围、范例检索的合适性和解答改编的可靠性。在许多应用场合下,单纯的 CBR 方法不足以保证系统求解问题的良好性能,往往需要 RBR 技术加以补充。

一般认为,CBR 方法适合缺乏完备和健全的理论,但又可获取丰富经验(范例)的领域;而 RBR 则适合于对领域有充分认识,能以完备和健全的形式表示领域理论的场合。对于难以获取完备和健全的理论,又不便于建立大型范例库的应用领域,或许建立基于规则和范例的混合系统是明智的。

下面将简要介绍一个基于范例进行推理的专家系统实例:智能饲料配方系统 ICMIX。该系统以基于范例的推理技术管理、检索和处理典型的饲料配方模型(范例),并辅以规则推理技术,运用经验规则将范例提供的配方模型改编从而符合实际的要求。

所谓饲料配方问题就是根据所养对象(动物)的营养要求、各种原料的营养成分及其价格等因素,决定构成饲料所需的原料及其含量(百分比),使得饲料在满足饲养对象营养要求的情况下成本最低。

一般来说,饲料配方问题是列出相应营养和原料的约束方程,并应用数学规划方法(线性/目标规划等)求解相应方程的问题。例如,对于用线性规划求解饲料配方的问题来说,相应的约束方程有两类:

(1)原料的约束,即对相应原料所占百分比范围的约束(由上、下限所决定);

(2)营养成分的约束(称营养指标),即对所关心的重要营养成分所需要的含量给出一个范围(由上、下限决定)。

线性规划的目标函数是饲料价格最低。

对于一个配方专家来讲,其经验(技能)主要体现在所列的约束方程是否合适,即所选参加计算的原料是否适当,所定的原料用量和营养指标约束是否适当。一旦这些因素确定,余下的工作就可用通用的线性规划求解程序来完成。

市场上的饲料配方软件从本质上讲只是配方专家的辅助工具,即为配方专家提供一种方便的编辑和管理环境,以使专家根据饲养对象及其他因素确定配方模型——所想用的原料及其各种约束,而后由系统完成规划计算。配方模型的确定需要配方人员的经验和智能。其中考虑的主要因素(问题描述)有:饲养对象(品种)、生产阶段(如几周龄)、环境温度、饲料价格、饲养对象价格等环境和经济因素。这些因素决定了饲料的日粮类型(原料组合方式)和饲养标准(营养指标),而它们两者则构成了配方模型。在特定动物(如鸡)的配方中,存在若干典型的配方模型,可用以建立范例库。在具体的饲料配方过程中,配方人员可根据问题描述的差异,依经验对这些范例提供的配方模型进行调整(改编)。因此,完全有可能利用基于范例的推理技术,根据用户给出的关于饲养对象的品种、环境和经济因素等的描述,自动确定适合用户的配方模型,进而运用最优规划方法求得最优解。

ICMIX 智能饲料配方系统就是应用 CBR 技术(辅以规则推理)实现的用于蛋鸡饲料配方的智能系统。以下仅叙述与 CBR 有关的部分。

　　ICMIX 中的范例就是配方模型(而不是最后配方),由日粮类型子范例和饲料标准子范例所组成。ICMIX 的范例处理的具体过程如下:

　　(1)范例检索,即根据用户给出的问题描述(涉及饲养品种、环境和经济等因素)计算出相应的日粮类型和饲养标准(根据经验规则),并以此作为索引从范例库中分别检索出日粮类型子范例、饲养标准子范例和标准问题描述(一般为缺省值)。

　　(2)解答改编。比较当前问题描述与相应范例问题描述间的差异,并根据经验规则调整(改编)范例提供的配方模型。日粮类型子范例的调整主要有:原料种类的调整(根据用户不用某种原料的要求,将范例中的相应原料用其他合适原料替代)和原料用量约束(上、下限)的调整。饲料标准子范例的调整主要是对营养指标约束(上、下限)的调整。所有调整都依据领域的经验(启发式)规则。

　　(3)优化规划。调整后的范例配方模型用于做优化规划。ICMIX 首先用线性规划(LP)进行计算。若计算成功结束,所得结果就是最后配方。若求解失败,则应用若干经验规则和失败时的计算数据对原范例的配方模型进行修补,而后再次计算。若再次失败,则应用目标规划进行计算,所得结果就是配方。目标规划必定有解,但其结果不一定满足原料用量约束和价格最低的条件。线性规划失败时,修补所用的规则目前很少,因而修补效果不是很好。但在实际运行时,需要修补的机会并不多。

　　饲料配方领域是经验知识丰富的领域。人们在实验和实际配方中,总结了大量调整范例配方模型的经验规则,且积累了许多稳定的范例,因而特别适合于应用 CBR 方法。

　　由于初始构造时的范例已基本能(辅以范例配方模型的调整)覆盖蛋鸡配方的各种具体需求,因此在 ICMIX 中没有设置新范例的存储功能。

　　值得一提的是,对于调整后的范例配方模型,ICMIX 系统还需要先从数学和营养角度做一些合理性检查,这一过程相当于科洛德诺提议的评论步骤,而用线性规划(LP)求解该模型相当于评价过程。

第8章 机器感知

8.1 自然语言理解

8.1.1 概述

按照词的性质,以及它们可参加什么语言结构,词可分成不同类。

1.实义词和虚词

词分别属于两个主要的类:实义词和虚词。实义词用于标明对象、关系、性质、动作以及事件,而虚词在将词联合成句子时起构造作用。

实义词有 4 类,这根据它说明什么而定。

名词描述对象、事件、物质等,如球(ball),人(man),沙(sand)和主意(idea)。

形容词描述对象的性质,如 red(红的),tall(高的),special(特别的)。

动词描述对象、活动和出现之间的关系,如 seems(似乎),eat(吃),believe(相信),laugh(笑)。

副词描述关系的性质或其他性质,如 ample(充分的),very(非常),slowly(慢)。

虚词是用来定义实义词如何用于句子中和它们是如何相关联的。常用虚词分类如下:

冠词指明特定对象,如 a,the,this,that。

量词指明一对象集合的多少,如 all(所有的),many(许多),some(一些),none(无)。

介词表示短语间的特殊关系,如 in,by,onto,through。

连词表明句子和短语间的关系,如 and,but,while。

通过加后缀或通过在句中的特殊用法,英语中属同一类型的词可自由地换成另一类的词。例如,sugar 是个名词,它可用作动作,如"He sugared the coffee.",或用作形容词,如"It was too sugary for me."这就是为什么在任何语言理论中词法都非常重要。假设一个特定词的一切用法都预先定义在一个结构中,我们称这个结构为词典。

2.短语结构

短语由词联合而成。4 类实义词引入 4 类短语:名词短语、形容词短语、动词短语和副词短语。

每一类短语都有一个相似的总体结构:短语从一个可选择的虚词或被称为说明符的短语开始,后跟可选择的头前修饰符,再跟头,再跟对头词进行扩展的词(被称为头的补语),最后是头后的修饰词。头前分量是可选择的,它包括说明符或短语或修饰词。补语是可选择的,用以补充头词。头后补语也是可选择的,一般以修饰语的形式出现。补语与其他后修饰语的区别在于它与头词关系的紧密性。某些头词要求一定的补语,且该补语要由一个

名词短语和一个位置短语组成,如:

    He put the book on the shelf.

    I put the book here.

而不能说

    I put.

或

    He put the book.

或

    He put on the shelf.

后修饰语常常是可选择的,且似乎与头词没什么联系。例如介词短语"in the corner"可出现在许多名词或动词短语中用于指示对象或事件的一般位置。头词补语的结构对于它所在句子的结构起了主要作用。事实上,一些语法结构理论几乎都是根据关于约束的完整结构分析,这里的约束是指头词对句子的约束。

8.1.2 语法分析

1.转换网络

转换网络(transition network)全称为状态转换网络。它是一种由节点和有向边(弧)组成的有向图。其中,节点代表状态,有向弧代表从一个状态到另一个状态的转换。一个转换网络中一般有一个起始节点(代表起始状态),以及一个或多个终止节点(代表终止状态)。一般节点用单线圆圈表示,终止节点用双线圆圈表示。

转换网络也是一种自然语言文法的表示形式,用它也可对所给句子进行语法分析。图8-1为一上下文无关的状态转换网络,S_0为起始节点,S_5为终止节点。

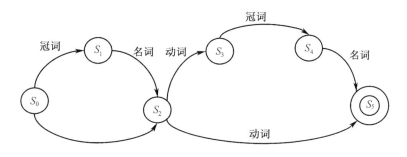

图8-1 状态转换网络

让我们利用该网络进行语法分析。设有英语句子:

Mary wants a computer.

首先,将句子从起始节点处输入,起始状态S_0考察输入句子的左边第一个单词Mary,因为它是名词,所以用名词转换,结果把剩下的单词序列推向S_2;S_2考察wants,由于它是动词,因此用动词转换,但从S_0出发有两个动词转换,即有两条路可走,这时发现动词后面还有单词,只能走上面的一条路,于是就把剩下的单词序列推向S_3;接着S_3考察的应是冠词a,所以立即做冠词转换,又把剩下的单词推向S_4;这时S_4发现它所考察的单词是个名词,于是就做名词转换,结果单词考察完毕,也刚好到达终止状态 S_5。这说明输入的句子是合乎语法的。

需指出的是,上述的状态转换网络是最基本、最简单的状态网络。所以它的功能有限,也存在不少问题。人们对它不断进行改进,又提出了递归转换网络(recursive transition network,RTN)和扩充转换网络(augmented transition network,ATN)等。特别是扩充转换网络,已经成为书写自然语言文法的重要方法之一。

2. 扩充转换网络

扩充转换网络(ATN)是由伍兹在 1970 年提出的,1975 年由卡普兰(Kaplan)对其做了一些改进。ATN 是由一组网络构成的,每个网络都有一个网络名,每条弧上的条件扩展为条件加上操作。这种条件和操作通过寄存器来实现,在分析树的各个成分结构上都放上寄存器,用来存放句法功能和句法特征,条件和操作将对它们不断地进行访问和设置。ATN 弧上的标记也可以是其他网络的标记名,因此 ATN 是一种递归网络。在 ATN 中还有一种空弧 jump,它不对应一个句法成分也不对应一个输入词汇。

ATN 的每个寄存器由两部分构成:句法特征寄存器和句法功能寄存器。在句法特征寄存器中,每一维特征都由一个特征名和一组特征值以及一个缺省值来表示。例如,"数"的特征维可有两个特征值"单数"和"复数",缺省值可以是空值。英语中动词的形式可以用一维特征来表示:present,past,present-participle,past-participle。缺省值是 present。

句法功能寄存器则反映了句法成分之间的关系和功能。分析树的每个节点都有一个寄存器,寄存器的上半部分是特征寄存器,下半部分是功能寄存器。图 8 - 2 所示是一个简单的名词短语(NP)的扩充转换网络,网络中弧上的条件和操作如下:

$NP - 1:f \xrightarrow{\text{det}} g$

$A:\text{Number} \leftarrow *.\text{Number}$

$NP - 4:g \xrightarrow{\text{noun}} h$

$C:\text{Number} = *.\text{Number or } \Phi$

$A:\text{Number} \leftarrow *.\text{Number}$

$NP - 5:f \xrightarrow{\text{pron.}} h$

$A:\text{Number} \leftarrow *.\text{Number}$

$NP - 6:f \xrightarrow{\text{pron.}} h$

$A:\text{Number} \leftarrow *.\text{Number}$

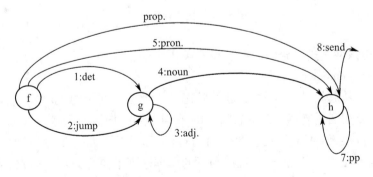

图 8 - 2　名词短语(NP)的扩充转换网络

该网络主要用来检查 NP 中的数的一致值问题。其中,用到的特征是 Number(数),它有两个值 singular(单数)和 plural(复数),缺省值是 Φ(空)。C 是弧上的条件,A 是弧上的操作,* 是当前词,prop. 是专用名词,det 是限定词,pp 是介词短语,* Number 是当前词的"数"。该扩充转换网络有一个网络名 NP。网络 NP 可以是其他网络的一个子网络,也可包含其他网络,如其中的 pp 就是一个子网络,这就是网络的递归性。弧 NP − 1 将当前词的 Number 放入当前 NP 的 Number 中,而弧 NP − 4 则要求当前 noun 的 Number 与 NP 的 Number 是相同时,或者 NP 的 Number 为空时,将 noun 作为 NP 的 Number,这就要求 det 的数和 noun 的数是一致的。因此,this book,the book,the books,these books 都可顺利通过这一网络,但是 this books 或 these book 则无法通过。如果当前 NP 是一个代词(pron.)或者专用名词(prop.),那么网络就从 NP − 5 或 NP − 6 通过,这时 NP 的数就是代词或专用名词的数。pp 是一个修饰前面名词的介词短语,一旦到达 pp 弧就马上转入子网络 pp:

图 8 − 3 所示是一个句子的 ATN,主要用来识别主、被动态的句子,从中可以看到功能寄存器的应用。网络中所涉及的功能名和特征维如下:

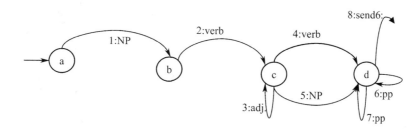

图 8 − 3　句子的扩充转换网络名

(1)功能名

Subject(主语), Direct-Obj(直接宾语), Main-Verb(谓语动词), Auxs.(助动词), Modifiers(修饰语)。

(2)特征维

①Voice(语态):Active(主动态),Passive(被动态),缺省值是 Active。

②Type(动词类型):Be,Do,Have,Modal,Non-Aux,缺省值是 Non-Aux。

③Form(动词式):Inf(不定式),Present(现在式),Past(过去式),Pres-part(现在分词), Past-Part(过去分词),缺省值是 Present。

当然完整的 ATN 是相当复杂的,在实现过程中还必须解决许多问题,如非确定性分析、弧的顺序、非直接支配关系的处理等。ATN 方法在自然语言理解的研究中得到了广泛的应用。

8.1.3　语义解释

虽然逻辑表达式的意义能归纳为计算的外延和关于模型的真值,但是自然语言的意义要复杂得多。对一件事情而言,许多句子似乎不容易确定其真假值。例如,问题通常就没有真假值,人们不会去讲关于"谁来参加晚会?"的真或假。同样,像"请打开门"这样的要求也不容易根据真假值来分析。对课文中的句子最好是看作行动,可以考虑是否是成功的、恰当的等,而不是考虑它们是真还是假。

但是,真值条件在自然语言语义学中仍起主要作用,这是因为我们将句子分为语言行为的执行与它的命题内容。命题内容是句子有意义的部分,它可以有真值条件解释。句子可以有命题内容,即使它们被看成是关于世界的任何声明。例如,下面两个句子含有相同的命题内容。

Jack ate the pizza yesterday.

Did Jack eat the pizza yesterday?

第一句断言这个命题,而第二句典型地询问这个命题是否为真。计算命题的内容是本节的焦点。自然语言的意义高度依赖上下文,它包括指示表达,如代词和像"这里""昨天"这样的词语,只有联系上下文才能得到其意义。例如,代词"I"指的是说这个句子的人,"yesterday"(昨天)指的时间是相对于讲该句子的时间而言的。此外,自然语言包含限定的描述,如"the man in the yellow hat"(戴黄帽子的人),它所指的人也只有联系上下文才能识别,因为戴黄帽子的人有许多,当这个名词短语被成功地利用时,只有在上下文中找到的那个才是有关的。

也许最大的问题是自然语言表达的高度多义性,它需要处理若干多义性来源,包括下面两个来源:

(1)词意的多义性

有些词甚至在单个语法类中间也是多义的。动词"go"在多数字典中至少有 40 个不同意义。

(2)范围的多义性

在单一的语法分析中,一个句子,例如"Every boy loves a dog."(每个男孩爱一只狗)也可以是多义的。可解释为每个男孩爱同一只狗,也可解释为每个男孩爱各自不同的狗。

受谓词逻辑的启示,下面将开发一种逻辑形式的语言,它适于表示许多自然语言句子的意义。

一个词的不同意义(meaning)称词的意思(sense)。这些意思是逻辑形式语言的原始建筑模块。依照词所属语法类,它们在逻辑中都有相应的构造。例如,专有名词的意思是指特定的对象,正如逻辑中的常量一样。例如词 John 可有一意思 John1。普通名词,如人、房子、主意的意思是对象集合,它对应于逻辑中的一元谓词;动词的意思相应于谓词,谓词的元数相应于动词所取的自变量数(即主语和在它补语中的不定个数的组元数)。表 8-1 为自然语言与逻辑间的近似对应。

词的意思联合形成命题,例如句子"Sue laughs."的逻辑形式是联合意思 SUE1 与动词意思 LAUGH1 构成简单命题(LAUGH1 SUE1)。自然语言提供了比逻辑更为丰富的量词集,因此为处理它们要进行语言扩展。自然语言中的量化与特定对象集有关,所以需使用推广的量词,即附加一变量,用它来指出量词作用的集合。例如,句子"Most dogs bark."(多数狗都叫)用表达式定义:

(MOST X_1:(DOG$_1$ X_1)(BARKS X_1))

此断言大多数对象满足主语 DOG S$_1$,也满足谓语 BARKS。这与下面的逻辑形式有非常不同的意义:

(MOST X_1:(BARKS X_1)(DOG$_1$ X_1))

上式为真,表示大多数叫的是狗。

表 8 - 1 自然语言与逻辑间的近似对应

语法类	例	相应逻辑结构
名称	John , New York , Times	常数
N	man , house , idea	一元谓词名称
V(不及物)	laugh	一元谓词名称
V(及物)	Find	三元谓词名称
V	believe , know , want	情态操作
C( )NJ	and. but	逻辑操作
ART	the , a , this	量词
QUANT	all , every , some , none	量词
ADJ	red , heavy	一元谓词
P	in , on , above	二元谓词

逻辑形式语言现在定义如下。

逻辑形式语言的项是以下任一个:

一个语义标号(如一个在逻辑形式语言中的变量)(如 X_1 , Y_1)

专有名称的意思(如 JOHN1 , NYTIMES2)

函数项作用于它的自变量的意思(例如(FATHER JOHN1))

在逻辑形式语言中的命题是以下任一个:

用 n 个项作自变量的 n 元谓词的意思(如(SAD1 JOHN1),(READ7 X NYTIMES2))

一个用命题作自变量的逻辑算子的意思((NOT(SAD1 JOHN1),(AND(DOG1 X)(BARK2 X)))

用项或命题作自变量的情态算子的意思(如(BELIEVE1 JOHN1(READ7 SUE1 NYTIMES2)))

一推广的量词形式(如(MANY X:(PERSON1 X)(READ7 X NYTIMES2)))

逻辑形式的语言包括一个编辑量词辖域多义性的特殊结构。在自然语言中,量词的辖域不能完全由语法结构决定,这样一来句子"Every boy loves a dog."是多义的。由于

(EVERY b1:(BOY1 b1)

(A d1:(DOG1 d1)(LOVES1   b1 d1)))

和

(A d1:(DOG d1)

(EVERY b1:(BOY b1)(LOVES b1 d1)))

一个具有 3 个量词的句子有 6 种可能的辖域分配,具有 4 个量词的句子则有 24 种可能的辖域分配,所以必须有编码这些可能性的方法。在逻辑形式的语言中采用去辖域量词法,只要项是允许的且具有与推广量词结构头三部分相同的形式,为指示这些项的特定状态,将用尖括号书写。例如,"Every boy loves a dog."的去辖域量词形式为:

(LOVES1 < EVERY b1(BOY b1) < A d1(DOG d1) >)

这种多义的逻辑形式精确地抓住了两个解释的公共部分,但剩下的辖域仍未解决。

8.1.4 语言理解

1. 简单句理解

要理解一个语句,需建立起一个和该简单句相对应的机内表达。而要建立机内表达,需要做以下两项工作:

(1)理解语句中的每一个词;

(2)以这些词为基础组成一个可以表达整个语句意义的结构。

第一项工作看起来很容易,似乎只是查一下字典就可以解决。实际上,由于许多单词有不止一种含义,因此只由单词本身不能确定其在句中的确切含义,需要通过语法分析,并参照上下文关系才能最终确定。例如,单词 diamond 有"菱形""棒球场"和"钻石"三种意思,在语句

John saw Susan's diamond shimmering from across the room.

中,由于 shimmering 的出现,则显然 diamond 是"钻石"的含义,因为"菱形"和"棒球场"都不会闪光。再如,在语句

I'll meet you at the diamond.

中,由于 at 后面需要一个时间或地点名词作为它的宾语,显然这里的 diamond 的含义是棒球场,而不能是其他含义。

第二项工作也是一个比较困难的工作。要以这些单词为基础来构成表示一个句子意义的结构,需要依赖各种信息源,其中包括所用语言的知识、语句所涉及领域的知识以及有关该语言使用者应共同遵守的习惯用法的知识。由于这个解释过程涉及许多事情,因此常常将这项工作分成以下 3 个部分来进行:

①语法分析

将单词之间的线性次序变换成一个显示单词如何与其他单词相关联的结构。语法分析确定语句是否合乎语法,因为一个不合语法的语句就更难理解了。

②语义分析

各种意义被赋予由语法分析程序所建立的结构,即在语法结构和任务领域内对象之间进行映射变换。

③语用分析

为确定真正含义,对表达的结构重新加以解释。

这三部分工作虽然可依次分别进行,但实际上它们之间是相互关联的,总是以各种方法相互影响着,若绝对分开是不利于理解的。

要进行语法分析,必须首先给出该语言的文法规则,以便为语法分析提供一个准则和依据。对于自然语言人们已提出了许多种文法,例如乔姆斯基(Chomsky)提出的上下文无关文法就是一种常用的文法。

一种语言的文法一般用一组文法规则(被称为产生式或重写规则)以及非终结符与终结符来定义和描述。例如,下面就是一个英语子集的上下文无关文法:

< sentence > : : = < noun – phrase > < verb – phrase >

< noun – phrase > : : = < determiner > < noun >

< verb – phrase > : : = < verb > < noun – phrase > | < verb >

< determiner > : : = the │a │an

< noun > : : = man│student│apple│computer

< verb > : : = eats│operats

这个文法有 6 条文法规则,它们是用 BNF 范式表示的。其中,带尖括号的项为非终结符,第一个非终结符称起始符,不带尖括号的项为终结符,符号":: ="的意思是"定义为",符号"│"是"或者"的意思,而不带"│"的项之间是"与"关系。符号":: ="也可以用箭头"→"表示。

有了文法规则,对于一个给定的句子,就可以进行语法分析,即根据文法规则来判断其是否合乎语法。可以看出,上面的文法规则实际是非终结符的分解、变换规则。分解、变换从起始符开始,到终结符结束。如此,全体文法规则就构成一棵如图 8 - 4 所示的与/或树,我们称其为文法树。对一个语句进行语法分析的过程也就是在此与/或树上搜索解树的过程。可以看出,搜索解树可以自顶向下进行,也可以自底向上进行。自顶向下搜索就是从起始符 sentence 出发,推导所给的句子;自底向上搜索就是从所给的句子出发,推导起始符 sentence。

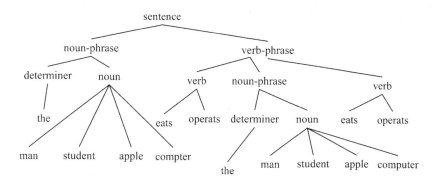

图 8 - 4　文法树

语义分析就是要识别一个语句所表达的意思。语义分析的方法很多,如运用格文法、语义文法等。语义文法是进行语义分析的一种简单方法。所谓语义文法,就是在传统的短语结构文法的基础上,将名词短语、动词短语等不含语义信息的纯语法类别用所讨论领域的专门类别来代替。

2. 复合句理解

简单句的理解不涉及句与句之间的关系,它的理解过程首先是赋单词以意义,然后再赋予整个语句一种结构。而一组语句的理解,无论它是一个文章选段,还是对话节录,句子之间都有相互关系。所以,复合句的理解不但要分析各个简单句,而且要找出句子之间的关系。这些关系的发现对于理解起着十分重要的作用。

句子之间的关系包括以下几种:

(1)相同的事物,例如"小华有个计算器,小刘想用它。"单词"它"和"计算器"指的是同一物体。

(2)事物的一部分,例如"小林穿上她刚买的大衣,发现掉了一个扣子。""扣子"指的是"刚买的大衣"的一部分。

(3)行动的一部分,例如"王宏去北京出差,他乘早班飞机动身。"乘飞机应看成是出差的一部分。

（4）与行动有关的事物,例如"李明准备骑车去上学,但他骑上车子时,发现车胎没气了。"李明的自行车应理解为是与他骑车去上学这一行动有关的事物。

（5）因果关系,例如"今天下雨,所以不能上早操。"下雨应理解为是不能上操的原因。

（6）计划次序,例如"小张准备结婚,他决定再找一份工作干。"小张对工作感兴趣,应理解为是由于他要结婚,而结婚需要钱而引起的。

要能够理解这些复杂的关系,必须具有相当多领域的知识才行,也就是要依赖于大型的知识库,而且知识库的组织形式对能否正确理解这些关系起着很重要的作用。特别是对于较大的知识库,应考虑如何将问题的"焦点"集中在知识库的相关部分。例如,对于下面的一段话:

"接着,把虎钳固定到工作台上。螺栓就放在小塑料袋中。"

显然,第二句中的螺栓就是第一句中用来固定虎钳的螺栓。所以,如果在理解第一句时就把需要用的螺栓置于"焦点"之中,则全句的理解就容易了。因此,需要表示出与"固定"有关的知识,以便在见到"固定"时能方便地提取出来。

对于描述内容与行为有关的复合语句,也可采用目标结构的方法帮助理解。即对于常见的一些行为目标,事先制定出其行动规划,这样,当语句所描述的情节中的某些信息被省略时,可以调用这些规划,通过推导找到问题的答案。

8.2 机 器 翻 译

电子计算机出现之后不久,人们就想使用它来进行机器翻译。只有在理解的基础上才能进行正确的翻译,否则将遇到一些难以解决的困难。如果不能较好地克服这些困难,就不能实现真正的翻译。

机器翻译即让机器模拟人的翻译过程。人在进行翻译之前,必须掌握两种语言的词汇和语法,机器也是这样。机器在进行翻译之前,它的存储器中已存储了由语言学工作者编好的并由数学工作者加工过的机器词典和机器语法。人进行翻译时所经历的过程,机器也同样遵照执行:先查词典得到词的意义和一些基本的语法特征(如词类等),如果查到的词不止一个意义,那么就要根据上下文选取所需要的意义;在弄清词汇意义和基本语法特征之后,就要进一步明确各个词之间的关系;此后,根据译语的要求组成译文(包括改变词序、翻译原文词的一些形态特征及修辞)。

机器翻译的过程一般包括4个阶段:原文输入、原文分析(查词典和语法分析)、译文综合(调整词序、修辞和从译文词典中取词)和译文输出。下面以英汉机器翻译为例,简要地说明一下机器翻译的整个过程。

8.2.1 原文输入

由于计算机只能接受二进制数字,所以字母和符号必须按照一定的编码法转换成二进制数字。例如 What are computers 这3个词就要变为下面这样3大串二进制代码:

What　　　　　　110110　　100111　100000　110011

are	100000	110001	110100		
computers	100010	101110	101100	101111	110100
	110011	100100	110001	110010	

8.2.2 原文分析

原文分析包括两个阶段:查词典和语法分析。

1. 查词典

通过查词典,给出词或词组的译文代码和语法信息,为以后的语法分析及译文的输出提供条件。机器翻译中的词典按其任务不同而分成以下几种:

(1)综合词典

综合词典是机器所能翻译的文本的词汇大全,一般包括原文词及其语法特征(如词类)、语义特征和译文代码,以及对其中某些词进一步加工的指示信息(如同形词特征、多义词特征等)。

(2)成语词典

为了提高翻译速度和质量,可以把成语词典放到综合词典前面。

(3)同形词典

同形词典专门用来区分英语中有语法同形现象的词。

(4)(分离)结构词典

某些词在语言中与其他词可构成一种可嵌套的固定格式,把这类词称为分离结构词。根据这种固定搭配关系,可以简便而又切实地给出一些词的词义和语法特征(尤其是介词),从而减轻了语法分析部分的负担。例如 effect of...on。

(5)多义词典

语言中一词多义现象很普遍,为了解决多义词问题,我们必须把源语的各个词划分为一定的类属组。

通过查词典,原文句中的词在语法类别上便可成为单功能的词,在词义上成为单义词(某些介词和连词除外)。这样就给下一步语法分析创造了有利条件。

2. 语法分析

在词典加工之后,输入句就进入语法分析阶段。语法分析的任务是:进一步明确某些词的形态特征;切分句子;找出词与词之间句法上的联系,同时得出英汉语的中介成分。总而言之,为下一步译文综合做好充分的准备。

根据英汉语对比研究发现,翻译英语句子除了翻译各个词的意义之外,主要是调整词序和翻译一些形态成分。为了调整词序,首先必须弄清需要调整什么,即找出调整的对象。根据分析,英语句子一般可以分为这样一些词组:动词词组、名词词组、介词词组、形容词词组、分词词组、不定式词组、副词词组。正是这些词组承担着各种句法功能:谓语、主语、宾语、定语、状语……除谓语外,它们都可以作为调整的对象。

如何把这些词组正确地分析出来,是语法分析阶段的一个主要任务。上述几种词组中需要专门处理的,实际上只是动词词组和名词词组。不定式词组和分词词组可以说是动词词组的一部分,可以与动词同时加工:动词前有 to,且又不属于动词词组,一般为不定式词组; - ed 词如不属于动词词组,又不是用作形容词,便是分词词组; - ing 词比较复杂,如不属于动词词组,还可能是某种动名词,如既不属于动词词组,又不是动名词,则是分词词组。形容词词组确定起来很方便,因为可以构成形容词词组的形容词在词典中已得到"后置形容词"特征。只要这类形容词出现在"名词 + 后置形容词 + 介词 + 名词"这样的结构中,形容词词组便可确定。介词词组更为简单,只要同其后的名词词组连接起来即可构成。比较麻烦的是名词词组的构成,因为要解决由连词 and 和逗号引起的一系列问题。

8.2.3　译文综合

译文综合比较简单,事实上它的一部分工作(如该调整哪些成分和调整到什么地方)在上一阶段已经完成。这一阶段的任务主要是把应该移位的成分调动一下。

如何调动,即采取什么加工方法,是一个非同一般的问题。根据层次结构原则,下述方法被认为是一种合理的加工方法:首先加工间接成分,从后向前依次取词加工,也就是从句子的最外层向内层加工;其次是加工直接成分,依成分取词加工;如果是复句,还要分情况进行加工。对一般复句,在调整各分句内部各种成分之后,各分句都作为一个相对独立的语段处理,采用从句末(即从句点)向前依次选取语段的方法加工;对包孕式复句,采用先加工插入句,再加工主句的方法。这是因为,如不提前加工插入句,主句中跟它有联系的那个成分一旦移位,它就失去了自己的联系词,整个关系就要混乱。

译文综合的第二个任务是修辞加工,即根据修辞的要求增补或删掉一些词。例如可以根据英语不定冠词、数词与某类名词搭配增补汉语量词"个""种""本""条""根"等;若有even(甚至)这样的词出现,谓语前可加上"也"字;若主语中有 every(每个)、each(每个)、all(所有)、everybody(每个人)等词,谓语前可加上"都"字,等等。

译文综合的第三个任务是查汉文词典,根据译文代码(实际上是汉文词典中汉文词的顺序号)找出汉字的代码。

8.2.4　译文输出

这一阶段通过汉字输出装置将汉字代码转换成文字,打印出译文来。

目前世界上已有多种面向应用的机器翻译规则系统。其中一些是机助翻译系统,有的甚至只是让机器帮助查词典,但是据说也能把翻译效率提高 50%。这些系统都还存在一些问题,有的系统人在其中参与太多,有所谓的"译前加工""译后加工""译间加工",离真正的实际应用还有一段距离。

8.3　语音识别

语音识别以语音为研究对象,它是语音信号处理的一个重要研究方向,是模式识别的一个分支,涉及生理学、心理学、语言学、计算机科学以及信号处理等诸多领域,甚至还涉及人的体态语言(比如人在说话时的表情、手势等行为动作可帮助对方理解),其最终目标是实现人与机器进行自然语言通信。

8.3.1　基本原理

语音识别系统的分类方式及依据如下：

（1）根据对说话人说话方式的要求，可以分为孤立字语音识别系统、连接字语音识别系统和连续语音识别系统。

（2）根据对说话人的依赖程度可以分为特定人和非特定人语音识别系统。

（3）根据词汇量大小，可以分为小词汇量、中等词汇量、大词汇量以及无限词汇量语言识别系统。不同的语音识别系统，虽然具体实现细节有所不同，但所采用的基本技术相似。

一个典型语音识别系统主要由预处理、特征提取、训练和模式匹配等模块构成，下面就简单介绍这几个模块。

（1）预处理：包括语音信号采样，反混叠带通滤波，去除个体发音差异和设备、环境引起的噪声影响等，并涉及语音识别基元的选取和端点检测问题。

（2）特征提取：用于提取语音中反映本质特征的声学参数，如平均能量、平均跨零率、共振峰等。

（3）训练：在识别之前通过让讲话者多次重复语音，从原始语音样本中去除冗余信息，保留关键数据，再按照一定规则对数据加以聚类，形成模式库。

（4）模式匹配：这是整个语音识别系统的核心，根据一定规则（如某种距离测度）以及专家知识（如构词规则、语法规则、语义规则等），计算输入特征与库存模式之间的相似度（如匹配距离、似然概率），判断出输入语音的语意信息。

8.3.2　语音识别的难点

目前，语音识别的研究工作进展缓慢，主要表现在理论上一直没有突破。虽然各种新的修正方法不断涌现，但还缺乏普遍适用性。主要表现在以下几个方面。

（1）语音识别系统的适应性差，主要体现在对环境依赖性强，即在某种环境下采集到的语音训练系统只能在这种环境下应用，否则系统性能将急剧下降；对用户的错误输入不能正确响应，使用不方便。

（2）高噪声环境下的语音识别进展困难，因为此时人的发音变化很大，像声音变高、语速变慢、音调及共振峰变化等，这就是所谓的 Lombard 效应，必须寻找新的信号分析处理方法。

（3）语言学、生理学、心理学方面的研究成果已有不少，但如何把这些知识量化、建模并用于语音识别，还需进一步的研究。而语言模型、语法及词法模型在中、大词汇量连续语音识别中是非常重要的。

（4）目前对人类的听觉理解、知识积累和学习机制以及大脑神经系统的控制机理等方面的认识还很不清楚，而且要把这些方面的现有成果用于语音识别还需要经过一个艰难的过程。

（5）语音识别系统从实验室演示系统到商品的转化过程中还有许多具体问题需要解决，如识别速度、拒识问题以及关键词（句）检测技术（即从连续语音中去除"啊""唉"等语音，获得真正待识别的语音部分）等技术细节。

为了解决这些问题,研究人员提出了各种各样的方法,如自适应训练、基于最大互信息准则(MMI)和最小区别信息准则(MDI)的区别训练和"矫正"训练;应用人耳对语音信号的处理特点,分析提取特征参数,应用人工神经元网络等。所有这些努力都取得了一定成绩,不过,如果要使语音识别系统性能有大的提高,就要综合应用语言学、心理学、生理学以及信号处理等各门学科的有关知识,只用其中一种是不行的。

8.3.3 关键技术

语音识别技术主要包括特征参数提取技术、模式匹配准则及模型训练技术三个方面,此外还涉及语音识别单元的选取。下面对其进行介绍。

1. 语音识别单元的选取

选择识别单元是语音识别研究的第一步。语音识别单元有单词(句)、音节和音素三种,具体选择哪一种,由具体的研究任务决定。单词(句)单元广泛应用于中、小词汇量语音识别系统,但不适合大词汇量语音识别系统,原因在于模型库太庞大,训练模型任务繁重,模型匹配算法复杂,难以满足实时性要求。音节单元多见于汉语语音识别,主要因为汉语是单音节结构的语言,而英语是多音节,并且汉语虽然有大约 1 300 个音节,但若不考虑声调,约有 408 个无调音节,数量相对较少。因此,对于中、大词汇量汉语语音识别系统来说,以音节为识别单元基本是可行的。音素单元以前多见于英语语音识别的研究中,但目前中、大词汇量汉语语音识别系统也在越来越多地采用音素单元作为识别单元。原因在于汉语音节仅由声母(包括零声母有 22 个)和韵母(共有 28 个)构成,且声母和韵母声学特性相差很大。实际应用中常把声母依后续韵母的不同而构成细化声母,这样虽然增加了模型数目,但提高了区分易混淆音节的能力。由于协同发音的影响,音素单元不稳定,所以如何获得稳定的音素单元还有待研究。

2. 特征参数提取技术

语音信号中含有丰富的信息,但如何从中提取出对语音识别有用的信息呢? 特征参数提取完成的就是这项工作,它对语音信号进行分析处理,去除对语音识别无关紧要的冗余信息,获得影响语音识别的重要信息。对于非特定人语音识别来讲,希望特征参数反映尽可能多的语义信息,尽量减少说话人的个人信息(对特定人语音识别来讲,则相反)。从信息论角度来看,这是信息压缩的过程。线性预测(LP)分析技术是目前应用广泛的特征参数提取技术,许多成功的应用系统都采用基于 LP 技术提取的倒谱参数。但线性预测模型是纯数学模型,没有考虑人类听觉系统对语音的处理特点。Mel 参数和基于感知线性预测(PLP)分析提取的感知线性预测倒谱,在一定程度上模拟了人耳对语音的处理特点,应用了人耳听觉感知方面的一些研究成果。实验证明,采用这种技术,语音识别系统的性能有一定提高。

3. 模式匹配及模型训练技术

模型训练是指按照一定的准则,从大量已知模式中获取表征该模式本质特征的模型参数。模式匹配则是根据一定准则,使未知模式与模型库中的某一个模型获得最佳匹配。

语音识别所应用的模式匹配及模型训练技术主要有动态时间归正技术(DTW)、隐马尔可夫模型(HMM)和人工神经元网络(ANN)。

DTW 是较早的一种模式匹配及模型训练技术,它应用动态规划方法成功解决了语音信号特征参数序列比较时时长不等的难题,在孤立词语音识别中获得了良好性能。但因其不适合连续语音大词汇量语音识别系统,目前已被 HMM 模型和 ANN 替代。

HMM 模型是语音信号时变特征的有参表示法。它由相互关联的两个随机过程共同描述信号的统计特性,其中一个是隐蔽的(不可观测的)具有有限状态的 Markov 链,另一个是与 Markov 链的每一状态相关联的观察矢量的随机过程(可观测的)。隐蔽 Markov 链的特性要靠可观测到的信号特征揭示。这样,语音等时变信号某一段的特征就由对应状态观察符号的随机过程描述,而信号随时间的变化由隐蔽 Markov 链的转移概率描述。模型参数包括 HMM 拓扑结构、状态转移概率及描述观察符号统计特性的一组随机函数。按照随机函数的特点,HMM 模型可分为离散隐马尔可夫模型(采用离散概率密度函数,简称 DHMM)和连续隐马尔可夫模型(采用连续概率密度函数,简称 CHMM)以及半连续隐马尔可夫模型(简称 SCHMM,兼有 DHMM 和 CHMM 的特点)。一般来讲,在训练数据足够时,CHMM 优于 DHMM 和 SCHMM。HMM 模型的训练和识别都已研究出有效的算法,并不断被完善,以增强 HMM 模型的鲁棒性。

人工神经元网络在语音识别中的应用是研究热点之一。ANN 本质上是一个自适应非线性动力学系统,模拟了人类神经元活动的原理,具有自学、联想、对比、推理和概括能力。这些能力是 HMM 模型不具备的,但 ANN 又不具有 HMM 模型的动态时间归正性能。因此,已有研究把二者的优点有机结合起来,从而提高整个模型的鲁棒性。

8.4 机 器 视 觉

8.4.1 视觉与视觉图像

1. 视觉世界

一般的视觉是通过客观世界的光学特性来认识世界的。光学特性仅仅是感知物体存在的一种媒介,而视觉真正的目的是为了识别物体,了解周围环境的物体存在及相互关系,从而进一步理解周围环境的现状和意义。因此,人们把视觉系统所要处理的对象称为视觉世界。视觉世界主要由占有空间的物体组成,人们通过视觉世界具有的光学或非光学特性来了解视觉世界的存在。所以这里说的视觉世界是一个以客观物体的空间特性为主要特征的客观世界,而它的光学和某些非光学特性是它的一些重要属性。视觉系统的研究目的是感知视觉世界的空间存在,了解周围视觉世界的空间结构、特点、组成以及它们的空间运动的变化规律。

为说明视觉的本质,不妨根据人们日常视觉感知的经验,来讨论典型的景物分析过程。若眼前是一幅典型的乡村景象,由竹林、房屋、农田、池塘、小路以及天空组成。该景物映射到人的视网膜上,成为一平面型的图像。它与照相机相似,所有景物的色彩、纹理基本上保持原来的特点,但发生透视变形。人们习惯于把图像划分成几个不同的区域,在同一区域中它们的色彩、纹理基本相同或相类似,区域的边界勾画出了该类物体的空间轮廓。

人们根据日常的经验和区域的轮廓形状、色彩等特征,很快地识别出各个区域的名称。此时,该景物抽象成物体类型的概念组成。当然,人们还可以用语言来描述所见到的景物,蓝天下面是一片树林,树林中有座房子,房子前有池塘、道路、田地……这时,景物进一步抽象成为简单的拓扑关系的概念结构。最后可以把整个景物归纳为"乡村景物"这一结构。

上述的过程说明视觉感知过程是一个由客观空间的物理存在到主观概念确定的不断概括抽象的过程,是一个由具体的多彩、繁复的空间景物到简练的语言式概念描述的过程。这就是视觉系统的实质,是人类独特的认识世界的本领。它的形成基于两个实用的目的。一是为了方便记忆,必须把大量相同类型的景物抽象成少量的具有一定特征的"模式"和"框架"。二是为了思想的交流。例如,当一个人告诉另一个人说他看到了一个乡村景物时,另一个人凭他自己的经验马上产生一幅乡村的景象:村屋、小路、流水、树木、田野等。在表达意境这一层意思上,"乡间小屋"这4个字可以传递恰如其分的信息。这里得出一个启示,人类用少量的概念性语言符号来描述所见的景物。这就是视觉系统感知的结果,可作为计算机视觉系统追求的目标,计算机视觉系统的最终任务也是为了景物信息的存储、传递和交换之用。

从上述简单的视觉过程还可以发现下列几个人类视觉系统的重要特点:

(1)对不同物体的轮廓特征的抽取能力

同一个物体它本身的色彩纹理也有很大的变化。但是不管怎样,人的视觉系统仍然能够划分景物中不同组成的物体以及正确地确定每一个组成物体的边界范围。许多实践证明,人们这种轮廓特征抽取的能力往往具有下意识性质,即凭直觉可得到,与已有的景物知识无关。

(2)模式或模型的表达能力

景物图像一旦被分割成确定的轮廓之后,人们就可用一定的模式抽象概括各个组成部分,即用模式的类型来表达各个组成部分。正是这种抽象,把具体的图像上的形象用一般化模型来表示。因此,视觉系统是借助人们头脑中各种物体的抽象化模型来表达的。人们的这种模式表达能力,是一个从具体到抽象又从抽象到具体的过程。首先要通过大量的学习观察,总结成各种类型的"模式",作为先验知识存储在大脑中。在分析具体的图像时,找出对应模式的几何与光学特性的表达与模型,是人类视觉系统中不可缺少的手段。

(3)描述与理解能力

描述与理解发生在视觉过程的最后阶段。首先,它根据模式与表达,可以识别判定图像中各个组成部分相应的物体名称类型,确定各组成物体之间的空间拓扑关系,其结果可用语言符号和参数来表示。根据这些物体和它们的组成关系,人们还可以进一步理解该图像表达了一种什么样的意境和形势。假如该图像是一种动态过程中的一幕,那么还可以推知图像中出现的景象是什么原因引起的和将要发生什么情况。显然,要达到上述的图像理解需要以大量的、丰富的先验知识为前提。可以说,这一类知识积累越充分,则从同一图像上得到的信息超丰富;反之,没有知识就无法进行描述和理解。

上述基本属性是人类视觉系统的3个重要特点,构成了视觉系统的3个明显层次(或阶段):第一是基于图像特征抽取及分割阶段,称低层处理;第二是基于物体的几何模型与图像特性表达,称中层模型表达阶段;第三是基于景物知识的描述与理解,称高层处理阶段。这里所谓低层到高层的划分是从客观到主观过程的分段,其中知识是衡量高低层的重要标准:在低层阶段,只关心所得图像上表现出来的灰度、纹理与局部图像的特征;而在高层阶段,需要视觉系统具备丰富的领域和专业知识。

2. 计算机视觉

计算机视觉是研究用计算机来模拟人和生物的视觉系统功能的技术学科,即让计算机能够感知周围视觉世界,了解它的空间组成和变化规律。

计算机视觉模拟人和动物的视觉,它的研究目标基本上与人的视觉是一致的,即让计算机具有"感知"周围视觉世界的能力。具体来说,就是让计算机具有对周围世界的空间物体进行传感、抽象、判断的能力,从而达到识别、理解的目的。根据其处理过程的先后及复杂程度,计算机视觉的任务可以分成以下几个方面:

(1)图像的获取

通过光学摄像机、红外摄像机或激光、超声波、雷达等对周围视觉世界进行传感,使计算机得到与视觉世界相对应的二维图像,该图像由数字组成,被称为数字图像,数字图像是计算机视觉系统必要的基本条件。

(2)特征抽取

在二维图像的基础上,分析对应物体的表面色彩、纹理或物体的表面轮廓形状,它们统称为特性和特征。特性和特征正是用来区别一个物体与另一个物体的重要根据,特征分析的结果是各种参数、表格等符号表达方式。

(3)识别与分类

根据预先存储在计算机中的物体的"模式",对特征抽取的结果进行分析、比较,判定图像中感兴趣的物体是否存在并确定它的位置,或区分、标志图像中各种物体的类别。

(4)三维信息理解

根据已知物体的三维模型,从二维图像中估计推断出物体的三维立体信息,包括物体的三维空间位置、表面形状和朝向等。

(5)景物描述

分析二维图像中各种物体的结构及它们的相互关系,或推断对应的三维空间中各物体组成及三维空间关系。前者被称为图像的描述,后者被称为三维景物的描述。

(6)图像解释

有可能的话,除了景物描述之外还得指出视觉世界以外的含义,例如从景物的现状说明其中的含义、原因及下一步将会发生什么等。

不同的计算机视觉系统工作方式和过程不尽相同,但是大致可分为下列几个阶段:

(1)图像获取

首先系统必须利用图像输入装置(例如摄像机)对实景进行获取,结果存放在计算机内存中,由数字组成数字图像。

(2)预处理

由于种种原因所得到的图像不够理想,例如模糊、噪声、变形等,预处理就是对图像进行滤波、增强、矫正等一系列的操作,使其尽可能与实际景物相一致。

(3)图像分割

对图像的特性进行检测,得到图像在不同区域的灰度、色彩或纹理等特性参数,利用这些差别把图像划分区域或者抽取它们的轮廓边界。一个区域中的图像特性参数应该尽量一致。划分的结果使图像中对应不同属性的区域标以不同标号,并附上每个区域的图像属性参数。

（4）图像的分类

根据机器预先存储的模型知识，对各种区域进行识别。根据它们的形状、色彩等特征，确定它们属于哪一类物体。注意：在分类的过程中常常把属于同一类的相邻区域做进一步归并，结果在图像上标志不同类型的符号。

（5）分析与描述。根据各个图像中物体的上下左右关系作出它们的拓扑关系图。由于计算机中预存有"乡村景物"之类景物的模型，利用这些模型进行比较匹配，可以进一步确定它们之间的真实关系。

3. 视觉图像

图像是客观物体的光学特性在图像介质上面的写照，是计算机视觉系统工作的出发点。但是一些非光学特性，例如超声波、红外线、X 光等也可以记录下来而成像，它们可以称为广义的图像。图像具有以下基本特性：

（1）图像必须是真实世界的反映；

（2）图像中记录的特性可以是光学特性也可以是非光学特性，特性的强度用图像的明暗度（灰度）来表示；

（3）图像具有二维平面形式特点，但它反映三维空间的某类特性分布；

（4）图像必须能以可视的形式出现。

从信息系统来看，图像是一种信息的载体，它包含着客观世界的特性及其空间分布的信息。为了说明图像是如何反映客观世界的有关信息的，必须从它的成像原理开始说起。

（1）成像原理

对于一般的光学视觉图像来说，它们仅仅记录了客观物体表面的光学特性，除了发光体之外，绝大部分物体的表面光是来自入射光源的反射光。因此，人们看到的物体表面的明暗色彩与入射光强度有关，也与该物体的反射特性有关。进一步的研究表明，物体表面的反射与物体的质料和几何形状有关。因此，光学视觉图像包含丰富的有关空间物体的组成材料和几何结构信息。

光学图像的形成是由成像机构来决定的。不同的成像机构原理有所不同。计算机的数字图像往往是直接或间接来自摄像机输入然后数字化而成，它符合透视原理。摄像机的透视原理可简述如下。

设在三维空间系统中（如图 8-5 所示），透镜中心位于原点，像平面（X,Y）垂直于 Z 轴，且位于 $z = -f$ 处，设 A 点为空间物体上一点（x,y,z），则按透视原理，像平面上的位置为 $A'(X,Y)$，其中

$$X = -x \cdot f/z$$
$$Y = -y \cdot f/z \qquad\qquad (8-1)$$

可见（X,Y）与 z（A 到透镜平面的垂直距离）大小成反比，与焦距 f 成正比。式（8-1）被称为透视公式。

可以看出，像平面上只有 X,Y 二维信息，在透视过程中损失了 Z 方向的信息。因此从图像上很难决定物体对应的三维空间中的真实位置。所以说透视成像系统 AA' 是不可逆的。但是在已知某些条件情况下，可以从图像中估计出三维情况，这是计算机视觉中一个重要的研究课题。

除了光学特性，图像也被用来记录其他特性，下面是几种常用的特殊图像。

①X 射线图像；

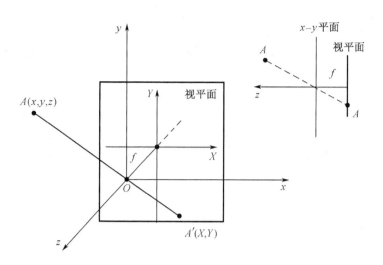

图8-5 三维成像原理

②红外线图像；

③多波段图像；

④超声波图像；

⑤激光图像。

超声波图像的每一点记录了物体距超声波仪器的距离,即深度,而图像的 X,Y 方向反映了物体左右上下的位置。因此,该图像表示了三维的信息。激光图像又称激光雷达图像,它的原理与超声波成像相似,但是采用激光作为信号源来估计空间距离。激光图像能保证被检测点的空间定位精度和分辨率。

(2)图像的属性

在计算机系统中,图像被数字化成为一个二维的数组或矩阵,它的元素(像元)记录物体表面某一点的光学或非光学特性值,像元值的二维分布表征了物体的对应点的空间分布。人的视觉系统能够从图像中识别理解图像所包含的真实世界,这是依靠对客观世界了解的先验知识,通过对图像上的色彩、形状的分析才能实现的。这些色彩、形状就是图像的属性,它们是由于灰度(色彩)在图像中空间分布变化而产生的。所有图像不管其内容如何,这些属性是最基本的,是图像识别理解的基本依据。下面讨论图像的基本属性、它们的主要特点以及与客观物体之间的对应关系(除非特别指明,下面的讨论均以灰度图像作为对象)。

①灰度与色彩特性

所有物体均有色彩或明暗度,反映在图像中表示为像元的 R、G、B 值或灰度值,值的大小由色度学和光度学及成像机理来决定。不同物体其灰度色彩是不同的,而同一物体的不同表面其灰度色彩也有一定的差别,后者基本上决定于表面的朝向。因此,图像上灰度色彩相同或相近的像元区域一般对应于一个物体或它的一个表面。但是由于光照的角度和条件不同,加上自然物体的表面有一定的粗糙度、凹凸性、阴影和遮蔽等,同一表面的灰度色彩有时变化相当大。可见,仅仅用灰度色彩来划分图像物体会带来很大的不确定性,且难以用数学模型描述,是图像处理中的基本难题之一。

边缘轮廓是物体外形的一个重要组成部分,物体的轮廓往往发生在色彩或灰度突变的地方,因此从图像上检测灰度色彩的突变处常常成为寻找表面边缘或物体轮廓的基本方法。由于阴影、噪声等干扰,物体的边缘或轮廓常常模糊不清,阴影边缘也会被错误地作为物体的边缘。这些问题同样随着光照条件、环境结构的变化而变化,无固定的规律,这与灰度分割一样是图像分析的基本难题之一。

灰度图像作为数值的统计特性有灰度统计、动量矩、相关性及频谱特性。灰度统计仅考虑像元灰度值的出现情况,并不关心它们的空间分布。主要的操作有最大最小灰度值、灰度值的分布等,这可以通过灰度直方图统计得到,直方图 H_l 是一个 k 元素向量,其数学表达如下:

$$H_l = (z_1, z_2, \cdots, z_k) \tag{8-2}$$

其中 k 为灰度的范围,z_i 表示灰度值为 i 的像元数。

一个图像的直方图是图像中不同灰度出现概率的估计,它给出像元灰度值大小分布的信息。下面是它的一些重要参数。

a. 平均灰度值

$$G_f = \left(\frac{1}{N}\right) \sum_{i=1}^{k} (z_i \times i) \tag{8-3}$$

其中,N 为像元总数。平均灰度值 G_f 是对整个图像明暗程度的度量。

b. 方差 V_l

$$V_l^2 = \left(\frac{1}{N}\right) \sum_{i=1}^{k} (z_i \times (i - G_f)) \tag{8-4}$$

方差 V_l 给出了整个图像灰度的大致分布范围。若 V_l 大,则图像看上去明暗变化较大,即反差大;反之则反差较小。

虽然灰度直方图统计仅给出与位置无关的灰度信息,但因为同一物体灰度值大致相同,所以在直方图上反映出来的是一个个峰顶,两峰之间有明显的峰谷,这些峰顶与峰谷为图像分割提供了十分重要的线索。

②空间频谱特性

频谱特性用来描述像元值在 X、Y 空间方向的变化规律,它是对图像 $f(x, y)$ 做二维傅里叶变换而得到的。

所得的结果是沿 u, v 平面分布的二维函数,它们组成了 X, Y 方向空间变化的频谱。例如,若 u 方向频谱集中在 u 的低端,则说明了图像在 X 方向变化比较平缓,反之则变化激烈。对 $F(u, v)$ 平面上的频谱分布做分析,可以得到 f 图像灰度值变化的一些规律。

③纹理

自然界的物体根据性质不同,除了不同的色彩之外,大部分有自己独特的表面纹理,它们组成了一定的外表特征,反映了它们质料或类别。图像的纹理由两大要素组成:数理的基本单位与纹理的交织方式。前者由细小的有一定特征的图案组成,被称为纹理的基元。不同形状的基元可组成不同风格的纹理特性,而纹理的交织方式不同也可产生不同视觉效果的纹理。

根据图案的排列方式,纹理可以分为两大类。一类纹理的图案形状固定,交织有一定的规律。许多人造物品,例如布料、针织物、建筑墙面等属于此类。另一类则图案大小、形状有一定的变化,交织也没严格排列。许多自然物体,例如树叶、水波等均属此类。通过观

察可以发现,在数字图像中纹理由互相邻接的像元群组成,它们具有下列特点:

a. 基元的相似性

一个纹理看上去有千变万化的基本单元,但是它们往往只有几种基本形式,而所有的基元是这些基本形式旋转、缩放或简单的变形、变化的结果。

b. 重复特性

基元的上述变换形式每隔一定的距离或方向会重复出现,即在空间方面基元的变化有一定的规律性。

纹理的基元之间交织的方式又称纹理的结构模型。目前研究纹理结构方式的数学方法有文法结构模型和统计模型两大类。前者是针对有固定变化规律的纹理而提出的,而后者用于结构变化有一定的随机性但又有统计规律的纹理描述。大部分自然物体表面所呈现的纹理属于后者,常用傅里叶能谱加以描述。

④图像的运动特性

所谓图像的运动特性是指运动图像中像元随时间变化的特性,它是由物体运动引起的。从这些变化特性中估计出对应运动物体的位移、速度、旋转、尺度、变化等,总称为运动量估计。运动量估计为运动物体的识别与运动的规律描述提供了重要的依据。

运动图像是由按时间前后得到的图像序列来表示的,一般来说序列中两相邻图像间的时间 Δt 是可知的,而且是非常小的。

物体的运动规律反映到图像中形成一定的约束。例如:

（1）最大速度限制

（2）最大速度变化限制

（3）运动一致性

（4）对应一致性

运动量估计中最基本的问题是:给出两相邻图像 A、A',求出图像 A 中某一点 (x,y) 在 Δt 之后的位移量 $(\Delta x, \Delta y)$。常用的运动量估计的方法有频谱变换法、差分法和光流法。光流法估计的结果得到每一个像元位置的灰度（光强）变化大小和方向,被称为光流场（速度场）。它有许多用处,是研究运动特性的主要方法之一。

8.4.2 图像提取特征

一个计算机视觉系统的主要任务就是从视觉图像中识别目标对象或了解周围空间物体的组成和现状,以便采取进一步的行动措施。但是,由于一般的摄像系统仅仅传感环境的某一部分信号,加上噪声、畸变等干扰,直接从传感数据中进行识别理解是很困难的,往往是不可能的。事实上,每一类物体都有它自己独特的属性或表征,称特征。人类的视觉就是根据这些特征来区别不同的物体的。一个物体的特征可以分为几何特征与非几何特征两大类,前者常用物体的形状、轮廓来表示;后者往往指物体的组成或质料的表征,例如色彩、纹理等。其中几何特征是描述视觉空间的最基本要素,常常采用基于线性边缘和基于区域两种方法进行特征提取,下面介绍一些常用的技术。

1. 线性特征的检测

线性特征主要指图像中的边缘曲线,所谓边缘应是物体的轮廓或物体表面的交界。边缘常常发生在色彩灰度突然变化的部位,但实际上由于物体表面交界处灰度常常缓慢变化,以及物体表面的变化曲折加上噪声干扰,边缘处常显得模糊不清,这给边缘的检测带来一定的困难。另外,有的物体本身为细条状的区域,例如河流、道路或物体表面的裂缝,它们的边缘表现为狭长的平行线(一到两个像元宽度),因此检查的方法也有所不同。

边缘抽取的一般过程分为两阶段,在第一阶段主要采用各种算法来寻找、强化图像中那些可能存在边缘的像元,然后由第二阶段对可能成为边缘的像元点进行跟踪连接。

(1)阶段一:边缘的检测

常用的边缘检测算子可分为梯度法和模板式边缘检测两种。

①梯度法

梯度法的边缘算子用于检查灰度突变的地方,把图像看成二维灰度的函数 $f(x,y)$,则在 f 突变的地方,它存在最大的空间微分值。根据这一原理又可分为一阶微分、二阶微分,下面是它们的形式。

一阶微分操作又称梯度算法,在数字化图像中某一点 (x,y) 的灰度变化可表示为 Δx,Δy,即:

$$\Delta x = f(x,y) - f(x+1,y)$$
$$\Delta y = f(x,y) - f(x,y+1) \tag{8-5}$$

其中,$f(x+1,y)$,$f(x,y)$,$f(x,y+1)$ 也可以采用下式:

$$\Delta x = f(x+1,y+1) - f(x,y)$$
$$\Delta y = f(x,y+1) - f(x+1,y) \tag{8-6}$$

它来用了 $45°$、$135°$ 交叉的差分来表示,称 Roberts 算子。

它们的强度和方向则可表示为

$$\sqrt{(\Delta x^2 + \Delta y^2)} \tag{8-7}$$
$$\arctan(\Delta y / \Delta x) \tag{8-8}$$

二阶的微分算子称拉普拉斯算子,在数字图像中它的形式为

$$L = (f(x+1,y) + f(x-1,y) + f(x,y+1) + f(x,y-1)) - 4f(x,y) \tag{8-9}$$

拉普拉斯算子不仅对于边缘,而且对于对角线条的端点处也有较大的检测能力,但是对于孤立点得到的幅值最大,这样在有噪声的图像中噪声处也被检测为边缘点,而且拉普拉斯算子对于斜方向的边缘和垂直或水平方向的边缘检测结果不一样,它有方向性,这是不合理的。因此,对于边缘检测来说,它有时不如一阶微分那样实用有效。

②模板式边缘检测

模板式边缘检测法的基本思想是先确定一种 $n \times n$ 的权值方阵,权值的安排针对某一种类型的边缘。例如图 8 - 6 所示方阵(a)的权值对于垂直边缘十分有利,若用它来对图 8 - 6(b)中间点 (x,y) 做卷积操作则可得到 3,而对图 8 - 6(c)做卷积操作得到的结果仅为 0,这种方阵称方向模板。一般来说,模板大小为 3×3,也有 5×5 或者更大的。对于 3×3 模板来说,按方向不同可设计成 8 个方向,下面是一种 8 方向的设计(Prewitt 模板),分别针对如图 8 - 7 所示的 0 到 7 八个方向的邻元。

图像的模板匹配采用上述的模板对图像逐点进行处理,即对于图像中的每一点 (x,y),分别做 8 个方向模板的卷积,比较找出最大的卷积值 m,则此模板的方向即为该 (x,y) 处的边缘方向。模板匹配的结果可得一对值 (d,m),其中 d 表示方向($0 \sim 7$),m 为该方向的强度(最大的卷积值)。模板匹配的优点之一是可设计出灵活的各有特色的模板来求出所需类型的边缘,常用的模板有 Sobel 模板和 Kirsch 模板。

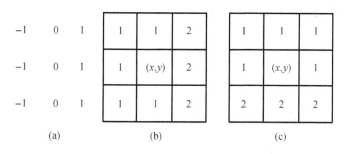

图8-6 方阵(a)及两种边缘情况(b)和(c)

（2）阶段二：边界曲线的跟踪和连接

边缘的检测结果是强化了边缘处的像元，他们散布在图像上，并不一定继续成线条。为了保证输出曲线的连续坐标，必须进行跟踪。跟踪的基本问题是如何确定某一边缘检测点可作为边界曲线点。一个常用的规则是：边界曲线应该是单宽度、连续的、具有一定的光顺性。若已知边界的几何形状模型，例如直线、圆周等，则可用来指导曲线跟踪。边缘检测点的强度和方向，也是用来决定局部跟踪方向的重要因素。例如，一个边缘点的下一个最可能点是与它相邻的有较大强度的点。

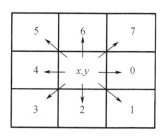

图8-7 点(x,y)8个
方向的邻元

由于实际的景物在成像过程中受到光照条件、大气透射、仪器特性等多种因素的影响，所得的图像其特性并不理想，其中最主要的特点是区域的边界比较模糊、间断和散布许多噪声。利用前面介绍的基于图像本身的灰度特性而进行的特征提取往往得不到预期的效果，这就要求有更高层的知识参与。

2.图像的区域分割

图像区域分割的目的是从图像中划分出某个物体的区域，即找出那些对应于物体或物体表面的像元集合，它们表现为二维的团块状，这是区域基本形状特点之一。又因为物体的表面一般应该是同一质料组成，根据光学原理，在相同的光照条件下应该反映出相同的光学特性——明亮度、色彩或纹理等。因此，可以直观地推断，区域应该有下列一些特点：

①均匀性：在一个区域内，各个像元应该具有相同的图像属性；

②连通性：一个区域应该是整块的，即内部各像元相互为邻，很少出现空洞或裂缝。

③边缘完整性：一个区域存在与其他区域的明确分界、边缘或边界，一个区域的边界曲线显然应该是封闭的。

④反差性：两个不同装型的区域有着不同的图像属性，特别是那些相邻区域。

（1）方法一：基于直方图的图像分割法

前面说过，直方图记录着不同灰度出现的概率。设图像中仅有两类物体（对象与背景），可得到双峰型的直方图，一个峰对应对象，另一峰对应背景。两峰中间的峰谷处的灰度值 T 可作为区域分割的准则，对于像元$f(x,y)$，当$f(x,y)>T$时，则 x,y 处归属区域1，否则归属区域2。这样图像可分割为两类区域。

峰谷值的选取可用计算机自动执行，设直方图用$p(z)$表示，z为灰度值，则两个峰值z_t

和 z_j 应该一定的距离,如图 8-8 所示,峰谷值 z_k 应该符合:

$$z_t < z_k < z_j$$
$$p(z_k) = \min(p(z)) \tag{8-10}$$

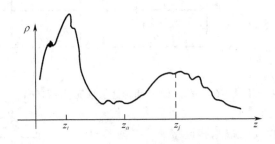

图 8-8 双峰型直方图

式(8-10)具有不合理的一面。因为在中间某一区间有可能是两物体灰度交叠的结果,简单地采用阀值 $T=z_k$ 将产生一定的失误,合理的阈值 z_k 应该使上述两部分的失误之和最小。利用两个峰的分布规律(例如正态分布)可以帮助更好地确定阈值 T。

当图像中对象多于两类时,往往产生多个种类的区域。统计直方图可得到多个峰值,利用阈值把图像分割成多种区域,这种直方图称多峰直方图。一般来说,当一个图像出现多峰直方图时,利用直方图的方法往往效果不是很好。

对于那些因光照不均匀,背景的灰度值从一边到另一边的变化很大,有时甚至超过背景与物体对象的界限的图像。若采用统一的直方图去分割,有可能把明处的背景与暗处的背景划分成两类区域。这种图像有一个有利的特点,即对于每一个局部区域来说,物体对背景的灰度值还有明显的反差,因此可采用把图像分成若干局部小块,在每一个小块内进行直方图统计和分割的方法。

(2)方法二:区域增长法

在许多情况下,区域分割只关心所感兴趣的物体在图像中对应的区域。一般它的灰度、色彩或纹理在区域内比较均匀。区域增长法的具体操作就是从图像中逐点检查相邻像元之间的均匀性。若满足均匀性,则它们是同一区域,否则属于两个不同的区域,这就是区域判定准则。根据检查的方式不同,可分为扫描式和增长式两种。

所谓扫描式方法是对图像逐行地检查所有像元。凡是符合准则的相互邻接的像元串称一个行程,并标以标号。重新检查图像中的相邻行,凡是具有相等标号的合并为同一区域。这种方法的特点是算法简单,但需要两遍扫描。

区域增长法是采用全方向扩张。首先设置区域典型像元的判定准则,从图像中发现典型像元作为区域增长的"种子";然后,从种子开始上下左右反复检查相邻像元,符合均匀性判定准则可归并为一个区域。区域增长法有一个明显的优点是可克服区域内的孤立点,可保证区域的完整性,当然这种方法仍有它的缺点,即分割结果与种子点的选择有关,同时在串行计算机中真正做到全方位增长是不可能的。

(3)方法三:分割-归并算法

①金字塔与四叉树结构

若把图像按四分法划分,则划分一次可得到 4 张新的子图像(区域),反复进行之,直到

所划分的区域为单个像元为止(设图像的尺寸为 $2^L \times$
2^L),如图 8 - 9 所示。这样所得到的图像序列形成了金
字塔的结构。若每一层均看成一个图像的话,塔顶图像
只有一个像元,又称"格子",它实质上对应整个原先图
像,可以称它的大小为 2^L,而最下层的为原图像,格子大
小为 1。很明显,处于 k 层的"像元"(格子)大小
为 $2^{(L-k)}$。

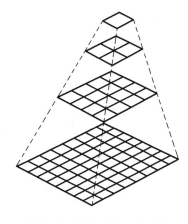

上述四分结果同样可产生四叉树的结构。很明显,
四叉树中根结点对应金字塔顶,即表示整个图像,它的 4
个儿子组成了金字塔中下一层的图像,每个子结点对应
1/4。依此类推,四叉树中最下层的叶子对应于原图像中
的每一个像元。同样,四叉树中第 k 层节点所包含原图
像的像元数为 $2^{(L-k)}$。

图 8 - 9 图像的金字塔结构

金字塔中不同层次可表示原图像的不同"分辨率",而四叉树则可明确地表示结点之间
的相互关系,它们是图像表达的两种重要形式。分割 - 归并算法的主要思想是从金字塔中
某一层开始,检查每一个格子。若它包含的原图像像元不符合均匀条件则一分为四;若符
合则检查与它相邻的其余 3 个方格是否符合均匀条件,若符合则把它们合并成一个区域。
这样反复进行直到分得不能再分、归并到不能再归并。整个算法分成两个阶段,下面是它
的形式化描述算法。

②算法

设图像为 l,大小为 $2^L \times 2^L$,$H( )$ 为均匀性准则函数(True or False)。

第一阶段:

步骤 1 从图像金字塔的 k 层开始,对于每一个格子 R_C 依次进行下列操作。

步骤 2 对于 R_C,若 $H(R_C)$ = False 则分 R_C 为 R_C1、R_C2、R_C3 和 R_C4,并分别对它们逐个
重复步骤 2 操作。

步骤 3 若 $H(R_C)$ = True,则找出它的对应四叉树上同父亲的其余 3 个方向,记为 R_C',
R_C'',R_C'''。检查 $H(R_C' \cup R_C'' \cup R_C''' \cup R_C)$,若为 True,则合并成为一个格子,用它们四叉树中
父亲节点表示,作为当前的 R_C,重复步骤 3;否则取同一层另一个格子 (R_C', R_C'', R_C''') 作为
R_C,重复步骤 2。

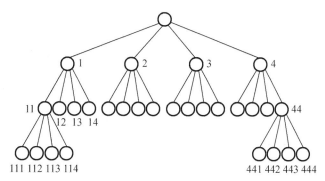

图 8 - 10 四叉树结构

上述算法采用递归方法,算法过程比较复杂。这里的标号十分重要,它必须对应四叉树中的表示,即它的位数表示分割的层次,它的大小表示上下左右的位置。

第二阶段:邻域连接算法

检查所有相邻的标记块 R_i、R_j,若 $H(R_i \cup R_j)$ = True,则归并之,并表示为相同的区域号。

需要指出的是,本算法的初始层次 k 的选择十分重要,若 $k = 0$,则本算法只有分割无归并,而 $k = L$,则只有归并无分割。一般 k 取在 0 到 L 之间,视图中物体的复杂程度而定,初始分割尽量与最后的区域大小相近,可得到较高的效率。

8.4.3 视觉模式与识别

人们的视觉系统往往更关心的是物体的外形,即它们的空间信息,例如大小、长短、轮廓、形状等,以及它们的相对关系。因此,直接采用物体的几何形象进行识别理解是一种有效的方法。一般来说,人们首先有一个有关物体的视觉形象——模型,然后用模型匹配的方法去比较、分析,从而作出判断。可见,物体的空间模型是十分关键的。

1. 空间建模

空间建模的任务是用数学方法对环境物体的三维空间特性进行描述和抽象。它的基本手段是数学几何学中的描述物体形状的理论和方法。由于实际环境中的物体不可能像几何学造型那样规范,而且它们往往是由不同物体或同一物体的不同部分构造而成的,因此空间建模将具有相当范围的可变性,而且常用复杂的结构化形式表达。

空间模型可分为两大类:一类是景物的二维图像模型,是指三维物体成像后它们在图像平面上的几何形状的表达;另一类是空间物体的立体模型,它是对物体原型的三维几何形状描述。目前,前者最常用的有区域邻接图方法、四叉树表达法,而后者有体素结构几何方法(CSG)、广义维方法(general cone)及各种基于 CAD 造型方法的曲面、曲线的造型,下面分别对其中几种方法进行分析。

(1)方法一:区域邻接图

区域邻接图是图像中经分割后的区域按它们的相邻关系用图论方法来表示的结果,图像中的区域邻接图本身不能直接表示某一物体,但是表示了物体各个组成部分之间的拓扑关系。一个物体成像后尽管其图像变化多样,但是物体各个部分之间的相对关系基本上是稳定的,因此区域邻接图是一种常用的模型,往往是在区域分割方法的基础上加工而成的。例如分割 – 合并算法,可直接得到区域邻接图。其中的区域用大大小小的方块来表示。下面再介绍一种基于图像扫描行的区域表达法,称线段邻接图。它与行程码表示有关,具体方法如下:

区域的行程码表示法的基本原理是用扫描线(事实上是单位宽度的区域)去填入区域中,记录每一段扫描线的位置及长度,这样就可以用位置和长度来表示一条区域,基于该方法的区域表示法被称为行程编码,而线段邻接图是一种说明两相邻行程之间关系的图结构:

$$LAG = (L, A) \tag{8 – 11}$$

其中,L 为线段(行程)集合,$A = L \times L$ 反映了线段之间的邻接关系。

LAG 的获取算法比较容易,只要在原先的行程码基础上逐行比较相邻行中线段之间是否存在邻接关系就可以得到 LAG 图。它的特点是可表示形状比较复杂的区域。

（2）方法二：四叉树表达

四叉树根据图像区域可递归四分割的原理来表示区域及区域关系，不失一般性。下面以二值化图像为例来介绍四叉树的概念和原理。

一个二值化图像的四叉树表达是指一种树形数据结构，它的基本结构特点如下：

①树中的每个结点对应图像中的方形区域，结点的 4 个分叉指定 4 个子结点，它们分别对应该区域 4 个平分区域，次序为西北、东北、西南和东南（NW、NE、SW 和 SE）。

②四叉树的根结点对应整个图像，因此该图像应该是方形的，而且是可等分的，即它的大小为 $2^k \times 2^k$，其中 k 为整数。

③一般结点按照它对应的区域内的像元分布情况分为 3 类（如图 8 – 11 所示）。

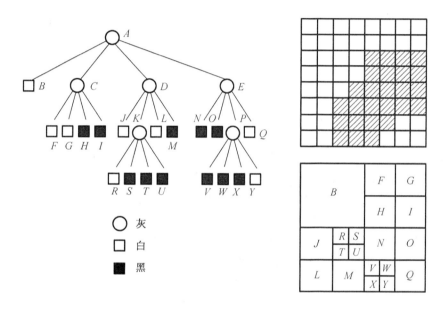

图 8 – 11　四叉树生成算法

白色节点（W）：表示在对应区域内的像元全部为 R 区域；

黑色节点（B）：表示在对应区域内的像元全部为非 R 区域；

灰色节点（G）：表示在对应区域内的像元中 R 与非 R 像元共存。

④完整的四叉树中，每个叶子节点不是白色就是黑色，不应该有灰色叶子。

四叉树的优点不仅在于它有一定的数据压缩率，更重要的是它提供了区域 R 的层次式结构信息，特别是树状的结构非常有利于计算机进行各种操作，因此四叉树被广泛地用来作为图像区域的代替物，进行各种图像的操作计算。例如邻块搜索、面积和动量矩计算、集合操作、连通域的标记等复杂的操作。

（3）方法三：体素结构几何（CSG）

体素结构几何是一种空间立体造型系统。它把一个空间物体分解成一些相对简单的几何体，即体素，并指定体素之间的关系。CSG 表示法中的体素一般是十分简单的几何形体，例如方块、柱体、球体等，可用数学公式表，体素之间的关系也不单是"粘接"。在 CSG 中，"∪"和"–"是集合论操作中的并与差运算，意义为"黏合"和"挖去"等操作。显然 CSG 能更好地表达一个复杂的立体图形。一个 CSG 表达系统可用巴科斯范式递归地表示：

$$< CSGRep > :: = < primitivesolid > \mid$$
$$MOVE < CSGRep > By < motionparams > \mid$$
$$< CSGRep > < Combineop > < CSGRep > \qquad (8-12)$$

其中,primitive 就是上面提到的基本体素。

MOVE 表示一种运动操作,它把括号中 CSG 几何体进行空间的移动或旋转等操作,操作的参数由 motion params 提供。

Combine op 表示合成操作,把左右两个 CSG 几何体进行合成。例如并、差等操作,由 Combine op 指定。

需要注意的是,CSG 所有的形体(包括其中体素)必须是有体积(或面积)的,孤立点或悬空线是不允许的。但许多操作中会出现这种情况,可以用正则化来规定 CSG 的这个基本要求。一个正则化的图形 Z 应该是封闭的具有内部区域的图形,由于一般的集合操作不能保证正则化,为了区别,加上"*"表示,例如"∪""-"等表示集合操作是正则化的。

CSG 定义也可以用结点和树来表示,一般它们是具有两叉性质的树。树的叶子表示体素,而其内部结点表示一种操作。每一个内部结点对应 CSG 的基一部分,即它下面的子树对应总的 CSG 的一个子结构。CSG 树状结构的操作算法具有很大的优点,可用于许多算法。

2. 模式识别

模式识别主要的目的是确定、分装图像中的物体,其主要特点是采用数值模型来表达识别对象的模型。通常先定义一类量度,把对象的各个特征及其变化规律进行定量的描述,其结果得到一组参数或参数集合。如果特征选取得当,同一类型各个对象的参数集合其变化基本保持在一定的范围内,而不同类型的参数变化范围应该有明显的不同。这种参数集合称特征参数(集合),一旦特征量度和特征参数被确定,则在识别对象物体时,可先采用特征度量取得它们的特征参数,然后根据参数落在哪一个范围,就可以判断对象属于哪一类物体。在模式识别理论中,特征参数和变化范围是采用特征空间来表示的。下面进行进一步介绍。

首先,模式识别是根据对象"模式"进行目标识别及分类的,这里的"模式"是心理学中的一个专业术语,用来描述一类事物的形象、概念等。模式识别中的模式往往采用被称为特征向量的形式来表达。

设一个模式具有 n 个特征值,则特征向量 X 表示为
$$X = (x_1, x_2, \cdots, x_i, \cdots, x_n) \qquad (8-13)$$
式中 x_i 对应第 i 个特征值,从数学角度来看 X 是属于由这 n 个分量组成的 n 维空间 Ω 中的一点,Ω 称特征空间。同一模式的各个物体的特征向量 X 在特征空间中应该聚集在一起,形成一个区域。而不同类型的物体其 X 应该在不同的区域之中。因此,模式的分类就是把特征空间划分为不相重复的区域,每一个区域对应一个模式。这就是特征、特征向量、特征空间和模式之间的关系。其中,特征的选取和特征量度是十分关键的,必须符合下面两个条件:

(1)特征的选取必须使得一类物体的特征向量在特征空间中分布区域明显地不同于另一类物体的特征分布区域,也就是说,不同类型的物体在特征空间中分布区域互不交叠;

(2)特征值的量度应该明确无误的表达特征的变化规律,即特征变化过程中同一状态应该有同一的特征值,它们之间应有一一对应关系。

在实际系统中要满足上述两个条件往往是很困难的。例如,有两类物体,它们有一特征相类似,但是其他类型物体都没有该特征。一般情况下,为了区别其他类型的物体,该特征会被选取,这就不能满足条件一。当然这种情况可用分阶段识别的策略来解决。至于条件二则更不容易满足,因为自然环境千变万化,同一状态的特征其表现情况是不同的,这往往影响特征值的正确获取。

根据人类视觉的经验,图像中物体的灰度、色彩和物体表面轮廓形状以及纹理变换是识别物体的主要特征。其中灰度、色彩和纹理的数值量度在前面已有介绍,物体表面轮廓形状可以由图像的低层处理来获取。

一个模式识别系统其关键技术可分为下列几部分:

(1)特征选择和抽取

每一种物体均有多个方面的特征,模式识别所需要的特征是指该物体特有的可区别于其他物体的特征。特征抽取的结果可得到一个特征向量。

(2)学习训练器

学习训练器的功能是从模式的样本中总结归纳出模式判别的规则。先由人告诉每一种样本的类别,然后进行学习的方式称有人监督学习;而由学习训练器从各种类型的样本中自动进行分组归类,从而得到各类模式的判别准则的方式可称为无人监督学习。

(3)分类器

分类器在判别准则的指导下,对输入的图像特征进行分析判别,从而确定其类型。

一般来说,工作顺序是首先进行学习,然后再对输入作出分析判别。但也可以一边学习,一边判别,每次判别的结果反馈给学习训练器以改进判别准则。按照特征的数据结构形式不同,它又可分为基于特征参数的判决理论法和基于结构特征的句法研究两大类。下面主要介绍基于特征参数的判决理论法。

数学上,分类器由一个被称为判决函数的形式来表示。设 $C_1, C_2, \cdots, C_m$ 表示 m 个可能的模式,则判决函数 $D_j(X)$ 的值表征了输入模式 X 属于 j 类别($j = 1, 2, \cdots, m$)的情况,记为 $X - C_j$。对于所有的 C_i,若存在 $D_i(X) > D_j(X)$($i, j = l, 2, \cdots, m; i \neq j$),则可知 X 属于 i 类模式。可以看到,若用特征空间 Ω 来表示,$D_i(X)$ 的值相当于 X 归属于哪个区域的隶属度。所以,模式的判定是寻找对 X 来说隶属度最大的那个区域。该隶属度可以用多种方法来表示,下面提出了一些方法。

(1)线性加权和

对于类别 C_j,有

$$D_j(X) = \sum_{k=1}^{n} (W_{j,k} \times X_k) + W_{j,nl} \quad k = 1, 2, \cdots, n \qquad (8-14)$$

这里 $W_{j,nl}$ 为一常量,仅与 j 有关,而权值 $W_{j,k}(k \leqslant n)$ 意味着 X 中的第 k 个分量对于归属类别 C_j 的重要程度,合理地设计 $W_{j,k}$ 值可起到调节 $D_j(X)$ 值域的作用,即保证当 X 在两个类别 C_j 和 C_i 的区域边界点上时 $D_i(X) = D_j(X)$。

(2)最小距离法

设对于每一个类,确定一个准特征向量。设第 i 类的标准特征向量为:$\boldsymbol{R}_i$($i = 1, 2, \cdots, m$),则可定义 $D_i(X)$:

$$D_i(X) = |X - \boldsymbol{R}_i| \qquad (8-15)$$

当该值为最小时,则 $X \in C_i$,这可理解为每一个标准模式在 Ω 中有一个固定的中心位置。当 X 与该位置距离越近,则隶属度越大。

由以上两种算法中可见 $D_j(X)$ 的设计主要是确定数值 $W_{j,k}$ 或典型特征向量 $\boldsymbol{R}$,它们可以分别通过学习训练器而得到。其中 $W_{j,k}$ 的得到可采用有人监督学习的方法。理论上,输入足够的样本,并且给出相应的类别 $D_j(x)$,则利用公式可解出 $W_{j,k}$。至于 $\boldsymbol{R}_j$ 的得到,可采用集群(clustering)方法,它的主要思想是:由于同类样本相对集中于区域中某一个中心,集群算法的目的是找出这些中心,作为标推向量 $\boldsymbol{R}_i$。集群算法亦十分复杂。

把类别与特征的相互关系作为随机事件进行统计,从而发现它们之间的统计规律,作为判决函数的根据,由此而发展得到的模式识别方法称统计模式识别。它的基本方法如下所述。

设一个对象可由 n 个参数来表达,由这 n 个参数组成的 n 维特征值可通过观察(测量)而得到,可以认为观察结果 $(X_1, X_2, \cdots, X_n)$ 是一个随机量。每次观察可得到 $X_1, \cdots, X_n$ 的一个具体值 $(x_1, x_2, \cdots, x_n)$,它们出现的概率可用联合分布 $P(x_1, x_2, \cdots, x_n)$ 来表示,而对应的密度函数为 $p(x_1, x_2, \cdots, x_n)$。统计模式识别所关心的是类型与特征向量之间的关系,它们分别属于两个事件。设类型事件为 $\omega_i, i = 1, 2, \cdots, m$,可用条件概率来描述它们之间的关系:在装型确定的情况下,可能出现的特征向量的概率记为条件概率 $P(X|\omega)$,其密度函数记为 $p(X|\omega)$,对于所有可能出现的 $\omega_1, \cdots, \omega_m$ 有下列关系:

$$p(X) = \sum p(X|\omega_i)P(\omega_i) \quad i = 1, 2, \cdots, m \qquad (8-16)$$

所谓判决函数是指出现 X 时,计算它属于哪一个 ω,也就是求出条件概率 $P(\omega_i|X)$ 中较大的那一类 ω_i,若最大者为 j,则可认为属于 ω_j 类,记为

$$P(\omega_i|X) = \max P(\omega_i|X) \rightarrow X \in \omega_i \quad i = 1, 2, \cdots, m \qquad (8-17)$$

设 $P(\omega_i)$ 为先验概率,$p(X|\omega_i)$ 为条件密度函数,它可以从训练中得到,则后验概率 $P(\omega_i|X)$ 的计算可利用贝叶斯定理:

$$P(\omega_i|X) = P(X|\omega_i) \times P(\omega_i)/P(X) \qquad (8-18)$$

由于感兴趣的只是求出最大的 $P(\omega_i|X)(i = 1, 2, \cdots, m)$,而对它们的值不感兴趣,故只要比较它们的分子项就行。

需要指出的是,在使用贝叶斯方法判决时,密度函数 $p(X|\omega_i)$ 虽然可用训练样本来估计,但它们往往需要大量样本才能得到比较精确的结果,所以实际使用的贝叶斯分类器往往采用特殊的简化方法提高分类器工作效率,例如采用预定密度函数为正态分布或规定分类器为线性或分段线性等方法。

3. 图像的理解

图像的理解实际上是一个模型匹配的过程。根据空间模型的形式不同,模型匹配大致上可分为 3 大类:

(1)模型的形式为图像模板,它是典型物体的二维数字图像或它们的抽象图形。相应的操作称模板匹配法。

(2)模型的形式为几何参数模型,采用一组参数或数学公式来表示相应物体的几何特征,例如圆周的中心和半径、立方体的边长、广义锥 CG 模型等。相应的操作称模型的装配。

(3)模型由组成物体的空间拓扑结构的关系结构网络的形式表示,例如四叉树、邻接图等,相应的算法用图论匹配法,称图的标识。

下面将分别加以介绍。

（1）第一类:模板匹配法

模板匹配主要用来在二维图像上识别目标。设已知对象目标的模板图像为 T,大小为 $M \times N$,待匹配的图像 I,大小为 $L \times W(L > M, W > N)$。匹配的操作原理是把 T 叠加在图像 I 上,设 T 的中心与 I 的 (i,j) 位置一致,比较 T 与覆盖下的 I 的子图像之间的差别,若差别小于预定的阈值,则称 T 在 (i,j) 点获得较好的匹配,即在 (i,j) 处找到了所需要的目标。上述的匹配过程可以移动模板 T 找出最佳的匹配点。具体匹配的过程可进一步用下面的数学方法来描述。

设图像 T 在 $I(i,j)$（可表示为 $I_{ij}( )$）点处的匹配程度可定义为两个重叠图像中对应像元之差:

$$D(i,j) = \sum_{m=1}^{M} \sum_{n=1}^{N} (I_{ij}(m,n) - T(m,n))^2 \qquad (8-19)$$

对图像每一点进行上述公式计算,最佳的匹配应该是 $D(i,j) < e, (e$ 为一正数$)$。

按照上述匹配的方法,在一幅图像中计算量很大,它随模板 T 的大小 $M \times N$ 增加而迅速增大。一般在图像上为了寻找最佳匹配需要进行 $(L - M + 1) \times (W - N + l)$ 次公式的运算。即需要几十万次匹配计算,下面介绍两种常用的提高匹配效率的方法。

第一种方法被称为序贯相似性检测法（SSDA）。该方法利用上述公式中的一个特点:当匹配良好时,$D(i,j)$ 的值很小,接近于 0。对于每一点 (i,j) 按公式计算,公式是一个累加运算,当误差积累到某一个值时,可以认为该点处无匹配希望从而停止计算,这样在计算每点时可以不必进行 $M \times N$ 次的计算。采用 SSDA 方法计算效率可增加 $1 \sim 2$ 个数量级。

第二种方法是从图像的金字塔结构去考虑。对 I 和 T 做同样的归并,得到对应的两个金字塔,分别为 L 和 K 层。在图像 I 的 $(L - K)$ 层上开始进行模板匹配,可以很快地定出较佳的匹配位置。然后在已确定的匹配处往下扩展到下一层局部图像中进行匹配,如此层层下降,最后可在原始图像上得到正确的匹配处。采用金字塔结构可以较快地确定最佳匹配位置。

模板匹配的特点是原理简单、模型直观,它的缺点是用模板来表达对象太简单化,当输入图像存在噪声,或由于成像过程的畸变等因素将会使得匹配的算法十分复杂。此外,对于复杂的多变的对象模型,用模板很难概括地表示出来。

（2）第二类:模型的装配

相当数量的几何模型是用带有参数的数学表达式表示的,它们能表示某一类型的物体,但是具体的变化（例如尺寸,大小,方位等）可由参数来确定。该类模型匹配的一般方法可从两方面进行:一方面是根据成像机理把参数模型变换成图像特征模型,另一方面把原图像处理成为特征图像。两者进行比较,若有较好一致性,则可以说完成模型的装配,于是可用该参数模型去解释图像的含义。它们的要点为:

①必须知道成像的机理。已知一个对象的模型,根据该机理可以估计该模型成像后的图形或图像。

②必须设计一种图像的特征检测方法,使得到的特征图像能粗略表征所求对象的几何特征形象。

③必须确定上述两种数据所描述的几何图形之同的相似性量度函数。

满足上述 3 个基本条件则可以进行匹配。

设对于给定的模型,其参数用矢量 $\boldsymbol{A} = (a_1, a_2, \cdots, a_n)$ 来表示,而图像用 $f(x,y)$ 来表示,

它们的相似函数与模型参数和图像有关,记为

$$S(A, f(x,y)) \tag{8-20}$$

S 的设计有多种形式。一般来说可以由 A 生成的图形数据 $Fa(x,y)$ 与图像的特征数据 $F(x,y)$ 间的平均误差来表示:

$$S(A, f(x,y)) = \sum |Fa(x,y) - F(x,y)| \tag{8-21}$$

而最佳匹配的问题可理解为数学上求 S 的极值。由于 F 为常量,所以 S 的极值仅与参数 A 有关。实际情况下,大部分 S 是很难用解析式来表示的,可采用经验法,例如瞎子爬山法等。

当模型为三维物体时,从二维图像上进行模型匹配是一个病态的问题,因此有必要引入适当的约束条件或经验的知识。根据这些条件和知识,利用正则化方法列出下列方程:

$$S(A, f(x,y)) = \sum |Fa(x,y) - F(x,y)| + \lambda Cu \tag{8-21}$$

公式中第一项仍表示由模型 A 估计的图像特征数据与实际图像特征数据的差距,它应该尽量小。第二项表示了模型的约束条件产生的约束因子,其中 λ 为可选系数,代表约束的强度,该项取决于具体的对象。方程实际上是一个可变方程,可采用数学上分变法来求解。

(3)第三类:图的标识

图论中的匹配问题可用等价图来解决,同构的图在结构上是完全一致的,因此当模型匹配中模型与对象的两个图结构相匹配时,它们的图同构是一个必要条件。若两个图的结点是单纯一致的,则求出同构就算完成匹配的计算。关于两个图同构的问题,有下列几种情况:

①完全同构:G1 与 G2 同构,同时 G2 与 G1 同构。

②子图同构:G2 中存在子图 G2′,使得 G2′ 与 G1 完全同构,则称 G1 与 G2 子图同构。

③双向子图同构:G1 的一个子图与 G2 的一个子图同构,则称 G1 与 G2 双向子图同构,显然双向子图同构比较灵活,任何两个图都可以说是具有双向向子图同构。

求证两图同构的算法是图论中的一个基本问题,基本的方法有两大类。

①规范化:把求同构的图转化成统一的规范图形式,这种规范图对所有同构图来说是唯一的,而且规范图之间应容易判别是否同构。

②穷尽搜索法:依次检查每一对结点、弧是否存在一对一的关系。

一般来说,图的同构算法是一个 NP 问题,随着结点、弧的增加,上述的计算会呈指数级增长,产生"组合爆炸"。但解决具体问题时,利用一些限制或约束条件可能把 NP 问题转为非 NP 问题。按照同构理论,解决子同构较好的方法之一是采用结合图技术。

第9章 机器人路径规划与避障研究

9.1 A* 算法在移动机器人路径规划中的应用

9.1.1 概述

在移动机器人的研究中,我们常常需要机器人能够从一个位置自主运动到另一个位置,机器人如何实现这种从起始位置到目标位置的运动就是我们所说的移动机器人路径规划问题。路径规划问题的最终目的是在某种约束条件下(如花费时间最短)寻找到一条满足机器人位姿变更要求并且能够有效避障的可行路径。

路径规划方法根据适用范围的不同可以分为全局路径规划方法、局部路径规划方法以及混合路径规划方法三种。

全局路径规划方法是一种适用于有先验地图的路径规划方法,它根据已知的地图信息为机器人规划出一条无碰撞的最优路径。其由于对环境信息的依赖程度很大,所以对环境信息的感知程度将决定规划路径的精确度。全局路径规划方法的优点在于在地图信息已知的静态环境下能够规划出一条最优路径,但它的适用范围非常有限。

局部路径规划方法主要是根据机器人当前时刻传感器感知到的信息进行自主避障。在现阶段已有的移动机器人导航研究成果中,大多数采用的都是局部路径规划方法,它们只需要通过携带的传感器获取当前的环境信息,并且这些信息能够随着环境的变化进行更新。同全局路径规划方法相比,局部路径规划方法在实时性和实用性上更有优势。局部路径规划方法也有缺陷,它没有全局信息,容易产生局部最小点,进而导致机器人路径规划失败。

由于单独的全局路径规划方法或者局部路径规划方法都不能达到满意的效果,因此就产生了一种将两者优点相结合的混合路径规划方法,将全局规划的全局信息作为局部规划的先验条件,避免局部规划因为缺少全局信息而产生局部最小点,从而使机器人成功地到达目标点。

移动机器人路径规划的研究是一个集多种机器人技术研究于一身的复杂课题。其中,主要包括环境表达、规划方法和运动控制三方面。环境表达有两层含义:一层是如何有效地通过传感器获取环境信息;另一层是如何将获取的环境信息转化为机器人能够识别的地图模型。规划方法关心的是在环境地图模型已知的情况下如何采用有效的方法规划路径并且进行优化。运动控制的目的是实现控制机器人依照规划好的路线进行行走。

一个好的路径规划方法,应该满足如下指标:

(1)规划出的每一条路径都应该是合理有效的,即满足路径规划的合理性;

（2）对于客观存在的每一条可通行的路径,该算法都应该可以搜索到,如果环境中没有可通行的路径,该算法会提示路径规划失败,即满足路径规划的完备性;

（3）该算法规划出来的路径一定是在某个规则下最优的,即满足路径规划的最优性;

（4）规划算法的复杂度（时间需求、存储需求等）能满足机器人运动的需要,即满足路径规划的实时性;

（5）算法具有适应环境动态改变的能力,在不同的环境下,都能够有效合理地完成规划任务,即满足路径规划的适应性。

9.1.2 A* 算法

搜索策略按照搜索方式的不同一般可以分为盲目搜索和启发式搜索两种。盲目搜索的结构简单,容易实现,但这种搜索策略的效率很低,对计算的空间和时间会造成极其严重的浪费。启发式搜索策略排列可扩展节点的顺序,从中选取某种规则（如时间最短）最优的节点,并加以扩展,这样就极大地减少了算法的计算量,提高了算法的效率。

A* 算法是一种启发式的搜索算法,在某种规则的约束下,选取一个下一步将要扩展的节点。这种搜索算法的结果总是将"最有希望"的节点选取出来,并且将它作为下一个被扩展的节点。这种搜索叫作有序搜索。

A* 搜索算法的理论思想:对于环境中的任意点 C_i,假设 $g(C_i)$ 表示从 C_S 到 C_i 的代价最小的一条路径,从 C_i 到 C_G 的估计代价用 $h(C_i)$ 表示,则从初始点 C_S 经过中间点 C_i 到目标点 C_G 最优路径的估计代价 $f(C_i)$ 可以表示为

$$f(C_i) = g(C_i) + h(C_i) \tag{9-1}$$

定义一个 OPEN 表,将所有已经访问过的但还没有扩展的栅格单元按照估价函数 $f(C_i)$ 从大到小的顺序保存到 OPEN 表中,则 A* 搜索算法可描述为

（1）初始化 OPEN 表,并将它赋为空,把 C_S 放入 OPEN 表中,计算 $f(C_S)$。

（2）若 OPEN 为空表,则算法失败,搜索不到可行路径。

（3）选取 OPEN 表中代价评估值 f 最小的栅格 C_i,如果 $C_i = C_G$,就表示已找到最优路径,搜索成功,如果 $C_i \neq C_G$,则对 C_i 进行扩展,所有与 C_i 相邻的栅格记入 $S(C_i)$ 中。

（4）从 OPEN 表中将 C_i 移走。

（5）对 $C_j \in S(C_i)$,如果 C_j 没有被访问过,则 C_j 添加到 OPEN 表中,且 $g(C_j) = g(C_i) + e(C_j)$;如果 C_j 已经被访问过,需要判断 $g(C_j) > g(C_i) + e(C_j)$ 是否成立,如果成立,C_j 的父节点指向 C_i,且 $g(C_j) = g(C_i) + e(C_j)$。

（6）转步骤（2）。

在动态环境当中,首先 A* 算法根据已知的环境信息规划出一条从初始位置到目标位置的最优路径,然后机器人通过运动控制沿着这条路径行走,当机器人感知到当前的环境信息与已知的环境地图不匹配时,就将当前的环境信息进行建模并更新地图,机器人依照更新后的地图重新规划路径。但如果机器人在一个没有先验地图或者环境信息不断变化的环境中,机器人就要非常频繁地重新规划路径,这种重新规划路径的算法也是一个全局搜索的过程,这样就会加大系统的运算量。如果 A* 方法是采用栅格表示地图的,地图环境表示的精度随着栅格粒度减小而增加,但是同时算法搜索的范围会按指数增加,如果栅格粒度增大,算法的搜索范围减小了,但是算法的精度以及成功率就会降低。

对于移动机器人而言，仅仅按照上述方法规划出机器人运动的子目标序列点是不够的，还需要解决机器人如何按照期望进行运动的问题。由于 A* 方法规划出来的结果是一系列二维平面内的栅格坐标点，所以连续的两个子目标点之间的夹角肯定是 $\pi/4$ 的整倍数，如图 9−1 所示。采用 A* 方法规划出的路径也许是一条最优路径，但如何使机器人按照这条路径进行运动仍是我们需要解决的问题。

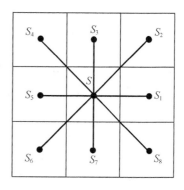

图 9−1　A* 方法中相邻栅格角度示意图

9.1.3　人工势场法

人工势场法是一种虚拟力法，它是由 Khatib 提出的。它的基本思想是将机器人在环境中的运动映射到虚拟的人工受力场中。环境信息中的障碍物对机器人产生斥力，目标点产生引力，引力和斥力的合力作为机器人的作用力，来控制机器人的运动方向和计算机器人的位姿，引力和斥力分布如图 9−2 所示。人工势场法的数学原理如下：

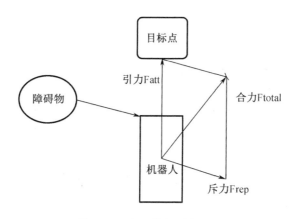

图 9−2　人工势场受力图

机器人在整个区域内所受的引力场定义为

$$U(\boldsymbol{q})_{\text{att}} = \frac{1}{2}\xi\rho^{m}(\boldsymbol{q},\boldsymbol{q}_{\text{goal}}) \qquad (9-2)$$

其中 ξ 是正比例系数；$\rho(\boldsymbol{q},\boldsymbol{q}_{\text{goal}}) = \|\boldsymbol{q}_{\text{goal}} - \boldsymbol{q}\|$ 是机器人当前位置 $\boldsymbol{q}$ 到目标 $\boldsymbol{q}_{\text{goal}}$ 的距离。机器人受到引力势能的负梯度函数如下式所示：

$$\boldsymbol{F}_{\text{att}}(\boldsymbol{q}) = -\nabla U_{\text{att}}(\boldsymbol{q}) = \xi(\boldsymbol{q}_{\text{goal}} - \boldsymbol{q}) \qquad (9-3)$$

该引力随机器人与目标点之间距离的减小而成线性趋近于零。引力的方向在机器人与目标点连线上，从机器人指向目标点。

斥力场公式如下：

$$U_{\text{rep}}(\boldsymbol{q}) = \begin{cases} \dfrac{1}{2}\eta\left(\dfrac{1}{\rho(\boldsymbol{q},\boldsymbol{q}_{\text{obs}})} - \dfrac{1}{\rho_{\text{o}}}\right)^2 & \rho(\boldsymbol{q},\boldsymbol{q}_{\text{obs}}) \leqslant \rho_{\text{o}} \\ 0 & \rho(\boldsymbol{q},\boldsymbol{q}_{\text{obs}}) > \rho_{\text{o}} \end{cases} \qquad (9-4)$$

其中,η 为正比例系数,$\rho(\boldsymbol{q},\boldsymbol{q}_{\text{obs}})$ 为机器人到障碍物的最小距离,$\boldsymbol{q}_{\text{obs}}$ 为机器人到障碍物的最近点,ρ_{o} 表示障碍物影响的最大范围。在该斥力场下机器人受到的斥力为

$$F_{\text{rep}}(\boldsymbol{q}) = -\nabla U_{\text{rep}}(\boldsymbol{q}) = \begin{cases} \dfrac{1}{2}\eta\left(\dfrac{1}{\rho(\boldsymbol{q},\boldsymbol{q}_{\text{obs}})} - \dfrac{1}{\rho_{\text{o}}}\right)\dfrac{1}{\rho^2(\boldsymbol{q},\boldsymbol{q}_{\text{obs}})} & \rho(\boldsymbol{q},\boldsymbol{q}_{\text{obs}}) \leqslant \rho_{\text{o}} \\ 0 & \rho(\boldsymbol{q},\boldsymbol{q}_{\text{obs}}) > \rho_{\text{o}} \end{cases} \qquad (9-5)$$

机器人所受的合力为引力和斥力的和:

$$F_{\text{total}} = F_{\text{att}} + F_{\text{rep}} \qquad (9-6)$$

人工势场法结构简单,具有很好的底层实时控制,对机器人的运动轨迹有很好的控制性,但是人工势场法有 4 个严重的缺陷:

(1)机器人会进入陷阱区域并且不能自主脱离该区域;

(2)机器人在相似的障碍物群中原地旋转;

(3)机器人在障碍物面前停滞不前;

(4)机器人在狭窄通道中震荡。

除了以上 4 条之外,如果目标点位于障碍物的附近,机器人在人工势场法作用下不能到达目标点。

由上述理论知识可知,机器人受到引力势场和斥力势场的作用范围是不同的。引力势场在整个地图范围内都会对机器人产生影响,而斥力势场只在有限的空间内产生影响,当机器人脱离障碍物产生的斥力势场范围时,只有引力势场对它产生作用。因此,人工势场法只适合解决局部的避障问题,而在全局地图的某些区域,当机器人受到引力势场函数和斥力势场函数的联合作用时,机器人容易在某个位置产生震荡或者停滞不前,这个位置即所谓的局部最小点。产生局部最小点的概率和障碍物的多少成正比关系,障碍物越多,产生局部最小点的概率也就越大。局部最小点也是人工势场法存在固有缺陷以及障碍物附近目标不可达问题的症结所在。

9.1.4　基于人工势场法和 A^* 算法的改进的混合路径规划方法

1. 混合路径规划算法描述

分别用 S 代表移动机器人起始点的信息,G 代表移动机器人目标点的信息,C 代表移动机器人当前位置的信息,M 代表栅格环境地图的信息,Subgoal 代表规划出的子目标节点序列,那么本书所提出的混合路径规划方法可以具体描述为:

(1)将机器人当前感知到的和已知的环境信息栅格化,建立栅格地图 M,将机器人的起始点状态赋给当前位置状态,即 $C = S$。

(2)移动机器人基于保存的栅格地图 M,规划出一条从当前位置 C 到目标点 G 的全局最优路径,得到子目标节点序列 Subgoal。如果 Subgoal 为空,即代表当前没有可行路径,则返回搜索失败。

(3)在 Subgoal 中确定一个子目标节点,这个节点必须满足到当前位置的距离最优。

(4)更新系统的目标点,将步骤(3)中得到的子目标节点作为局部路径规划方法中的目

标点 G_1,并进行局部路径规划,直到到达目标点 G_1,转到步骤(3)。

(5)如果机器人自身携带的传感器感知到新的环境信息和原有地图 M 不匹配,按照传感器信息更新地图 M,令 $C = S$,跳转到第一步。

在上述算法中,在全局路径规划模块中实现对子目标节点序列 Subgoal 的生成,在局部路径规划模块中实现对移动机器人的运动控制,并使它不断地朝向子目标节点运动,同时更新子目标节点,最终到达目标终点。下面分别介绍全局路径规划和局部路径规划方法。

2. 全局路径规划方法

全局路径规划采用基于栅格地图的 A* 搜索方法进行路径规划。在全局路径规划中,不考虑机器人的动态避障,可以将栅格的粒度设置较大一些,这样就可以减少对系统空间的使用以及降低 A* 搜索的计算量,提高 A* 搜索效率。

采用 A* 方法进行全局路径规划时,先将全局地图以及局部地图栅格化,建立栅格坐标系,并通过全局坐标与栅格坐标的转化得到初始点和目标点的栅格坐标。在栅格坐标系下,A* 算法搜索一条从起始点到目标点的最优路径,生成一条二维子目标节点序列。序列中的每个子目标节点所保存的信息是其所在的栅格坐标,在这组序列中,除了全局目标节点外的每个节点都有一个指向其父节点的指针。然后,通过对每个子目标节点的栅格坐标和全局坐标的转化,得到该点在全局坐标下的坐标。如果机器人在除目标终点所在栅格以外的任何位置,机器人受到引力仍是它所在栅格的父节点产生的引力;当机器人到达目标终点所在栅格时,机器人受到的引力是机器人目标终点的引力。

通过 A* 算法进行搜索,我们得到的只是一条子目标节点序列。如何使机器人按照得到的路径进行平滑的运动这个问题,将在局部路径规划算法中解决。

3. 局部路径规划方法

对人工势场法进行改进,并将它作为局部路径规划方法,以提高动态环境下对移动机器人的实时控制以及得到一条平滑的运动轨迹。

分别从障碍区域、运动学控制约束两个方面对人工势场法进行改进。

(1)设置产生斥力函数的有效障碍物

移动机器人在实际的运动过程中,并不是所有的障碍物都会对它产生影响,只有在机器人运动方向一定范围内的障碍物才会对机器人运动造成影响。在局部路径规划中,假设角度 α,障碍物分布如图 9-3 所示,在改进的人工势场法中,只有在机器人运动正方向上一定范围内的障碍物 1 和 2 才会对机器人产生斥力势场,其他方向上的障碍物不会对机器人的运动造成影响。机器人受到的斥力如下所示:

机器人在障碍物 1 的斥力场下受到的斥力函数如下:

$$\boldsymbol{F}_{\text{rep1}}(\boldsymbol{q}) = -\nabla U_{\text{rep1}}(\boldsymbol{q}) = \begin{cases} \dfrac{1}{2}\eta\left(\dfrac{1}{\rho(\boldsymbol{q},\boldsymbol{q}_{\text{obs1}})} - \dfrac{1}{\rho_1}\right)\dfrac{1}{\rho^2(\boldsymbol{q},\boldsymbol{q}_{\text{obs1}})} & \rho(\boldsymbol{q},\boldsymbol{q}_{\text{obs1}}) \leqslant \rho_1 \\ 0 & \rho(\boldsymbol{q},\boldsymbol{q}_{\text{obs1}}) > \rho_1 \end{cases} \quad (9-7)$$

机器人在障碍物 2 的斥力场下受到的斥力函数如下:

$$\boldsymbol{F}_{\text{rep2}}(\boldsymbol{q}) = -\nabla U_{\text{rep2}}(\boldsymbol{q}) = \begin{cases} \dfrac{1}{2}\eta\left(\dfrac{1}{\rho(\boldsymbol{q},\boldsymbol{q}_{\text{obs2}})} - \dfrac{1}{\rho_2}\right)\dfrac{1}{\rho^2(\boldsymbol{q},\boldsymbol{q}_{\text{obs2}})} & \rho(\boldsymbol{q},\boldsymbol{q}_{\text{obs2}}) \leqslant \rho_2 \\ 0 & \rho(\boldsymbol{q},\boldsymbol{q}_{\text{obs2}}) > \rho_2 \end{cases} \quad (9-8)$$

机器人在障碍物群区域受到的斥力合力为:

$$\boldsymbol{F}_{\text{rep}}(\boldsymbol{q}) = \boldsymbol{F}_{\text{rep1}}(\boldsymbol{q}) + \boldsymbol{F}_{\text{rep2}}(\boldsymbol{q}) \quad (9-9)$$

采用这种方法,不仅能够提高局部路径规划的效率,还能有效地减少由人工势场法产生的局部最小点,使机器人能够快速、安全地穿过多障碍物区域。当机器人到达目标终点所在的栅格时,机器人将不再受到周围环境的影响,它受到目标终点对它产生的吸引力,就可以解决障碍物附近目标点不可达问题。

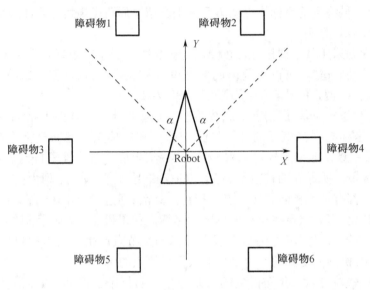

图 9 - 3   机器人周围障碍物分布

(2)运动学控制约束

在通过上面的局部路径规划生成机器人运动的角速度和线速度后,运动控制模块将得到的线速度和角速度转化为电机能够识别的左右轮速 v_1 和 v_r,然后按照参数 v_step 对左右轮速进行梯形规划,即使得轮速能够平稳地递增或者递减,防止轮速突变造成运动控制的超调。同时,为了确保电机的安全,还需要对计算出来的速度进行限速。

9.1.5   仿真研究与结果分析

图 9 - 4 是模拟了机器人从一个房间到另一个房间的路径规划。起始点为 start,目标点为 goal。

从图 9 - 4 中可以看出,机器人完成了从一个房间(起始点)到另一个房间(目标点)的过程,全局路径规划器生成了当前环境下的全局最优路径的子目标序列节点,采用改进的人工势场法控制机器人在子目标序列点之间进行运动。最终,机器人能够沿着一条平滑路径从初始点运动到目标点。

图 9 - 5 是机器人在相同的初始位置,分别有两个不同的目标位置时的仿真图。比较图 9 - 5(a)和图 9 - 5(b)可以发现,在机器人初始位置相同、目标位置不同的情况下,机器人总是能够规划一条在全局意义下从初始点到目标点最优(路径最短)的轨迹。

图 9 - 6 是机器人在一个多障碍物、存在陷阱区域并且有狭窄通道的复杂环境中,传统人工势场法和混合算法的仿真效果图。

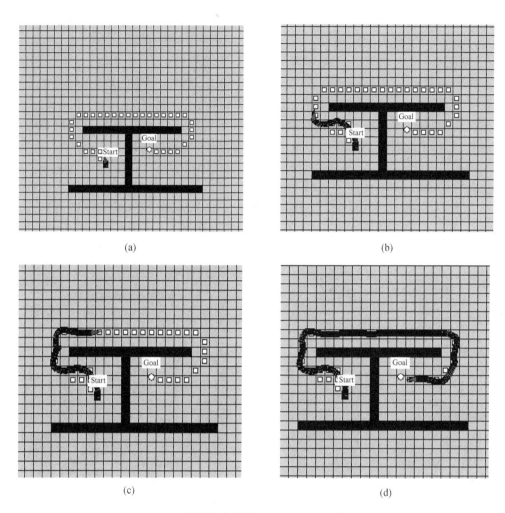

(a)

(b)

(c)

(d)

图9-4 机器人从起始点到目标点运动的仿真效果图

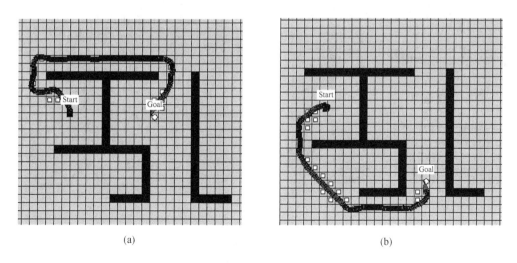

(a)

(b)

图9-5 全局路径规划仿真比较图

从图9-6(a)、图9-6(b)和图9-6(c)中可以看出,在人工势场法路径规划中,存在陷阱区域,机器人在多障碍物区域路径不可识别、在狭窄通道中摆动。而在本书提出的混合算法中,从图9-6(d)中可以看出,机器人在整个运动的过程中,在全局路径规划出的子目标节点序列的引导下,能够有效地避开陷阱区域;在穿越多障碍物区域的时候,在子目标节点的引导下,只需考虑能够影响机器人运动的障碍物,这样就避免了发生机器人在多障碍物区域震荡的问题;在狭窄通道运动过程中,能够平稳地通过通道;在接近障碍物附近的目标终点时,忽略了此时环境信息对它造成的影响,机器人就可以成功达到目标点。通过本仿真实验可以看出,基于 A*算法和改进人工势场法地混合算法能够很好地解决经典人工势场法存在的缺陷,并且克服了目标点在障碍物附近的不可达问题。同时,从仿真实验可以看出,机器人在运动的过程中离障碍物始终有一定的距离,这样就能保证机器人在运动中的安全性,避免局部的速度超调造成机器人与障碍物相撞。

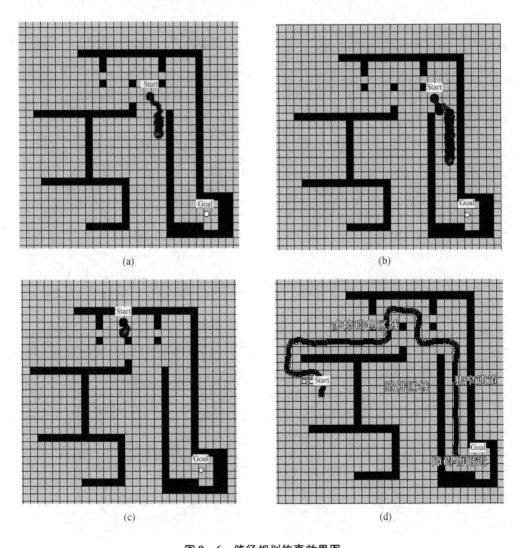

图9-6 路径规划仿真效果图

(a)人工势场法;(b)人工势场法;(c)人工势场法;(d)混合算法

图9-7模拟了机器人在路径规划中遇到动态障碍物并且有效躲避障碍物的过程。

从图9-7(a)和(b)中可以看出机器人按照当前规划好的路径向着目标点前进,当机器人进入图9-7(c)所示子目标点所在栅格区域时,机器人感知到在已规划好的路径上有障碍物阻挡,机器人能够利用本书的算法有效地避开动态障碍物,图9-7(d)中显示机器人继续趋向目标节点运动。从上述仿真结果可以看出,由于采用了局部路径规划策略,机器人能够实时地躲避动态环境下的障碍物。

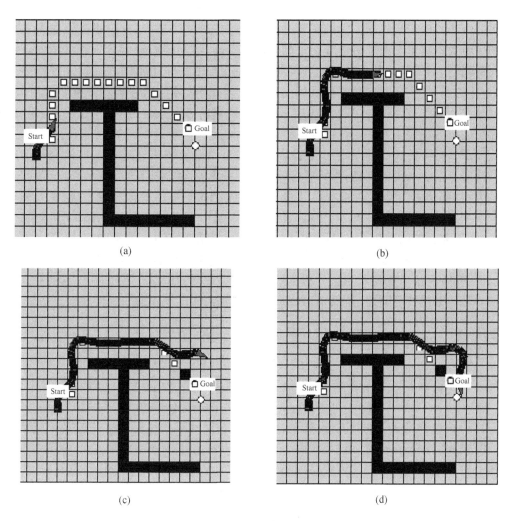

(a)　　　　　　　　　　　　　(b)

(c)　　　　　　　　　　　　　(d)

图9-7 动态避障仿真效果图

9.2 机器人避障研究

9.2.1 概述

机器人避障研究是机器人能够正常进行行走工作的一个重要部分,也是机器人实现智能化的一个关键技术。由于机器人运动的环境复杂性,不同的研究者从不同的角度研究某一方面的问题,对具体问题的提法也不完全相同。因此,如何让机器人在运动过程中能安全、无碰撞地通过所有的障碍物,涉及机器人传感器和避障算法的精确计算和研究。

此处采用模糊逻辑推理控制,模仿人类的驾驶,对传感器信息进行分析,实现对移动机器人避障的有效控制。

模糊逻辑推理算法是基于实时传感器信息通过驾驶员的工作过程观察研究得出的一种在线避障方法。人类的驾驶过程就是一种模糊控制行为,路径的弯度大小、位置和方向偏差的大小,都是由人眼得到模糊量,驾驶员的驾驶经验不可能精确确定,而模糊控制正是解决这种问题的有效途径。此外,机器人的超声波、红外等传感器获得的路面环境信息,都具有近似、不完善性的噪声,而模糊控制的一个优点就是能容纳这种不确定的输入信息,并能产生光滑的控制输出量。其次,移动机器人和车辆类似,其运动学模型较为复杂而难以确定,而模糊控制不需要控制系统的精确数学模型。此外,移动机器人是一个典型的时延、非线性不稳定系统,而模糊控制器可以完成输入空间到输出空间的非线性映射。

9.2.2 救援机器人的运动学模型

履带式移动机器人是一种典型的非完整约束系统,其控制问题一般包括:路径跟踪(path following),轨迹跟踪(trajectory tracking),点镇定(point stabilization)三个基本问题,主要是对底层的运动控制。除此之外,轮式移动机器人控制问题还包括高层的路径规划与优化、障碍物检测与避障、视觉定位与跟踪、群体作业与协作以及遥操作等。

本书将设计移动机器人障碍物检测与避障,机器人为四轮,其中两轮是驱动轮,另外两轮是万向轮,以障碍物检测与避障为基础,建立机器人的运动参数和坐标系分布如图 $9-8$ 所示。

图 $9-8$ 中,X,Y 为世界坐标系;O' 为移动机器人的几何中心;C 为两驱动轮的轮轴中心;R 为车轮半径;$2L$ 为两个驱动轮轮心间的距离;v 为机器人的前进速度;ω 为机器人车体的转动角速度;v_L,v_R 为机器人左右轮的线速度;(x,y) 为 C 点的坐标;θ 为机器人的姿势角;$[x,y,\theta]^T$ 为系统的状态。

假设机器人在水平面运动并且车轮不会发生形变。机器人两个固定的驱动轮由单独的驱动器分别驱动控制,假定车轮与地面接触点速度在垂直于车轮平面内的分量为零,驱动轮与地面"只能转动而不能滑动",满足无滑动条件。在无滑动纯滚动的条件下,轮子在垂直于轮平面的速度分量为零,系统约束条件如下:

$$x\sin\theta - y\cos\theta = 0 \qquad (9-10)$$

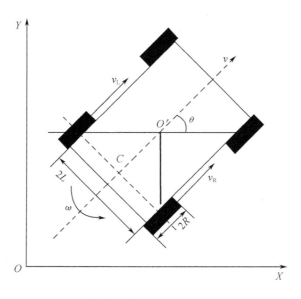

图9-8　救援机器人运动参数和坐标系分布

机器人系统模型目前可分为运动学模型和动力学模型两大类,两种情况下机器人运动控制有不同的控制变量。一种为基于运动学模型的速度控制,另一种是基于动力学模型的力矩控制,本书讨论基于运动学模型的速度控制。移动机器人连续系统的运动学模型为

$$\begin{bmatrix} x \\ y \\ \theta \end{bmatrix} = \begin{bmatrix} \cos\theta & 0 \\ \sin\theta & 0 \\ 0 & 1 \end{bmatrix} \tag{9-11}$$

对救援机器人,能够直接进行控制的是两个独立驱动电机,因此采用$[v_L, v_R]$形式的输入控制量,来分别控制两个驱动轮。下面讨论如何将机器人的前进速度v和转动速度ω转化为机器人两个轮子的线速度v_L和v_R。

机器人线速度为

$$v = \frac{v_L + v_R}{2} \tag{9-12}$$

机器人角速度为

$$\theta = \omega = \frac{v}{r} = \frac{v_L}{r-L} = \frac{v_R}{r-L} \tag{9-13}$$

故可得

$$\begin{bmatrix} v \\ \omega \end{bmatrix} = \frac{1}{2} \begin{bmatrix} 1 & 1 \\ -\dfrac{1}{L} & \dfrac{1}{L} \end{bmatrix} \tag{9-14}$$

考虑机器人系统属于离散控制系统,设系统采样时间为T,采用零阶保持器将前一采样时刻$k-1$的采样值一直保持到下一采样时刻k到来之前。则机器人的运动学特性差分方程为

$$\begin{bmatrix} x_k \\ y_k \\ \theta_k \end{bmatrix} = \begin{bmatrix} \cos\theta_{k-1} & 0 \\ \sin\theta_{k-1} & 0 \\ 0 & 1 \end{bmatrix} \begin{bmatrix} v \\ \omega \end{bmatrix} + \begin{bmatrix} x_{k-1} \\ y_{k-1} \\ \theta_{k-1} \end{bmatrix} \qquad (9-15)$$

代入式(9-14),可得

$$\begin{bmatrix} x_k \\ y_k \\ \theta_k \end{bmatrix} = \frac{T}{2} \begin{bmatrix} \cos\theta_{k-1} & \cos\theta_{k-1} \\ \sin\theta_{k-1} & \sin\theta_{k-1} \\ -\dfrac{1}{L} & \dfrac{1}{L} \end{bmatrix} \begin{bmatrix} v \\ \omega \end{bmatrix} + \begin{bmatrix} x_{k-1} \\ y_{k-1} \\ \theta_{k-1} \end{bmatrix} \qquad (9-16)$$

9.2.3 环境信息分类及其避障行为

移动机器人需对传感器采集及处理后的距离信息进行分析,建立环境模型,使移动机器人在所处的静态环境中,能够对障碍物快速、准确地反应,且有能力规划并执行任务。在这里需要对移动机器人所处环境的障碍物进行分类,再根据不同障碍物设计移动机器人的行为,最后由传感器所反映的信息匹配环境信息,选择机器人运行时的行为。

本书研究移动机器人在室内对未知障碍物的避障行为,障碍物的信息是由传感器实时获取的。移动机器人环境信息可分为 7 类,如图 9-9 所示。移动机器人传感器分为三组,分别以 d_1,d_f,d_r 表示移动机器人左方、前方、右方三个方向的障碍物距离,移动机器人与障碍物的相对位置又可分为以下几种情况:

(1)只在一个方向上有障碍物,图 9-9 中(a)~(c)分别表示在左方、右方、前方有障碍物;

(2)两个方向上有障碍物,图 9-9 中(d)~(f)分别表示左前方、右前方、左右两方有障碍物;

(3)三个方向上都有障碍物,图 9-9 中(g)表示左方、前方、右方都有障碍物。

根据上述环境信息的分类,我们可以设计出移动机器人的避障行为。首先讨论简单的障碍物环境信息情况。

障碍物在前方是移动机器人最危险的一种情况。根据上述的避障策略,移动机器人判断前方是否有障碍物是根据前方传感器的距离信息来确定的。如果前方传感器读数比其他方向的读数小,而且在设定的避障距离范围内,就可以确定移动机器人在这个时刻前方有障碍物。在只有前方障碍物时,根据不同的要求既可向左,也可向右转动一定角度,机器人就能避开前方的障碍物。

移动机器人在运动过程中正前方碰到障碍物的情况比较少,大多数情况下是左方和右方两个侧面首先感知到障碍物。在移动机器人的行走过程中移动机器人左、右两个侧面的距离为左、右两个方向传感器的测量值。移动机器人在运动过程中,如果侧面的测量值在设定的避障距离范围内,移动机器人就判定为侧面有障碍物。

但是在实际的环境信息中也存在比较复杂的情况,即在两个或三个方向上都存在障碍物,如上述(2)和(3)两种情况:

移动机器人在运动过程中,当前方和侧面的传感器测量值都在设定的避障距离范围内,则可判定为在几个方向上均有障碍物。在这种情况下,移动机器人需要首先对测量值较小(即障碍物较近)的情况做避障处理。如图 9-9(d),表示前方和左方均有障碍物,但

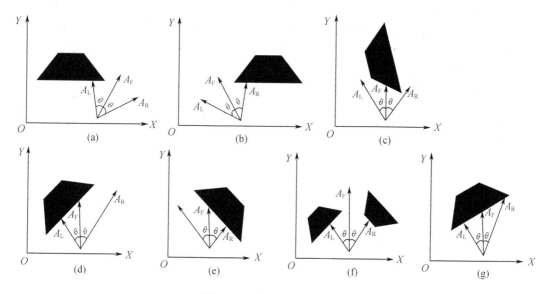

图9-9　障碍物种类示意图

左方的距离较近,因此先使移动机器人避开左方的障碍物再避开前方的障碍物。

移动机器人在左、右两方都判定有障碍物时,这时移动机器人就有可能在这个通道中出现摆动的情况,经过一段时间的调整后,移动机器人会沿着某一个方向直线运动直到离开当前状态。移动机器人在这种摆动的情形下,在不同的环境中有不同的摆动方式和摆幅。

移动机器人在运动过程中最困难的一种情况是三个方向上均有障碍物,如图9-9(g)所示,在这种情况下移动机器人要对三个方向所测量的障碍物的距离值做综合分析,才能做出正确的决策。移动机器人的各种具体避障行为的设计,将在模糊规则设计中规定。

9.2.4　基于模糊推理的避障控制

移动机器人在避障过程中,常会面临无法预测的环境变化,很难建立精确的数学模型来预测障碍物的位置,因此采用模糊控制方法非常适合煤矿救援机器人的避障。

红外传感器输出的信息可以用来指导避障行为,在本系统中,红外传感器作为超声波传感器的补充,用以对近距离(0.4 m以内)的障碍物进行探测。

系统的输入是红外传感器的状态数据和超声波传感器输出的距离信息,经过模糊控制器的模糊化处理和模糊推理后,输出的是一个动作行为结果,该动作行为结果的执行由驱动子控制系统执行。

1.模糊推理控制的理论基础

模糊控制以模糊集合的理论为基础,对于每一个元素 $x \in X$,存在一个值 $\mu(x) \in [0,1]$,表示在给定论域上 x 属于集合 X 的程度,称隶属度。模糊推理系统的基本结构由4个重要部件组成(如图9-10所示):知识库、推理单元、模糊化输入接口与去模糊化输出接口。知识库又包含模糊 IF-THEN 规则库和数据库,规则库中的模糊规则定义体现了与领域问题有关的专家经验或知识,而数据库则定义隶属函数、尺度变化因子以及模糊分级数等。推理单元按照这些规则和所给的事实执行推理过程,求得合理的输出。模糊输入接口将明确的输入转换模糊量,并用模糊集合表示,根据模糊输入得到控制量,控制量也是模糊量。因此,要求清晰化过程,把模糊控制量转换为清晰值作为模糊控制器的输出,去模糊输出接口将模糊的计算结果转换为明确的输出。模糊控制器的建立分为4个步骤:

(1)挑选能够反映系统工作机制的控制输入输出变量;

(2)定义这些变量的模糊子集;

(3)用模糊规则建立输出集与输入集的关系;

(4)对模糊控制器的核心部分,进行模糊推理及清晰化。

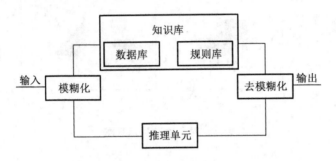

图 9 - 10 模糊推理系统的基本结构

2.确定输入输出

定义模糊推理控制器的输入变量 d_r, d_1, d_c 的模糊语言变量为 {Near, Far} = {"近","远"},"近"表示机器人距离障碍物近,"远"表示机器人距离障碍物远,论域为(0~6 m),其隶属函数如图 9 - 11 所示。

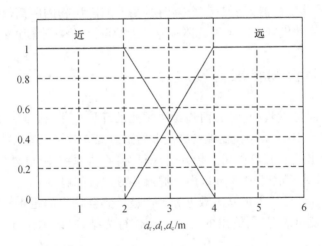

图 9 - 11 距障碍物距离的模糊隶属函数

目标定位变量 t_r 的模糊语言变量为 {LB,LS,Z,RS,RB} = {"左大","左小","零","右小","右大"},隶属函数如图 9 - 12 所示,论域为(- 180°,180°)。

输出变量 s_a 的模糊语言为 {TLB,TLS,TZ,TRS,TRB} = {"转左大","转左小","转零","转右小","转右大"},隶属函数如图 9 - 13 所示,论域为(- 30°,30°)。

3.建立避障模糊控制规则

（1）在远离障碍物或无障碍物的情况下

图9-14说明了机器人是如何确定目标的位置的,依据机器人不同的轨迹和目标方向,可以建立规则 $R_1 \sim R_5$,使机器人避障并直接转向目标。

R_1:if d_r is FAR and d_c is FAR and d_1 is FAR and t_r is LB,then s_a is TLB;

R_2:if d_r is FAR and d_c is FAR and d_1 is FAR and t_r is LS,then s_a is TLS;

R_3:if d_r is FAR and d_c is FAR and d_1 is FAR and t_r is Z,then s_a is TZ;

R_4:if d_r is FAR and d_c is FAR and d_1 is FAR and t_r is RS,then s_a is TRS;

R_5:if d_r is FAR and d_c is FAR and d_1 is FAR and t_r is RB,then s_a is TRB;

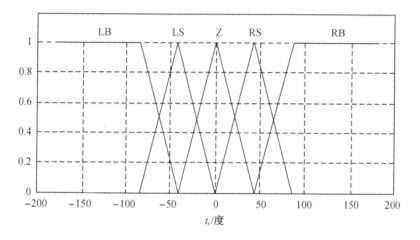

图9-12 目标定位 t_r 的隶属函数

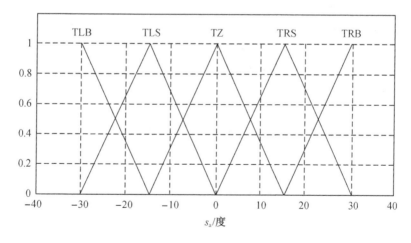

图9-13 转动角 s_a 的隶属函数

（2）在有障碍物的情况下机器人躲避障碍物的规则

当探测到机器人接近到障碍物时,机器人应改变运动轨迹,以避免相碰。机器人转动的基本原则是当探测到机器人左(右)和前方出现障碍物时,机器人应及时转向右(左)。依据图9-9和驾驶的操作经验,可得到机器人躲避障碍物的控制规则。

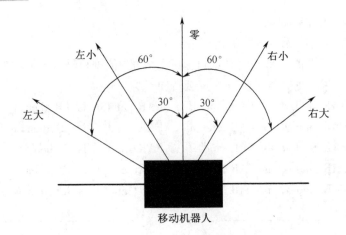

图 9 – 14　在无障碍环境下机器人运动示意图

①左方传感器探测到机器人接近障碍物的情况

R_6 : if d_r is FAR and d_c is FAR and d_1 is NEAR and t_r is LB, then s_a is TZ;

R_7 : if d_r is FAR and d_c is FAR and d_1 is NEAR and t_r is LS, then s_a is TZ;

R_8 : if d_r is FAR and d_c is FAR and d_1 is NEAR and t_r is Z, then s_a is TZ;

R_9 : if d_r is FAR and d_c is FAR and d_1 is NEAR and t_r is RS, then s_a is TRS;

R_{10} : if d_r is FAR and d_c is FAR and d_1 is NEAR and t_r is RB, then s_a is TRB;

②左方和前方传感器探测到机器人接近障碍物的情况

R_{11} : if d_r is FAR and d_c is NEAR and d_1 is NEAR and t_r is LB, then s_a is TRS;

R_{12} : if d_r is FAR and d_c is NEAR and d_1 is NEAR and t_r is LS, then s_a is TRS;

R_{13} : if d_r is FAR and d_c is NEAR and d_1 is NEAR and t_r is Z, then s_a is TRS;

R_{14} : if d_r is FAR and d_c is NEAR and d_1 is NEAR and t_r is RS, then s_a is TRB;

R_{15} : if d_r is FAR and d_c is NEAR and d_1 is NEAR and t_r is RB, then s_a is TRB;

③左方、右方和前方传感器探测到机器人接近障碍物的情况

R_{16} : if d_r is NEAR and d_c is NEAR and d_1 is NEAR and t_r is LB, then s_a is TLB;

R_{17} : if d_r is NEAR and d_c is NEAR and d_1 is NEAR and t_r is LS, then s_a is TLB;

R_{18} : if d_r is NEAR and d_c is NEAR and d_1 is NEAR and t_r is Z, then s_a is TRB;

R_{19} : if d_r is NEAR and d_c is NEAR and d_1 is NEAR and t_r is RS, then s_a is TRB;

R_{20} : if d_r is NEAR and d_c is NEAR and d_1 is NEAR and t_r is RB, then s_a is TRB;

④前方传感器探测到机器人接近障碍物的情况

R_{21} : if d_r is FAR and d_c is NEAR and d_1 is FAR and t_r is LB, then s_a is TLB;

R_{22} : if d_r is FAR and d_c is NEAR and d_1 is FAR and t_r is LS, then s_a is TLS;

R_{23} : if d_r is FAR and d_c is NEAR and d_1 is FAR and t_r is Z, then s_a is TRS;

R_{24} : if d_r is NEAR and d_c is NEAR and d_1 is FAR and t_r is RS, then s_a is TRS;

R_{25} : if d_r is FAR and d_c is NEAR and d_1 is FAR and t_r is RB, then s_a is TRB;

⑤右方传感器探测到机器人接近障碍物的情况

R_{26} : if d_r is NEAR and d_c is FAR and d_1 is FAR and t_r is LB, then s_a is TLB;

R_{27} : if d_r is NEAR and d_c is FAR and d_1 is FAR and t_r is LS, then s_a is TLS;

R_{28} : if d_r is NEAR and d_c is FAR　　and d_1 is FAR and t_r is Z, then　s_a is TZ;

R_{29} : if d_r is NEAR and d_c is FAR　　and d_1 is FAR and t_r is RS, then s_a is TZ;

R_{30} : if d_r is NEAR and d_c is FAR　　and d_1 is FAR and t_r is RB, then s_a is TZ;

⑥右方和前方传感器探测到机器人接近障碍物的情况

R_{31} : if d_r is NEAR and d_c is NEAR and d_1 is FAR and t_r is LB, then s_a is TLB;

R_{32} : if d_r is NEAR and d_c is NEAR and d_1 is FAR and t_r is LS, then s_a is TLB;

R_{33} : if d_r is NEAR and d_c is NEAR and d_1 is FAR and t_r is Z, then　s_a is TLB;

R_{34} : if d_r is NEAR and d_c is NEAR and d_1 is FAR and t_r is RS, then s_a is TLB;

R_{35} : if d_r is NEAR and d_c is NEAR and d_1 is FAR and t_r is RB, then s_a is TLB;

⑦右方和左方传感器探测到机器人接近障碍物的情况

R_{36} : if d_r is NEAR and d_c is FAR and d_1 is NEAR and t_r is LB, then s_a is TLB;

R_{37} : if d_r is NEAR and d_c is FAR and d_1 is NEAR and t_r is LS, then s_a is TLS;

R_{38} : if d_r is NEAR and d_c is FAR and d_1 is NEAR and t_r is Z, then　s_a is TZ;

R_{39} : if d_r is NEAR and d_c is FAR and d_1 is NEAR and t_r is RS, then s_a is TRS;

R_{40} : if d_r is NEAR and d_c is FAR and d_1 is NEAR and t_r is RB, then s_a is TRB;

4. 模糊推理控制器设计

根据机器人的避障模糊控制规则,具体的推理机构如图 9 - 10 所示。为了说明推理控制器的工作过程,以第 R_{40} 条规则为例来说明推理决策过程。

设模糊推理控制器的输入为 d_r, d_1, d_c 和 t_r,输出为 s_a。其中 d_r, d_1, d_c 分别表示机器人距离右方、左方和前方障碍物的距离,t_r 表示机器人运动方向和与目标中心连线的目标定位,s_a 表示移动机器人的转动角。为了简化操作,设机器人的运动范围半径为 R, d_r, d_1, d_c 均在 R 之内。当目标位于机器人右前方时,目标定位 t_r 为正,反之 t_r 为负,当机器人转向右方时,转角 s_a 为正,当机器人转向右方时,转角 s_a 为负。

已知输入集为 $\{d_r^*, d_c^*, d_1^*, t_r^*\}$,输出 s_a 标为"TRB",规则的推理与合成(取极大或极小)为

$$u_{\text{TRB}}^{40}(s_a^*) = \min(u_{\text{NESR}}(d_r^*), u_{\text{FAR}}(d_c^*), u_{\text{NESR}}(d_1^*), u_{\text{RB}}(t_r^*)) \qquad (9-17)$$

$$u_{\text{TLB}}(s_a^*) = \max(u_{\text{TLB}}^1(s_a^*), u_{\text{TLB}}^2(s_a^*), \cdots, u_{\text{TLB}}^{40}(s_a^*)) \qquad (9-18)$$

$$u_0(s_a) = \max(\min(u_{\text{TLB}}(s_a), u_{\text{TLB}}(s_a^*)), \min(u_{\text{TLS}}(s_a), u_{\text{TRS}}(s_a^*)), \min(u_{\text{TZ}}(s_a),$$
$$u_{\text{TZ}}(s_a^*)), \min(u_{\text{TRS}}(s_a), u_{\text{TRS}}(s_a^*)), \min(u_{\text{TRB}}(s_a), u_{\text{TRB}}(s_a^*))) \qquad (9-19)$$

去模糊化后得

$$s_a^* = \frac{\int u_0(s_a) s_a \mathrm{d}s_a}{\int u_0(s_a) \mathrm{d}s_a} \qquad (9-20)$$

式中,s_a^* 为模糊推理控制器的最终结果,是一个精确量。

9.2.5 仿真研究

为了验证所设计的模糊控制器的有效性,本书在 VC++ 环境下建立模拟机器人、障碍物以及井下巷道的模型尺寸,并建立模拟传感器来感知环境,通过调整模糊控制算法来控制

机器人的行走路径。

图 9 – 15 至图 9 – 20 为机器人不同起始情况下的避障状态。

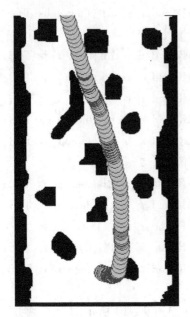

图 9 – 15　起始方向朝右斜下

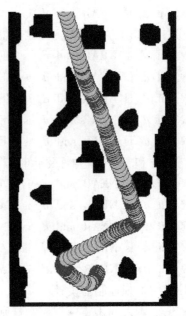

图 9 – 16　起始方向朝左斜下

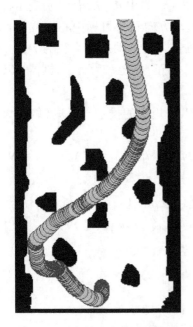

图 9 – 17　起始方向朝垂直向后

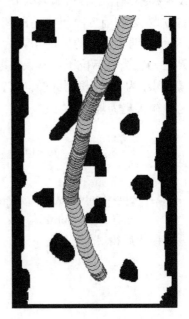

图 9 – 18　起始方向朝左上

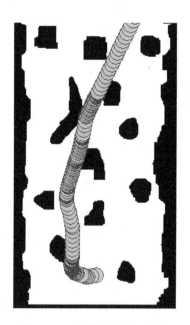

图 9 - 19　起始方向水平向左

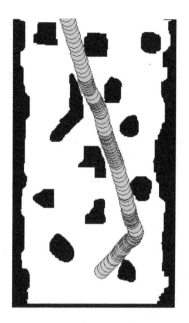

图 9 - 20　起始方向朝右上

参 考 文 献

[1] 尹朝庆,尹皓. 人工智能与专家系统[M]. 北京:中国水利水电出版社,2002.

[2] 邵军力,张景,魏长华. 人工智能基础[M]. 北京:电子工业出版社,2000.

[3] 马宪民. 人工智能的原理与方法[M]. 西安:西北工业大学出版社,2002.

[4] 史忠植. 高级人工智能[M]. 北京:科学出版社,1997.

[5] MICHALSKI R S. 机器学习与数据挖掘:方法和应用[M]. 朱明,译. 北京:电子工业出版社,2004.

[6] 高济,朱淼良,何钦铭. 人工智能基础[M]. 北京:高等教育出版社,2002.

[7] RUSSELL S J,NORVIG P. 人工智能:一种现代的方法[M]. 3 版. 北京:清华大学出版社,2013.

[8] LUGER G F. 人工智能:复杂问题求解的结构和策略[M]. 6 版. 北京:机械工业出版社,2010.

[9] MICHAEL N. 人工智能智能系统指南[M]. 3 版. 北京:清华大学出版社,2013.

[10] KURZWEIL R. 人工智能的未来[M]. 杭州:浙江人民出版社,2016.

[11] 柴玉梅,张坤丽. 人工智能[M]. 北京:机械工业出版社,2012.

[12] KYAW A S. Unity3D 人工智能编程[M]. 北京:机械工业出版社,2015.

[13] 贲可荣,张彦铎. 人工智能[M]. 2 版. 北京:清华大学出版社,2013.

[14] 丁世飞. 人工智能[M]. 2 版. 北京:清华大学出版社,2015.

[15] 周志华. 机器学习[M]. 北京:清华大学出版社,2016.

[16] 王万良. 人工智能及其应用[M]. 北京:高等教育出版社,2005

[17] 李长河. 人工智能及其应用[M]. 北京:机械工业出版社,2006.

[18] 廉师友. 人工智能技术导论[M]. 西安:西安电子科技大学出版社,2007.

[19] 蔡自兴. 人工智能基础[M]. 北京:高等教育出版社,2005.

[20] 朱福喜,汤怡群,傅建明. 人工智能原理[M]. 武汉:武汉大学出版社,2002

[21] 邵军力,张景,魏长华. 人工智能基础[M]. 北京:电子工业出版社,2000.

[22] 刘凤岐. 人工智能[M]. 北京:机械工业出版社,2011.

[23] 陈世福,陈兆乾. 人工智能与知识工程[M]. 南京:南京大学出版社,2003.

[24] 蔡自兴,徐光佑. 人工智能及其应用[M]. 北京:清华大学出版社,2004.

[25] 刘峡壁. 人工智能导论[M]. 北京:国防工业出版社,2008.

[26] 林尧瑞,马少平. 人工智能导论[M]. 北京:清华大学出版社,2000.

[27] 刘峡壁. 人工智能导论:方法与系统[M]. 北京:国防工业出版社,2008.

[28] HAN JIAWEI,KAMBER M,PEI JIAN. 数据挖掘[M]. 北京:机械工业出版社,2012.

[29] TOBY S. Programming Collective Intelligence[M]. 北京:国防工业出版社,2009.

[30] MANNING C D, HINRICH S. Foundations of Statistical Natural Language Processing[M]. Massachusetts: The MIT Press, 1999.

[31] HASTIE T, TIBSHIRANI R, FRIEDMAN J. The Elements of Statistical Learning[M]. New York: Springer, 2008.